― ちくま学芸文庫 ―

現代数学概論

赤 攝也

筑摩書房

文庫化に際して

　かつて，私が茂木勇，村田全のお二人の協力を得て編集した筑摩書房の「数学講座」第1巻の『現代数学概論』が，同社によって文庫化されることになった．懐しく，かつ大変嬉しいことである．講座を方向づけるために私は第1巻を引き受けたのだった．

鳥の目をもって地べたを這う

　この文句を，甥の一人（IT技術者）がモットーとしていると言う．それを知ったとき私は思わずうなった——血は争えないと．私の仕事の仕方がまさにそうなのであって，数学というものを上から眺めながら，地道に研究してきたのであるから．

　数学を鳥の目で見ながら，数学のあちこちの面白そうな問題を地べたを這うようにコツコツと解く．この鳥の目で数学を見ることは，数学基礎論者の仕事であり，問題を解くことは数学者の仕事である．

　本書は前者の結果のあらましである．より詳しくは，むかし「数学講座」の際に書いた「まえがき」を見ていただきたい．

この本の文庫化を決意し，いろいろ忠告をくださった新しい筑摩人海老原勇氏および仕事を引きついで下さったベテラン渡辺英明氏に深く感謝する．

　2019 年 2 月 11 日（人類に鳥の目をもってほしいと願う昨今）
　　　　　　　　　　　　　　　　　　　　　　赤　　攝　也

まえがき

"数学"とは何か.

数学に関心をもつ人達,あるいは数学を学びはじめて間もない人達は,必ずやこういう問題意識をもつに違いない.自分が関心をもつもの,あるいは学びつつあるものの本質を知りたいと思うのは,いわば人間の本質ともいうべきものだからである.

しかしながら,この問題に真正面から答えることはあまり意味がない.数学は歴史的存在である.数学の生成発展は文化人類学的現象である.したがって,この問題に対するいかなる答も,それが真正面からのものであれば,それは必然的に個人的なものにならざるを得ない.それは,各個人の数学観,ひいては価値観全般にかかわりをもつものだからである.それゆえ,私が上の問題に真正面から答えるとすれば,私の数学観を語るしかない.だが,それは,到底客観的なものとはなり得ないであろう.いささかの賛同を得ることはできるかも知れないが,"大方"の賛同を得ることは不可能である.それは,あくまでも"個人的"なものだからである.ラッセルの「数学は論理学の子供だ」という主張やブラウアーの「排中律は諸悪の根源だ」

という主張などはその好例である.

それゆえ,上の問題に何らかの形で答え,それにより,数学に関心をもつ人達や,数学を学びはじめて間もない人達に,積極的ななにがしかを提供しようとすれば,次の方法をとるしかない.すなわち,数学を徹底的に対象化し,それを客観的に描写することである.いわば,"外"から見たその姿を語ることである.

——本書は,この作業を行なうことをもってその目標とする.したがって,本書は,正確には"客観的現代数学概論"とでもいうべきものである.

もちろん,数学を外から見た姿がわかったところで,数学がわかったことにはならない.また,目立って数学ができるようになるわけでもない.

しかしながら,たとえばパリという都市を知りたい場合,その地図をあらかじめしらべ,大まかなところを頭に入れておくことは有用なことである.もちろん,何の予備知識もなくこの都市にとび込んで,どこかに下宿し,生活をはじめてみるのも一法ではある.それどころではない.それに類似した経験なしでは到底この都市を理解することはできない.しかしながら,そのような経験だけにもとづいてその都市の地図を"自ら"再構成することはきわめて非能率的である.それよりも,そこへとび込む前に既成の地図をしらべておき,住んでからも,必要に応じてその地図を参照することにすれば,はるかに早くこの都市を理解することができるであろう.

本書は，そういう意味での現代数学の地図である．

　数学を実際に研究して行けば，本書の内容のようなことは，しだいしだいに，かつひとりでにあきらかになって行く．しかしながら，本書の内容を"完全に"自分で再構成することは，きわめて難しいであろう．

　本書の内容のようなことを知らなくても，数学を研究することはできる．パリで，地図なしで生活できるのと同じである．しかしながら，数学の何たるかを知ろうという場合，本書の内容のようなことを知っておくことはきわめて有用であろう．また，数学を研究しようという場合にも便利であろう．お役に立てば幸である．

　なお，私は，精一杯の努力をしたつもりではあるが，あるいはいろいろと欠陥があるかも知れない．忌憚のない御批判を頂ければ大変有難いと思う．

　本書は，かつて，雑誌『数理科学』に連載した記事「数学概論」にもとづいている．すなわち，それに大幅な加筆を行なって本書が成立した．上記の記事を本書の素稿として利用することを快く了承して下さった『数理科学』編集長村松武司氏に深くお礼を申し上げるしだいである．

　また，本書出版のために長期にわたって御援助下さった株式会社筑摩書房，ならびに松田寿，吉崎洋一，山口良臣，島崎勁一，谷川孝一その他の諸氏に心からの感謝の意を表したいと思う．

　1976年8月23日

赤　攝　也

目　次

文庫化に際して　3
まえがき　5

第1章　集　合

§1. 　集　合 …………………………………… 15
§2. 　集合の記法 ……………………………… 18
§3. 　集合の相等 ……………………………… 21
§4. 　部分集合 ………………………………… 23
§5. 　"な ら ば" ……………………………… 25
§6. 　和 集 合 ………………………………… 27
§7. 　共通部分 ………………………………… 32
§8. 　差と補集合 ……………………………… 34
§9. 　双対の原理 ……………………………… 38

第2章　写像とグラフ

§1. 　写　像 …………………………………… 44
§2. 　像・原像 ………………………………… 49
§3. 　合成写像 ………………………………… 52
§4. 　単射・全射 ……………………………… 53
§5. 　巾集合・配置集合 ……………………… 57
§6. 　直積とグラフ …………………………… 59
§7. 　直積の拡張 ……………………………… 62
§8. 　条件・性質・関係 ……………………… 63

第3章　群論 ABC

§1. 　置　換 …………………………………… 68
§2. 　類似の例 ………………………………… 70
§3. 　群 ………………………………………… 72
§4. 　アーベル群・巡回群 …………………… 75

§ 5.	群の初等的性質	78
§ 6.	部 分 群	80
§ 7.	直　　積	88
§ 8.	準同型写像	89
§ 9.	準同型定理	94
§ 10.	群論の目標	97
§ 11.	有限アーベル群	98
§ 12.	有限アーベル群の基本定理	101
§ 13.	有 限 群	105
§ 14.	表　　現	108

第4章　数学的構造

§ 1.	群の定義	111
§ 2.	環	115
§ 3.	体	120
§ 4.	ベクトル空間	123
§ 5.	順序集合	126
§ 6.	平面射影幾何	127
§ 7.	位相空間	128
§ 8.	順 序 体	130
§ 9.	基本概念	132
§ 10.	数学的構造	135
§ 11.	同　　型	146
§ 12.	無矛盾性・範疇性・独立性	149

第5章　数学の記号化

§ 1.	前章の要約	154
§ 2.	広い意味の数学の体系	157
§ 3.	数学における言葉と記号	162
§ 4.	論理記号	167
§ 5.	命題の記号化	168

第6章 集合と数の基本法則

- § 1. 記号の整理 …………………………………………………… 171
- § 2. 対象式と論理式 ……………………………………………… 174
- § 3. 新しい記号の導入法 ………………………………………… 176
- § 4. 外延性と巾集合 ……………………………………………… 181
- § 5. 順序づけられた組 …………………………………………… 187
- § 6. ブルバキの公理 ……………………………………………… 190
- § 7. 以上の諸法則からの結論 …………………………………… 193
- § 8. 写　像 ………………………………………………………… 195
- § 9. 選択公理とタルスキの公理 ………………………………… 201
- § 10. 濃　度 ………………………………………………………… 204
- § 11. 自 然 数 ……………………………………………………… 212
- § 12. 自然数の性質 ………………………………………………… 218
- § 13. 数の拡張 ……………………………………………………… 224

第7章 論理の法則

- § 1. 推件式 ………………………………………………………… 232
- § 2. 推論規則 ……………………………………………………… 234
- § 3. 基礎的な推論規則 …………………………………………… 236
- § 4. 出発点となる推件式 ………………………………………… 250
- § 5. 若干の推論規則 ……………………………………………… 251

第8章 トートロジー

- § 1. 証明図と超定理 ……………………………………………… 255
- § 2. 証明図の次数 ………………………………………………… 257
- § 3. トートロジー ………………………………………………… 260
- § 4. 理論の定理とトートロジー ………………………………… 262
- § 5. 初等的な数学的体系 ………………………………………… 270
- § 6. 初等的構造 …………………………………………………… 276

第9章　論理の完全性

- § 1. 対象式・論理式・推件式 …… 282
- § 2. 対象式と論理式の解釈 …… 284
- § 3. 恒真の概念 …… 288
- § 4. トートロジーの恒真性 …… 289
- § 5. 完全性定理 …… 301

第10章　計算とは何か

- § 1. 計算の例 …… 304
- § 2. 手順の分析 …… 307
- § 3. 計算に必要な知性 …… 310
- § 4. ゲーデル化 …… 311
- § 5. 指令表 …… 314
- § 6. Turing 機械 …… 318
- § 7. 階乗の計算 …… 321
- § 8. 乗法と加法 …… 324
- § 9. Flow chart …… 325
- § 10. 電子計算機 …… 330
- § 11. "COMPUTER" …… 334
- § 12. 帰納的関数 …… 339
- § 13. 計算可能性 …… 341

参考文献　343
文庫版付記　344
索　引　348

現代数学概論

第1章 集　　合

　まず，いわゆる集合の話からはじめよう．

　集合は，数学において，いわば物理学における素粒子のような役割を果たすものである．すなわち，数学の研究対象はすべて集合から組み立てられる．

　以下では，これをめぐるいくつかの主要な概念について述べ，合わせていくつかの約束ごとを定めることにする．

§1. 集　　合

　集合というのは，いくつかのものの集まり，すなわちいくつかのものを一まとめにして考えたもののことである．

　たとえば，自然数全体の集まり，実数全体の集まり，平面上の点全体の集まり（すなわち平面それ自身），平面上の直角三角形全体の集まり，等々はいずれも集合である．

　ただし，数学ではあくまでも厳密をむねとするから，どんなものをもってきても，それがその集まりの中にあるかないかが，はっきり判定できるようなものでなくては，集合とはいわない．たとえば，"かなり大きな自然数全体の集まり"というようなものは，考えようによってはものの集まりかも知れないが，数学では集合とはいわない．とい

うのは：たとえば，100（円）はポケット・マネーとしては"かなり大きい"とはいえないであろうが，100（年）は人間の寿命の長さとしては"かなり大きい"．つまり，このものの集まりは，いろいろなもの，たとえば100をもってきたとき，それがその集まりの中に入るかどうかが，見方によってかわってしまうからである．同様にして，"小さな正の実数全体の集まり""平面上の大きな直角三角形全体の集まり""美人の集まり"なども集合とはいえない．つまり，数学における集合とは，"区画のはっきりしたものの集まり"でなくてはならないのである．冒頭にあげた自然数全体の集まりなどの"ものの集まり"が，いずれも区画のはっきりしたものの集まりであり，したがってたしかに集合であることは，ただちに察せられるところであろう．

注意 1 とはいうものの，実は，この集合の定義には少々具合の悪いところがあるのである．これについては，後の第6章を参照していただきたい．今の段階では，とりあえず上の定義で直観的な感じをもっていただければ十分である．

一般に，集合の中に入っている個々のもののことを，その集合の**要素**，**元素**または**元**という．

集合は，ふつう
$$A, B, \cdots, X, Y, \cdots$$
などのラテン大文字で表わされる．また，a というものが集合 A の要素であることを
$$a \in A \quad \text{または} \quad A \ni a$$

§1. 集 合

と書く．さらに，その否定は
$$a \notin A, \quad A \not\ni a$$
$$a \overline{\in} A, \quad A \overline{\ni} a$$
などで示される．なお，$a \in A$ ということを，a は A にぞくする，a は A にふくまれる，A は a をふくむ，などということもあることを注意しておこう．

ところで，数学では，便宜上要素を 1 つしかふくまない集合をも考える．これは，ものの"集まり"とはいいがたいが，このようなものをも集合として取り扱わないと，いろいろと不便なことがおこるのである．ただし，この際，"もの" a と，a だけから成る"集合" A とを，はっきり区別しなければならない．たとえば，数 1 は，数 1 だけから成る集合の要素であるが，数 1 自身の要素ではない．

また，さらにわれわれは，要素が 1 つもないような，からっぽの集合をも考え，これを**空集合**という．空集合は
$$\emptyset$$
という記号で表わされる．われわれは，よく"収入がない"ことを"0 円の収入がある"などといい表わすことがある．収入というものはあるのだが，その額が 0 円だというのである．空集合の導入の基礎となった考え方も，これと非常によく類似している．すなわち，集合はあるのだが，その要素が 1 つもないのだというわけである．

よく，この空集合という概念について，深刻な哲学的ななやみを抱く人がある．しかし，空集合の導入は，単なる

"規約"にしか過ぎない．つまり，このようなものを考えた方が，考えないよりも便利だから導入した，というだけのことなのである．したがって，空集合とは，まあ，人の住んでいない家，つまり空き家のようなものだぐらいに，あっさり考えておけば十分である．

§2. 集合の記法

要素 $a, b, c, \cdots$ から成る集合を

$$\{a, b, c, \cdots\}$$

という記号で表わす．これを集合の**外延的記法**という．たとえば，数1と数5とから成る集合は

$$\{1, 5\} \quad \text{または} \quad \{5, 1\}$$

数1だけから成る集合は

$$\{1\}$$

また自然数全体から成る集合は

$$\{1, 2, 3, \cdots, n, \cdots\}$$

としるされる．ただし，最後の例のように，要素が全部書き切れないようなときは，何らかの方法で，"$\cdots$"が何を意味するのかが，正しく推察できるようにしておかなければならない．なお，この記法を利用すれば，空集合を

$$\{\ \}$$

と書くこともできることに注意しておこう．

この外延的記法は大変便利なものである．しかし，これを使って，たとえば実数全体の集合を表わそうとしてみても，なかなかうまくいかない．苦心して

$$\left\{1, 0, -5, \frac{2}{3}, \sqrt{2}, \pi, \cdots\right\}$$

などと書いてみても，何のことやらさっぱりわからない．

ところで，このような場合に役立つのが，いわゆる集合の**内包的記法**といわれるものである．

一般に，1つの変数をふくんだ文，たとえば

(1) x は実数である．
(2) n は 10 以下の自然数である．
(3) y は $-1 < y \leqq 1$ なる有理数である．

のようなものを，その変数についての**性質**という．すなわち (1), (2), (3) は，それぞれ x についての性質，n についての性質，y についての性質である．ただし，数学では，集合の場合と同様に，その変数のところへ，具体的なものの名前を代入した場合，結果としてえられる文が正しいか正しくないかが，いつもきっちり定まるものでなくては性質とはいわない．上の (1), (2), (3) は，いずれもこの条件にかなっている．たとえば，(1) の x に，$5, \pi, 2+3i$ を代入すれば，それぞれ

5 は実数である

π は実数である

$2+3i$ は実数である

となり，上の2つは正しいが，最後の1つは正しくない．また，(2) の n に同じく $5, \pi, 2+3i$ を入れれば

5 は 10 以下の自然数である

π は 10 以下の自然数である

2+3i は 10 以下の自然数である

となり,第1のものは正しいが,あとの2つは間違っている.さらに,(3) の y に 5, π, 2+3i を代入すれば

5 は $-1<y\leqq 1$ なる有理数である

π は $-1<y\leqq 1$ なる有理数である

2+3i は $-1<y\leqq 1$ なる有理数である

となり,どれも正しくない.

これらに反し,

x はかなり大きい自然数である

ε は小さい正の実数である

などは,x や ε に具体的なものの名前を入れた場合,正しいか正しくないかがはっきりしないから,性質とはいえない.

注意 2 "性質" の定義についても,"集合" のそれについてと同様,もっと述べるべきことがある.これについては後の第6章を参照していただきたい.ここでは,大体の感じをもっておいていただければ十分である.

さて,いま,たとえば変数 z についての1つの性質

$$z \text{ は……である} \tag{1.1}$$

があたえられたとしよう.このとき,あるものの名前 a を変数 z のところへ代入した場合,結果の文が正しくなったならば,a は**性質 (1.1) をもつ**という.一般に,あたえられた性質をもつようなものの全体は,1つの集合を

形づくる．性質 (1.1) をもつようなものの全体から成る集合を
$$\{z | z \text{ は……である}\}$$
という記号で表わす．これが，さきに述べた集合の内包的記法に他ならない．

この記法を用いれば，実数全体の集合，10 以下の自然数全体の集合，$-1 < y \leq 1$ なる有理数 y 全体の集合は，それぞれ

$$\{x | x \text{ は実数である}\}$$
$$\{n | n \text{ は 10 以下の自然数である}\}$$
$$\{y | y \text{ は } -1 < y \leq 1 \text{ なる有理数である}\}$$

としるされることになる．ただし，あとの 2 つのような場合，そこで用いられている変数 n や y がそれぞれ自然数や有理数を表わすことがあきらかであるときは，これを簡単に

$$\{n | n \leq 10\}$$
$$\{y | -1 < y \leq 1\}$$

と書くこともあることを注意しておこう．

なお，$\{\cdots | \cdots\cdots\}$ のかわりに
$$\{\cdots ; \cdots\cdots\}, \quad \{\cdots ; \cdots\cdots\}$$
のような書き方も用いられる．たとえば，
$$\{n : n \leq 10\}, \quad \{y ; -1 < y \leq 1\}$$

§3. 集合の相等

集合 A, B は，その要素がまったく重複するとき，ひと

しいといわれ,
$$A = B$$
としるされる.そうでないときは,A, B は**相異なる**,または**違う**といい
$$A \neq B$$
と書く.

つまり,中身がすっかり同じでありながら,なおかつ違う集合というものは決してない.たとえば,2 よりも大きく,8 よりも小さい素数全体の集合
$$A = \{x | x \text{ は } 2<x<8 \text{ なる素数}\}$$
と,2 よりも大きく,8 よりも小さい奇数全体の集合
$$B = \{x | x \text{ は } 2<x<8 \text{ なる奇数}\}$$
とは,述べ方は異なるが,それらの要素はいずれも 3, 5, 7 の 3 つであるから,たがいにひとしい:$A = B$.

この,集合の間の"ひとしい"という関係を集合の**相等関係**という.

上に説明した集合の外延的記法によれば,要素 $a, b, c, \cdots$ から成る集合は
$$\{a, b, c, \cdots\} \qquad (1.2)$$
と書かれるのであった.しかし,この記法には,いま述べた集合の相等関係の定義が,その根拠としてひそんでいることに注意しなくてはならない.つまり,いずれも,要素 $a, b, c, \cdots$ からできていながら,なおかつ違う集合 A, B というものがもしあるとすれば,(1.2)のように書いただけでは,これが A をさすのか B をさすのかが,全然わか

らないであろう．しかし，上の集合の相等関係の定義によって，そのような心配は不要となるのである．

あきらかに，次の3つの法則が成立する：
1) $A = A$
2) $A = B \Rightarrow B = A$ （$\Rightarrow$ は"ならば"を表わす．）
3) $A = B, B = C \Rightarrow A = C$

注意3 いうまでもないことであろうが，たとえ集合 A, B に共通な要素がいくらたくさんあったところで，1つでも要素が食い違っていれば，A と B とは違う集合なのである．たとえば，$A = \{1, 2, 3\}$，$B = \{1, 2, 3, 4\}$ ならば，$A \neq B$.

§4. 部分集合

集合 A, B があたえられたとき，A の要素がすべてまた B の要素にもなっているならば，A は B の**部分集合**であるといい，

$$A \subset B \quad \text{または} \quad B \supset A$$

と書く（図1.1参照）．このことをまた，A は B につつまれる，B は A をつつむなどということもある．

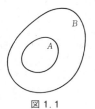

図1.1

$A \subset B$ であるためには，A の要素がすべてまた B の要素でありさえすればよいのであるから，極端な場合として $A = B$ であることもゆるされる．とくに，$A \subset B$ でかつ $A \neq B$ のときは，A は B の**真部分集合**であるという．

　たとえば，$\mathbf{N}$ を自然数全体の集合 $\{1, 2, 3, \cdots\}$，$\mathbf{Z}$ を整数全体の集合 $\{\cdots, -3, -2, -1, 0, 1, 2, 3, \cdots\}$ とすれば，$\mathbf{N} \subset \mathbf{Z}$ かつ $\mathbf{N} \neq \mathbf{Z}$．したがって，$\mathbf{N}$ は $\mathbf{Z}$ の真部分集合である．

　$A = B$ であるための必要かつ十分な条件が，
$$A \subset B \quad \text{かつ} \quad B \subset A$$
が成立することであることはあきらかであろう．これは，2つの集合がひとしいことを証明するのに，しばしば有効に用いられる事実である．

　また，$a \in A$ と $\{a\} \subset A$ とは同値である．

　注意4　$A \subset B$ であることを，A は B に "ふくまれる"，B は A を "ふくむ" という習慣がかなり広くいきわたっている．しかし，他方 $a \in A$ という関係も，やはり a は A に "ふくまれる"，A は a を "ふくむ" と読まれるから，この習慣は多少具合が悪いといわなければならない．そこで，私は，上のように，$\subset$ を "つつまれる" "つつむ" と読み，$\in$ を "ふくまれる" "ふくむ" と読んで，これをはっきり区別したらどうかと思っている．

　注意5　A が B の部分集合であることを $A \subseteqq B$，$B \supseteqq A$ と書き，A が B の真部分集合であることを $A \subset B$，$B \supset A$ と書く流儀もある．これは，数の不等号 $\leqq$ と $<$ との使い分けや，あとで述べる順序集合の理論における不等号 $\leqq$ と $<$ との使い分けと完全に平行しており，その点大変気持ちがよい．しかし，見わ

たしたところ，どうやら上に述べたような使い方の方が，より流布しているように思われるので，やや不満ではあるが，ここではそれに従うことにした次第である．

§5. "な ら ば"

一般に，2つの文 p, q があたえられたとき，
$$p \Rightarrow q$$
という文は，p も q も正しいとき正しく，p が正しいにもかかわらず q が正しくないとき正しくないと定められる．たとえば
$$2+2=4 \quad \Rightarrow \quad 3+2=5$$
なる文は正しいが，
$$2+2=4 \quad \Rightarrow \quad 3+6=7$$
なる文は正しくない．

それでは，$p \Rightarrow q$ という文は，p が正しくないとき，正しいのであろうか，それとも正しくないのであろうか．たとえば，
$$3+6=7 \quad \Rightarrow \quad 2+2=4$$
$$3+6=7 \quad \Rightarrow \quad 2+2=5$$
のような文は，一体どちらなのであろうか．――ちょっと反省してみればわかるように，通常，このような文は，まったく意味がないものとされることが多いのである．

しかしながら，数学では，これらをそのままには放置せず，次のように考えていく：

(1) 周知のように，"対偶が正しければ，もとの命題

も正しい"という論理法則があるが,これは,上のような文の場合にもまた成り立つものと約束する.

(2) q が無条件に正しい文ならば,それに何か条件をつけ加えて,$p \Rightarrow q$ という文をつくっても,やはり正しいものと約束する.

たやすく知られるように,この (1),(2) は,大変無難な約束である.ところが,これらを根拠として考えると,次のような結論がえられるのである:

p が正しくなければ,$p \Rightarrow q$ という文は,q のいかんにかかわらず正しい.

証明 いま,"p でない" "q でない"という文をそれぞれ p', q' と書くことにする.仮定によって,p は正しくないから,当然 p' は正しい.したがって,(2) によって,$q' \Rightarrow p'$ も正しい.ところが,これは $p \Rightarrow q$ の対偶であるから,(1) によって,この $p \Rightarrow q$ も正しいことがわかる. □

一般に,$p \Rightarrow q$ という文が,p が正しくないために,上のような理由から正しいということになったならば,この事情を,文 $p \Rightarrow q$ は **trivial** に正しいといい表わすことがある.

さて,定義により,$A \subset B$ ということは,どんな x をとってきても,その x が A の要素である限り,また B の要素でもあるということ,すなわち,どんな x に対しても

$$x \in A \;\Rightarrow\; x \in B$$

が正しいということに他ならない．このことから，次の定理を証明することができる：

定理 1.1 空集合 $\emptyset$ は，いかなる集合 M の部分集合でもある：

$$\emptyset \subset M$$

証明 どんな x に対しても

$$x \in \emptyset \;\Rightarrow\; x \in M \tag{1.3}$$

が正しいことをいえばよい．しかし，空集合 $\emptyset$ は1つも要素をもたないから，$x \in \emptyset$ はつねに正しくない．よって，(1.3) はつねに trivial に正しいことがわかる． □

注意6 (1), (2) のような規約をなぜおいたか，ということを深刻に考えるのは，あまり生産的な態度ではない．内幕は，その方が便利だから，というだけのことにすぎないのである．

§6. 和集合

2つの集合 A, B があたえられたとき，A と B の要素を全部寄せ集めてえられる集合を，A と B との**和集合**といい

$$A \cup B$$

で表わす．これは，"A join B" あるいは "A cup B" と読まれる．あきらかに

$$A \cup B = \{x | x \in A \lor x \in B\}$$

ただし，$\lor$ は "あるいは" という言葉を表わす記号である．

集合 A, B から $A \cup B$ をつくることを，A と B とを**合併する**ともいう．

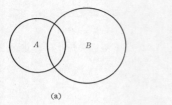
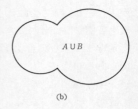

(a) (b)

図1.2

　A, B をそれぞれ図1.2(a)のように円の内部で表わすとすれば，$A \cup B$ が図(b)のような図形の内部で表わされることはいうまでもない．

　注意7　集合を視覚にうったえるようなものにするためのこのような図を，**オイラー**（Euler）**図**または**ヴェン**（Venn）**図**という．

　たとえば，$A = \{1, 2, 3, 5\}$，$B = \{3, 5, 7\}$ ならば，
$$A \cup B = \{1, 2, 3, 5, 7\}$$
また，A を正の偶数全体の集合，B を正の奇数全体の集合とすれば
$$A \cup B = \mathbf{N} \text{（自然数全体の集合）}$$
　最初の例の示すように，A, B に重複する要素があっても，$A \cup B$ では，それらはそれぞれ1つにしか勘定されないことに注意しなければならない．

　あきらかに，次の法則が成り立つ：

（**1**）　$A \cup A = A$　（巾等法則）

（**2**）　$A \cup B = B \cup A$　（交換法則）

（**3**）　$(A \cup B) \cup C = A \cup (B \cup C)$　（結合法則）

(3) により，その両辺を，括弧を省略して
$$A \cup B \cup C$$
と書いても誤解の生ずるおそれがない．また，同じく (3) により
$$\begin{aligned}(A \cup B) \cup (C \cup D) &= \{(A \cup B) \cup C\} \cup D \\ &= \{A \cup (B \cup C)\} \cup D \\ &= A \cup \{(B \cup C) \cup D\} \\ &= A \cup \{B \cup (C \cup D)\}\end{aligned}$$
したがって，これらの各辺を
$$A \cup B \cup C \cup D$$
と書いても，やはり混乱の生ずるおそれのないことがわかる．

——実は，集合がもっとたくさんある場合でも，事情はまったく同様であることが示されるのである：

証明 集合の個数 n についての数学的帰納法による．$n=3$ のときは正しいから，n が k よりも小さいとき正しいと仮定して，n が k のときを考える．

集合 $A_1, A_2, \cdots, A_k$ をとり，まず
$$B' = (\cdots(((A_1 \cup A_2) \cup A_3) \cup A_4) \cup \cdots) \cup A_{k-1}$$
$$B = B' \cup A_k$$
とおく．あきらかに，B' は，A_1 と A_2 とを合併し，その結果と A_3 とを合併し，その結果と A_4 とを合併し，……という操作を A_{k-1} までくりかえしてえられる集合，B はそれを A_k までくりかえしてえられる集合である．

次に，$A_1 \cup A_2 \cup \cdots \cup A_k$ という表現に自由に括弧をつ

け,実際にこれを計算してえられる集合を C とおく.

いま,C をつくる際,最後に実行する合併の記号 $\cup$ に注目して $C = D \cup E$ とおけば,D は,$A_1 \cup A_2 \cup \cdots \cup A_k$ のある一部分 $A_1 \cup A_2 \cup \cdots \cup A_i$ に適当に括弧をつけたものであり,E は,$A_{i+1} \cup \cdots \cup A_k$ に適当に括弧をつけたものである.ところが,$A_{i+1}, \cdots, A_k$ の個数は k よりも小さいから,帰納法の仮定により,$E = E' \cup A_k$.ただし,E' は $A_{i+1} \cup \cdots \cup A_{k-1}$ に自由に括弧をつけたものである.これより
$$C = D \cup E = D \cup (E' \cup A_k)$$
$$= (D \cup E') \cup A_k$$
しかるに,$D \cup E'$ は,$A_1 \cup A_2 \cup \cdots \cup A_{k-1}$ に何らかの仕方で括弧をつけたものであり,$k-1$ は k よりも小さいから,帰納法の仮定により,$D \cup E' = B'$.よって,
$$C = B' \cup A_k = B$$

したがって,問題の事柄は n が k のときも正しい. □

以上により,一般に n 個の集合 $A_1, A_2, \cdots, A_n$ について,括弧をまったく省略した
$$A_1 \cup A_2 \cup \cdots \cup A_n$$
という表現がゆるされることになる.

すぐわかるように,これは,$A_1, A_2, \cdots, A_n$ の要素をすべて寄せ集めてえられる集合を表わす.

$A_1 \cup A_2 \cup \cdots \cup A_n$ はまた
$$\bigcup_{i=1}^{n} A_i$$

と書かれることもある.

(4) $A \subset A \cup B$, $B \subset A \cup B$

(5) $A \subset C$, $B \subset C \Rightarrow A \cup B \subset C$

証明 (4)の証明はあきらかであろうから，(5)の証明のみをかかげよう：

$A \subset C, B \subset C$ とし，$x \in A \cup B$ とする．このとき，$A \cup B$ の定義により，$x \in A$ または $x \in B$．$x \in A$ ならば，$A \subset C$ より，$x \in C$．同様にして，$x \in B$ のときも $x \in C$．よって，いずれにしても，$x \in A \cup B$ なる限り $x \in C$．ゆえに $A \cup B \subset C$. □

(4), (5) より，和集合 $A \cup B$ は，A, B の両方をつつむ集合のうちで最小のものであることがわかる．

(6) $A \subset B \Leftrightarrow A \cup B = B$

(ただし，$p \Leftrightarrow q$ は，p と q とが同値であることを意味する.)

証明 まず，$A \subset B$ であるとして，$A \cup B = B$ であることを示す．$B \subset A \cup B$ はあきらかだから，$A \cup B \subset B$ をいえばよい．ところが，$x \in A \cup B$ ならば，$x \in A$ または $x \in B$．しかるに，$A \subset B$ だから，いずれにしても $x \in B$．よって，$A \cup B \subset B$.

次に，$A \cup B = B$ を仮定して $A \subset B$ をいう．$x \in A$ ならば，$A \subset A \cup B$ より $x \in A \cup B$．しかるに，$A \cup B = B$ だから $x \in B$．よって，$x \in A$ ならば $x \in B$．したがって，$A \subset B$. □

A をいかなる集合としても，$\emptyset \subset A$ だから

(7)　$\emptyset \cup A = A$

§7. 共通部分

2つの集合 A, B に対して，A と B とに共通であるような要素の全体から成る集合を，A と B との**共通部分**といい

$$A \cap B$$

と書く．$A \cap B$ は，"A meet B" または "A cap B" と読まれる．あきらかに

$$\{x | x \in A \wedge x \in B\}$$

ただし，$\wedge$ は "かつ" という言葉を表わす記号である．

A, B をそれぞれ図 1.3 (a) のように円の内部で表わすとすれば，$A \cap B$ が図 (b) のような図形の内部で表わされることはいうまでもない．

たとえば，$A = \{1, 2, 3, 5\}$，$B = \{3, 5, 7\}$ ならば，
$$A \cap B = \{3, 5\}$$

また，A を正の偶数全体の集合，B を正の奇数全体の集合とすれば

図 1.3

§7. 共通部分

$$A \cap B = \emptyset$$

前者のように, $A \cap B \neq \emptyset$ のときは, A と B とは**相交わる**といい, 後者のように $A \cap B = \emptyset$ のときは, A と B とは**交わらない**, または**互いに素**であるという.

あきらかに, 次の法則が成り立つ:

(**1**)′ $A \cap A = A$ (巾等法則)
(**2**)′ $A \cap B = B \cap A$ (交換法則)
(**3**)′ $(A \cap B) \cap C = A \cap (B \cap C)$ (結合法則)

(**3**)′ より, 和集合の場合と同様に, $A_1 \cap A_2 \cap \cdots \cap A_n$ という表現があたえられたとき, どこへ, どのような順序で括弧をつけて計算しても, 結果としてえられる集合にはまったくかわりがないことが知られる. たとえば,

$(A_1 \cap A_2) \cap (A_3 \cap A_4)$
$= \{(A_1 \cap A_2) \cap A_3\} \cap A_4 = \{A_1 \cap (A_2 \cap A_3)\} \cap A_4$
$= A_1 \cap \{(A_2 \cap A_3) \cap A_4\} = A_1 \cap \{A_2 \cap (A_3 \cap A_4)\}$

そこで, 括弧をまったく省略して, 簡単に

$$A_1 \cap A_2 \cap \cdots \cap A_n$$

と書くことにしても, 混乱は生じない. すぐわかるように, これは, $A_1, A_2, \cdots, A_n$ のすべてに共通な要素の全体から成る集合を表わす.

$A_1 \cap A_2 \cap \cdots \cap A_n$ はまた

$$\bigcap_{i=1}^{n} A_i$$

と書かれることもある.

(**4**)′ $A \supset A \cap B$, $B \supset A \cap B$

(5)′ $A \supset C, B \supset C \Rightarrow A \cap B \supset C$

 (4)′, (5)′ より,共通部分 $A \cap B$ は, A, B につつまれる集合のうちで,最大のものであることがわかる.

 (6)′ $A \subset B \Leftrightarrow A \cap B = A$
 (7)′ $\emptyset \cap A = \emptyset$

さて,∪ と ∩ とは,いずれも2つのあたえられた集合から新しい集合をつくり出す演算と考えられるが,これらの間には,次のような関係がある:

(ⅰ) $A \cap (B \cup C) = (A \cap B) \cup (A \cap C)$
(ⅰ)′ $A \cup (B \cap C) = (A \cup B) \cap (A \cup C)$ (分配法則)
(ⅱ) $A \cap (A \cup B) = A$
(ⅱ)′ $A \cup (A \cap B) = A$ (吸収法則)

これらの証明は,読者自らこころみられたい.

注意8 ∪ を数の加法 +,∩ を数の乗法・と対応させれば,(ⅰ) は通常の分配法則
$$a(b+c) = ab + ac$$
に対応するものであることがわかる.しかし,このとき (ⅰ)′ は,
$$a + bc = (a+b)(a+c)$$
に対応することになるが,これは正しくない.

§8. 差と補集合

A, B が2つの集合のとき,A の要素であって B の要素でないものの全体から成る集合を,A と B との**差**といい
$$A - B$$
と書く.あきらかに,

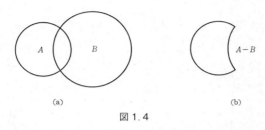

図 1.4

$$A - B = \{x | x \in A \land x \notin B\}$$

A, B をそれぞれ図 1.4 (a) のように円の内部で表わすとすれば, $A - B$ が図 (b) のような図形で表わされることはいうまでもない (右側の小さな円弧が $A - B$ に入っていることに注意する).

たとえば, $A = \{1, 2, 3, 5\}$, $B = \{3, 5, 7\}$ ならば

$$A - B = \{1, 2\}$$

また, A を正の偶数全体の集合, B を正の奇数全体の集合とすれば

$$A - B = A$$

さて, 数学の多くの分野では, ひとつの大きな集合 Ω があらかじめきまっていて, 単に集合といえば, その部分集合のことをさす習慣がある. たとえば, 自然数論では自然数全体の集合 $\mathbf{N}$ が Ω であり, 初等整数論では整数全体の集合 $\mathbf{Z}$ が Ω であり, 平面幾何学では, 平面の点全体の集合, すなわち平面それ自身が Ω である. また, そのような集合が別段きまっていなくても, 前後関係から, そのとき考えている集合が, ある 1 つの集合 Ω の部分集合で

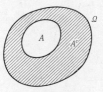

図1.5

あることがはっきりしていることも少なくない.一般に,そのような集合 Ω のことを,その考察における**普遍集合**または**全体集合**という.

普遍集合 Ω があたえられているとき,(Ω の部分)集合 A にぞくさない(Ω の中の)ものの全体から成る集合を,A の**補集合**といい

$$A^c$$

で表わす.あきらかに

$$A^c = \{x | x \notin A\} = \Omega - A$$

次の法則が成立する:

(**iii**) $A^{cc} = A$

証明 $x \in A^{cc} \Leftrightarrow x \notin A^c \Leftrightarrow x \in A$ □

(**iv**) $\emptyset^c = \Omega$

(**iv**)′ $\Omega^c = \emptyset$

証明 Ω は普遍集合で,考察しているものはすべて Ω の中にあるのであるから,$\emptyset^c \subset \Omega$.他方,($\Omega$ にぞくする)すべてのもの x は,空集合にはふくまれないから,$x \in \emptyset^c$,よって,$\Omega \subset \emptyset^c$.ゆえに,$\emptyset = \Omega^c$.両辺に "$c$" をつければ $\emptyset^c = \Omega^{cc} = \Omega$. □

(**v**) $(A\cup B)^c = A^c \cap B^c$

(**v**)′ $(A\cap B)^c = A^c \cup B^c$ （ド・モルガンの法則）

証明 $x\in (A\cup B)^c$ ならば，$x\notin A\cup B$. よって，$x\notin A$, $x\notin B$. ゆえに，$x\in A^c$, $x\in B^c$. したがって，$x\in A^c\cap B^c$. これより，

$$(A\cup B)^c \subset A^c\cap B^c \tag{1.4}$$

次に，$x\in A^c\cap B^c$ ならば，$x\in A^c$, $x\in B^c$. ゆえに，$x\notin A$, $x\notin B$. よって，$x\notin A\cup B$. したがって，$x\in (A\cup B)^c$. これより，

$$A^c\cap B^c \subset (A\cup B)^c \tag{1.5}$$

(1.4), (1.5) より，(v) がえられる．(v)′ も同様である． □

(**vi**) $A\subset B \Leftrightarrow A^c \supset B^c$

証明 $A\subset B$ とすれば，$x\in A \Rightarrow x\in B$. よって，$x\notin B \Rightarrow x\notin A$, すなわち $x\in B^c \Rightarrow x\in A^c$. ゆえに，$B^c\subset A^c$. こうして，

$$A\subset B \Rightarrow B^c\subset A^c \tag{1.6}$$

であることがわかる．

ところで，この (1.6) は，どのような A,B についても成り立つのだから，A として B^c，B として A^c をとれば，

$$B^c\subset A^c \Rightarrow A^{cc}\subset B^{cc}$$

すなわち

$$B^c\subset A^c \Rightarrow A\subset B \tag{1.7}$$

(1.6), (1.7) より

$$A \subset B \Leftrightarrow B^c \subset A^c$$ □

"c" が 1 つの集合から新しい集合をつくり出す演算であることはいうまでもない.

§9. 双対の原理

普遍集合 Ω' があたえられているとする. このとき, 文字 $X, Y, Z, \cdots$, および文字 $\Omega, \emptyset$ を, $\cup, \cap, {}^c$ という 3 つの演算の記号で任意に組み合わせれば, いろいろの表現がえられる. たとえば

$$\{(\emptyset \cap X^c)^{cc} \cup (Y^c \cap X)\} \cap Z, \quad \{\Omega \cup (X^c \cap Z)\}^c \quad (1.8)$$

これらを一般に**ブール表現**という. ただし, $\Omega, \emptyset, X, Y, \cdots$ のような, $\cup, \cap, {}^c$ を 1 つもふくまない表現をも, その特別の場合と考えることにする.

さて, ブール表現に対して次のような操作を行なう:

(a) Ω を $\emptyset$ で, $\emptyset$ を Ω でおきかえる.

(b) $\cup$ を $\cap$ で, $\cap$ を $\cup$ でおきかえる.

すると, その結果として, ふたたび 1 つのブール表現がえられるが, これをもとの表現と**双対的な表現**という. たとえば, (1.8) と双対的な表現は

$$\{(\Omega \cup X^c)^{cc} \cap (Y^c \cup X)\} \cup Z, \quad \{\emptyset \cap (X^c \cup Z)\}^c \quad (1.9)$$

この概念に関して, 次の定理が成立する:

定理 1.2 $F(X, Y, Z, \cdots)$ をブール表現, $F^*(X, Y, Z, \cdots)$ をそれと双対的なブール表現とすれば,

$$F^{**}(X, Y, Z, \cdots) = F(X, Y, Z, \cdots)$$

が成立する.

§9. 双対の原理

証明 双対的な表現のつくり方からあきらかである. □

定理 1.3 $F(X, Y, Z, \cdots)$ をブール表現, $F^*(X, Y, Z, \cdots)$ をそれと双対的なブール表現とすれば, Ω のいかなる部分集合 $A, B, C, \cdots$ に対しても
$$\{F(A^c, B^c, C^c, \cdots)\}^c = F^*(A, B, C, \cdots)$$
が成立する.

証明 大体の様子を知るため, まず
$$F(X, Y, Z, \cdots) = \{\varnothing \cap X^c)^{cc} \cup (Y^c \cap X)\} \cap Z$$
の場合を考える. すると
$$F(A^c, B^c, C^c, \cdots) = \{(\varnothing \cap A^{cc})^{cc} \cup (B^{cc} \cap A^c)\} \cap C^c$$
$$= \{(\varnothing \cap A)^{cc} \cup (B \cap A^c)\} \cap C^c$$
よって,
$$\{F(A^c, B^c, C^c, \cdots)\}^c = [\{(\varnothing \cap A)^{cc} \cup (B \cap A^c)\} \cap C^c]^c \tag{1.10}$$

ここへ, ド・モルガンの法則を次々と用いれば
$$(1.10) = \{(\varnothing \cap A)^{cc} \cup (B \cap A^c)\}^c \cup C^{cc}$$
$$= \{(\varnothing \cap A)^{ccc} \cap (B \cap A^c)^c\} \cup C$$
$$= \{(\varnothing^c \cup A^c)^{cc} \cap (B^c \cup A^{cc})\} \cup C$$
$$= \{(\Omega \cup A^c)^{cc} \cap (B^c \cup A)\} \cup C \tag{1.11}$$
しかるに,
$$F^*(X, Y, Z, \cdots) = \{(\Omega \cup X^c)^{cc} \cap (Y^c \cup X)\} \cup Z$$
であるから
$$(1.11) = F^*(A, B, C, \cdots)$$

一般の場合を厳密に証明するには, ブール表現 $F(X, Y, Z, \cdots)$ にふくまれる $\cup, \cap, {}^c$ の個数による数学的帰納法

を用いて，次のようにする．

(1) $\cup, \cap, {}^c$ の個数が 0 の場合，$F(X, Y, Z, \cdots)$ は，Ω であるか，$\varnothing$ であるか，X という形（すなわち文字 X, Y, Z, $\cdots$ のどれか）であるかいずれかである．そこで，この個々の場合について確かめてみる．

(a) Ω の場合：$F(A^c, B^c, C^c, \cdots) = \Omega$ であるから，
$$\{F(A^c, B^c, C^c, \cdots)\}^c = \Omega^c = \varnothing$$
他方，双対的な表現の定義により，$F^*(X, Y, Z, \cdots) = \varnothing$ であるから，
$$F^*(A, B, C, \cdots) = \varnothing$$
よって，
$$\{F(A^c, B^c, C^c, \cdots)\}^c = F^*(A, B, C, \cdots)$$

(b) $\varnothing$ の場合：同様である．

(c) X という形の場合：$F(X, Y, Z, \cdots) = X$ とする．このとき，$F(A^c, B^c, C^c, \cdots) = A^c$ であるから，
$$\{F(A^c, B^c, C^c, \cdots)\}^c = A^{cc} = A$$
他方，双対的な表現の定義により，$F^*(X, Y, Z, \cdots) = X$ であるから，
$$F^*(A, B, C, \cdots) = A$$
よって，
$$\{F(A^c, B^c, C^c, \cdots)\}^c = F^*(A, B, C, \cdots)$$
$F(X, Y, Z, \cdots)$ が $Y, Z, \cdots$ のときも同様である．

これで，$\cup, \cap, {}^c$ の個数が 0 の場合には，いずれにしても定理は正しいことがわかった．

(2) $\cup, \cap, {}^c$ の個数が k よりも小さい場合には定理は正

しいとして, k の場合を考える.

いま, ブール表現 $F(X, Y, Z, \cdots)$ が $\cup, \cap, {}^c$ を k 個ふくんでいるとし, そのうち "最後に実行される" 演算の記号, すなわち "一番外側" の演算の記号が $\cup, \cap, {}^c$ のどれであるかによって, 場合を 3 つに分ける.

(a) $\cup$ の場合: $F(X, Y, Z, \cdots)$ は $G(X, Y, Z, \cdots) \cup H(X, Y, Z, \cdots)$ と書けるから,

$$\{F(A^c, B^c, C^c, \cdots)\}^c$$
$$= \{G(A^c, B^c, C^c, \cdots) \cup H(A^c, B^c, C^c, \cdots)\}^c$$
$$= \{G(A^c, B^c, C^c, \cdots)\}^c \cap \{H(A^c, B^c, C^c, \cdots)\}^c \quad (1.12)$$

しかるに, G, H にふくまれる $\cup, \cap, {}^c$ の個数は k よりも小さいから, 帰納法の仮定により,

$$(1.12) = G^*(A, B, C, \cdots) \cap H^*(A, B, C, \cdots)$$

他方, 双対的な表現の定義により

$$F^*(X, Y, Z, \cdots) = G^*(X, Y, Z, \cdots) \cap H^*(X, Y, Z, \cdots)$$

だから,

$$F^*(A, B, C, \cdots) = G^*(A, B, C, \cdots) \cap H^*(A, B, C, \cdots)$$

よって,

$$\{F(A^c, B^c, C^c, \cdots)\}^c = F^*(A, B, C, \cdots)$$

(b) $\cap$ の場合: 同様である.

(c) ^{c} の場合: $F(X, Y, Z, \cdots)$ は $\{G(X, Y, Z, \cdots)\}^c$ と書けるから,

$$\{F(A^c, B^c, C^c, \cdots)\}^c = \{G(A^c, B^c, C^c, \cdots)\}^{cc} \quad (1.13)$$

しかるに，G にふくまれる $\cup, \cap, {}^c$ の個数は $k-1$ だから，帰納法の仮定により

$$(1.13) = \{G^*(A, B, C, \cdots)\}^c$$

他方，双対的な表現の定義により

$$F^*(X, Y, Z, \cdots) = \{G^*(X, Y, Z, \cdots)\}^c$$

だから，

$$F^*(A, B, C, \cdots) = \{G^*(A, B, C, \cdots)\}^c$$

よって，

$$\{F(A^c, B^c, C^c, \cdots)\}^c = F^*(A, B, C, \cdots)$$

これで，証明はおわった． □

次の定理は**双対の原理**とよばれるものである．

定理 1.4 $F(X, Y, Z, \cdots), G(X, Y, Z, \cdots)$ をブール表現，これらと双対的な表現をそれぞれ $F^*(X, Y, Z, \cdots)$, $G^*(X, Y, Z, \cdots)$ とする．このとき，Ω のいかなる部分集合 $A, B, C, \cdots$ に対しても

$$F(A, B, C, \cdots) \subset G(A, B, C, \cdots) \qquad (1.14)$$

が成立すれば，同じく Ω のいかなる部分集合 $A, B, C, \cdots$ に対しても

$$F^*(A, B, C, \cdots) \supset G^*(A, B, C, \cdots) \qquad (1.15)$$

が成立する．

証明 (1.14) は，$A, B, C, \cdots$ のいかんにかかわらず成立するのだから，$A, B, C, \cdots$ のかわりに $A^c, B^c, C^c, \cdots$ を代入しても成立するはずである：

$$F(A^c, B^c, C^c, \cdots) \subset G(A^c, B^c, C^c, \cdots)$$

この両辺の補集合をとれば

§·9. 双対の原理

$$\{F(A^c, B^c, C^c, \cdots)\}^c \supset \{G(A^c, B^c, C^c, \cdots)\}^c$$

ここへ，前定理を適用すれば

$$F^*(A, B, C, \cdots) \supset G^*(A, B, C, \cdots)$$

これは，(1.15) に他ならない． □

これより，ただちに次の定理もえられる．これをも**双対の原理**という：

定理 1.5 $F(X, Y, Z, \cdots), G(X, Y, Z, \cdots)$ をブール表現，これらと双対的な表現をそれぞれ $F^*(X, Y, Z, \cdots)$, $G^*(X, Y, Z, \cdots)$ とする．このとき，Ω のいかなる部分集合 $A, B, C, \cdots$ に対しても

$$F(A, B, C, \cdots) = G(A, B, C, \cdots)$$

が成立すれば，同じく Ω のいかなる部分集合 $A, B, C, \cdots$ に対しても

$$F^*(A, B, C, \cdots) = G^*(A, B, C, \cdots)$$

が成立する．

§6～§8で紹介した諸法則 (1), (2), (3), (4), (7), (i), (ii), (iv) は，それぞれ (1)′, (2)′, (3)′, (4)′, (7)′, (i)′, (ii)′, (iv)′ と，双対の原理の主張するような仕方で対応している．実は，この原理は，さらに (5), (6) と (5)′, (6)′ との対応をも説明できるような形に拡張されるのであるが，ここではくわしくは省略する．

本書を読み進めば，読者はいずれ自分でこれを実行しうるようになるはずである．

第2章 写像とグラフ

前章では，集合の相等や部分集合の概念を定義し，次いで，あたえられた集合から和集合や共通部分などをつくりだす演算について説明した．

本章では，まず，いわゆる"写像"の概念を導入し，その主要な性質について議論する．つづいて，あたえられた集合から，それらの直積をつくる演算を定義し，これにもとづいて，写像の"グラフ"の概念をあきらかにする．最後に，いわゆる"関係"の概念について，若干の事柄を述べることにしよう．

§1. 写 像

われわれは，いま，実数について議論しているものと仮定し，実数全体の集合を $\mathbf{R}$ と書くことにする．ここで，たとえば

$$2x^2-5x+1 \tag{2.1}$$

という式があたえられたとしてみよう．

すると，$\mathbf{R}$ のいかなる要素 a に対しても，これを (2.1) に代入することによって，$\mathbf{R}$ のもう1つの要素 $2a^2-5a+1$ が定まる．たとえば，1に対しては

$$2\times 1^2 - 5\times 1 + 1 = -2$$

が定まり，-3 に対しては

$$2\times (-3)^2 - 5\times (-3) + 1 = 34$$

が定まり，0 に対しては

$$2\times 0^2 - 5\times 0 + 1 = 1$$

が定まる．したがって，(2.1) という式は，**R** のいかなる要素にも，**R** の要素を 1 つずつ対応させる "規則" をあたえるものと考えることができる．

同様にして，

$$\sqrt{x-\pi} + \sin x - 2$$

という式は，集合 $\{x|x \geqq \pi \wedge x \in \mathbf{R}\}$ の各要素に，**R** の要素を 1 つずつ対応させる "規則" をあたえるものとみられる．

また，世間でよく行なわれるいわゆる懸賞においては，事前に，たとえば，次のような賞品の表が発表されるのがふつうである：

1 等　ピアノ

2 等　電気冷蔵庫

3 等　トランジスタ・ラジオ

4 等　万年筆

5 等　ノート

6 等　マッチ

しかし，このような表は，等級の集合 $\{1,2,3,4,5,6\}$ の各要素に，賞品の名前の集合 $\{$ピアノ，電気冷蔵庫，…，マッチ$\}$ の 1 つの要素をそれぞれ対応させる規則以外の何

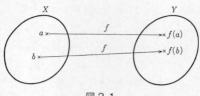

図2.1

ものでもない.

このように, われわれのまわりには, X, Y という2つの集合があって, X の各要素にそれぞれ1つずつ Y の要素を対応させる規則があたえられている, というような状況が大変に多い. このとき, その規則のことを, X から Y への**写像**といい, X をその**定義域**, Y をその**終域**という.

写像は, ふつう

$$f, g, \cdots ; \quad F, G, \cdots$$
$$\varphi, \psi, \cdots ; \quad \Phi, \Psi, \cdots$$

などの文字で表わされる. ただし, たとえば, f という写像の定義域, 終域がそれぞれ集合 X, Y であることを明示したいときは, これを単に f と書くかわりに

$$f : X \to Y$$

のように書くことがある.

写像 $f : X \to Y$ があたえられたならば, X の要素 x を指定するごとに, 規則 f によって, Y の1つの要素が定められる. これを, f による x の**像**, または x における f の**値**といい,

$$f(x) \quad \text{または} \quad f_x$$

で表わす.

2つの写像 $f: X \to Y$, $g: Z \to W$ は,次の2つの条件をみたすとき,ひとしいといわれ,$f = g$ としるされる:

(1) $X = Z$, $Y = W$

(2) X のいかなる要素 x に対しても,$f(x) = g(x)$

したがって,写像 $f: X \to Y$ が,X の各要素 x に対する像 $f(x)$ を全部定めれば完全に定まることはいうまでもない.つまり,各 x に対する像 $f(x)$, $g(x)$ がつねにひとしいような X から Y への写像 f, g はつねにひとしいのである.

例1 上に注意したように,式 $2x^2 - 5x + 1$ は $\mathbf{R}$ から $\mathbf{R}$ への1つの写像を定義する.これを f と書くことにすれば,$\mathbf{R}$ の要素 x の f による像 $f(x)$ は,当然 $2x^2 - 5x + 1$ にひとしい:
$$f(x) = 2x^2 - 5x + 1$$
また,
$$f(1) = -2, \quad f(-3) = 34, \quad f(0) = 1$$

例2 同じく,上に注意したように,式 $\sqrt{x - \pi} + \sin x - 2$ は,集合 $A = \{x | x \geq \pi \wedge x \in \mathbf{R}\}$ から $\mathbf{R}$ への1つの写像を定める.これを φ と書けば,A のどのような要素 x に対しても
$$\varphi(x) = \sqrt{x - \pi} + \sin x - 2$$
また,
$$\varphi(\pi) = -2, \quad \varphi(2\pi) = \sqrt{\pi} - 2$$

例1,例2により,通常 "関数" といわれているものが,すべて写像の特別な場合に他ならないことがわかるであろう.

例3 上にあげた懸賞の賞品の表は，集合 $A = \{1, 2, 3, 4, 5, 6\}$ から集合 $B = \{$ピアノ，電気冷蔵庫，…，マッチ$\}$ への1つの写像を定めるが，これを Φ と書くことにすれば

$$\Phi(2) = 電気冷蔵庫, \quad \Phi(6) = マッチ$$

例4 数列，たとえば

$$1, \frac{1}{4}, \frac{1}{9}, \cdots, \frac{1}{n^2}, \cdots$$

があたえられたとき，自然数全体の集合を $\mathbf{N}$ として

$$\alpha(n) = \frac{1}{n^2} \quad (n \in \mathbf{N})$$

とおく．すると，これによって $\mathbf{N}$ から $\mathbf{R}$ への1つの写像 α が定められる．逆に，$\mathbf{N}$ から $\mathbf{R}$ への写像 α があたえられたならば，それによる1の像 α_1，2の像 α_2，…，n の像 α_n，… を1列に並べることによって，数列

$$\alpha_1, \alpha_2, \cdots, \alpha_n, \cdots$$

がえられる．

このことから，数列とは，$\mathbf{N}$ から $\mathbf{R}$ への写像そのもののことであり，数列の第 n 項 α_n とは，その写像 α による n の像のことであると見なしても，別に何の支障もないことが察せられるであろう．

また，平面上の点列も，やはり $\mathbf{N}$ から平面 P への写像と見ることができる．

そこで，一般に，$\mathbf{N}$ から1つの集合 A への写像 α のことを，また A の要素の**列**ともいい，このとき，n の α による像 α_n を，その**第 n 項**という．

まったく同様にして，有限列

$$\alpha_1, \alpha_2, \cdots, \alpha_n$$

は，その定義域が集合 $\{1, 2, \cdots, n\}$ であるような写像のことに他ならないと考えることができる．集合 A から要素を（重複を

ゆるして）n 個えらんでつくった"重複順列"も，これとまったく同じものである．

§2. 像・原像

f を X から Y への写像とし，A を X の部分集合とする．このとき，A の要素 x の f による像 $f(x)$ を全部集めてできる集合を，f による A の像といい，

$$f(A)$$

で表わす．とくに，定義域 X の像 $f(X)$ を，f の**値域**という．集合 A が外延的記法によって

$$A = \{x | \cdots x \cdots\}$$

と表わされているときは，$f(A)$ をまた

$$\{f(x) | \cdots x \cdots\}$$

と書くことがある．あきらかに，$A = \{x | x \in A\}$ だから，当然

$$f(A) = \{f(x) | x \in A\}$$

また，いかなる $a\,(\in X)$ に対しても

$$f(\{a\}) = \{f(a)\}$$

B を Y の部分集合とするとき，X の要素で，その像が B の中に入るものの全体：

$$\{x | x \in A \land f(x) \in B\}$$

を，f による B の**原像**または**逆像**といい

$$f^{-1}(B)$$

で表わす．

定理 2.1 像と原像について，次の公式が成立する．

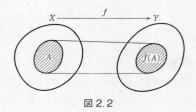

図2.2

ただし,A, A_1, A_2 は X の部分集合,B, B_1, B_2 は Y の部分集合である:

(1) $f(A_1 \cup A_2) = f(A_1) \cup f(A_2)$

(2) $f(A_1 \cap A_2) \subset f(A_1) \cap f(A_2)$

(3) $f(X-A) \supset f(X) - f(A)$

(1)' $f^{-1}(B_1 \cup B_2) = f^{-1}(B_1) \cup f^{-1}(B_2)$

(2)' $f^{-1}(B_1 \cap B_2) = f^{-1}(B_1) \cap f^{-1}(B_2)$

(3)' $f^{-1}(Y-B) = X - f^{-1}(B)$

証明 (2): $y \in f(A_1 \cap A_2)$ ならば,y は $x \in A_1 \cap A_2$ であるようなある x の f による像である:$f(x) = y$. しかるに,$x \in A_1$ だから,$f(x) \in f(A_1)$,すなわち $y \in f(A_1)$. 同様にして,$x \in A_2$ だから,$f(x) \in f(A_2)$,すなわち $y \in f(A_2)$. よって,

$$y \in f(A_1) \cap f(A_2)$$

ゆえに,

$$f(A_1 \cap A_2) \subset f(A_1) \cap f(A_2)$$

(2)': $x \in f^{-1}(B_1 \cap B_2)$ ならば,x の像 $f(x)$ は $B_1 \cap B_2$ にぞくする:$f(x) \in B_1 \cap B_2$. よって,$f(x) \in B_1$. し

たがって，$x \in f^{-1}(B_1)$. 同様にして，$x \in f^{-1}(B_2)$. ゆえに，
$$x \in f^{-1}(B_1) \cap f^{-1}(B_2)$$
これより，
$$f^{-1}(B_1 \cap B_2) \subset f^{-1}(B_1) \cap f^{-1}(B_2) \tag{2.2}$$
次に，$x \in f^{-1}(B_1) \cap f^{-1}(B_2)$ とすれば，$x \in f^{-1}(B_1)$. よって，$f(x) \in B_1$. 同様にして，$f(x) \in B_2$. ゆえに，
$$f(x) \in B_1 \cap B_2$$
これより，
$$x \in f^{-1}(B_1 \cap B_2)$$
したがって，
$$f^{-1}(B_1) \cap f^{-1}(B_2) \subset f^{-1}(B_1 \cap B_2) \tag{2.3}$$
(2.2), (2.3) より
$$f^{-1}(B_1 \cap B_2) = f^{-1}(B_1) \cap f^{-1}(B_2)$$
がえられる． □

のこりの公式の証明は，練習問題として，読者にゆだねることにする．

注意1 (2) では等号は必ずしも成立しない．たとえば：$f(x) = x^2$ によって，$\mathbf{R}$ から $\mathbf{R}$ への写像 f を定義し，$A = \{x | x \geq 0\}$, $B = \{x | x \leq 0\}$ とおく．すると，$A \cap B = \{0\}$. また $f(0) = 0$. よって，
$$f(A \cap B) = f(\{0\}) = \{f(0)\} = \{0\}$$
他方，
$$f(A) = f(B) = \{x | x \geq 0\}$$
ゆえに，
$$f(A) \cap f(B) = \{x | x \geq 0\}$$

したがって，
$$f(A\cap B) \neq f(A)\cap f(B)$$
(3) でも等号は必ずしも成立しない．読者は，等号が成立しないような例を考えて見られたい．

§3. 合成写像

写像 $f: X \to Y$, $g: Y \to Z$ があたえられたとする．このとき，X の要素 x をあたえれば，f により Y の要素 $y = f(x)$ が定まり，この y に対して，g により，Z の要素 $z = g(y) = g(f(x))$ が定まる．したがって，ここに，X の各要素 x に対して，Z の要素 z を定める 1 つの規則があたえられたと見ることができる．これを f と g との**合成（写像）**または**積**といい，
$$g \circ f$$
で表わす（f と g との順序に注意していただきたい．図 2.3 を参照）．あきらかに
$$(g \circ f)(x) = g(f(x)) \tag{2.4}$$

注意2 f と g との合成を $f \circ g$ ではなく $g \circ f$ と書くことにするのは，式 (2.4) が成り立つようにするためである．$f \circ g$ と書くことにすると，(2.4) は $(f \circ g)(x) = g(f(x))$ となって，あまり気持がよくない，と同時に間違いを犯しやすい．

合成写像に関しては，次の定理が成立する：

定理2.2 $f: X \to Y$, $g: Y \to Z$, $h: Z \to W$ なる 3 つの写像に対して，
$$(h \circ g) \circ f = h \circ (g \circ f)$$
が成立する．

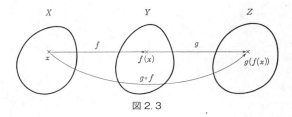

図2.3

証明 $(h \circ g) \circ f, h \circ (g \circ f)$ の定義域はいずれも X，終域はいずれも W であるから，いかなる $x \ (\in X)$ に対しても
$$((h \circ g) \circ f)(x) = (h \circ (g \circ f))(x)$$
が成立することをいえばよい．しかし，これは
$$((h \circ g) \circ f)(x) = (h \circ g)(f(x)) = h(g(f(x)))$$
$$(h \circ (g \circ f))(x) = h((g \circ f)(x)) = h(g(f(x)))$$
よりあきらかである． □

§4. 単射・全射

写像 $f: X \to Y$ は，
$$x_1 \neq x_2 \text{ ならば必ず } f(x_1) \neq f(x_2)$$
が成立するとき，あるいは同じことであるが
$$f(x_1) = f(x_2) \text{ ならば必ず } x_1 = x_2$$
が成立するとき，X から Y への**単射**である，または X から Y への **1 対 1 の写像**であるといわれる．

例5 $\mathbf{R}$ の各要素 x に対して $f(x) = x^3$ とおいて，$\mathbf{R}$ から $\mathbf{R}$ への写像 f を定義すれば，これは単射である．何となれば：

$f(x_1) = f(x_2)$ ならば,$x_1{}^3 = x_2{}^3$. これより,
$$(x_1 - x_2)(x_1{}^2 + x_1 x_2 + x_2{}^2) = 0$$
ゆえに,$x_1 = x_2$ あるいは $x_1{}^2 + x_1 x_2 + x_2{}^2 = 0$. しかるに,
$$x_1{}^2 + x_1 x_2 + x_2{}^2 = (x_1 + x_2/2)^2 + (3/4) x_2{}^2$$
だから,これが 0 となるのは,$x_1 = x_2 = 0$ であるとき,およびそのときに限る.ゆえに,いずれにしても,
$$x_1 = x_2$$

例 6 $f(x) = x^2$ によって定められる $\mathbf{R}$ から $\mathbf{R}$ への写像 f は単射ではない.何となれば,$1 \neq -1$ であるにもかかわらず,
$$f(1) = 1 = f(-1)$$
となるからである.しかし,定義域を $\{x | x \geqq 0\}$ に制限すれば単射となる.

例 7 §1,例 3 の写像は単射である.

例 8 任意の集合 X において,各要素 x に対し $\varphi(x) = x$ と定めれば,この写像 $\varphi : X \to X$ は単射である.これを,X の上の**恒等写像**といい
$$I_X$$
で表わす.

恒等写像については次のような性質がある.

定理 2.3 任意の写像 $f : X \to Y$ に対して
$$f \circ I_X = f, \quad I_Y \circ f = f$$

証明 $f \circ I_X = f$ を示す.2 つの写像 $f \circ I_X, f$ の定義域はいずれも X,終域はいずれも Y であるから,いかなる $x \, (\in X)$ に対しても
$$f \circ I_X (x) = f(x)$$
であることがいえればよい.しかし,これは
$$f \circ I_X (x) = f(I_X (x)) = f(x)$$

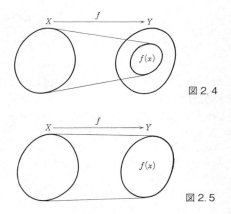

図2.4

図2.5

よりあきらかである.

$I_Y \circ f = f$ の証明は，読者の練習問題としよう． □

いかなる写像 $f: X \to Y$ に対しても，
$$f(X) \subset Y$$
となることはいうまでもない（図2.4）．とくに，ここで等号が成立するとき，すなわち
$$f(X) = Y$$
が成立するとき，この f は X から Y への**全射**である，あるいは X から Y の**上への写像**であるという（図2.5）．

例9 例5の写像では，$f(\mathbf{R}) = \mathbf{R}$ となっているから，これは全射である.

例10 例6の写像では，$f(\mathbf{R}) = \{x | x \geq 0\} \neq \mathbf{R}$ となっているから，全射ではない．しかし，この写像の終域を $\{x | x \geq 0\}$

にとりかえれば，当然全射となる．

例 11 例 7 の写像は全射である．

例 12 例 8 の写像は全射である．

写像 $f:X\to Y$ が全射でかつ単射であるとき，この写像は X から Y への**全単射**である，あるいは X から Y への **1 対 1 の対応**であるという．

例 13 例 5，例 9 の写像は全単射である．

例 14 例 6，例 10 の写像は全単射ではない．ただし，その定義域，終域をいずれも集合 $\{x|x\geqq 0\}$ にとりかえれば全単射となる．しかし，どちらか一方だけをとりかえても，全単射とはならない．

例 15 例 7，例 11 の写像は全単射である．

例 16 例 8，例 12 の写像は全単射である．

写像 $f:X\to Y$ が全単射であれば，定義によって，Y のいかなる要素 y に対しても，つねに $f(x)=y$ となるような X の要素 x がただ 1 つ存在する．そこで，各 y にこのような x を対応させることにすれば，Y から X への 1 つの写像がえられる．これを，f の**逆写像**といい，

$$f^{-1}$$

で表わす．

あきらかに，$f(x)=y$ と $f^{-1}(y)=x$ とは同値だから

$$f\circ f^{-1}(y)=f(f^{-1}(y))=f(x)=y=I_Y(y)$$

$$f^{-1}\circ f(x)=f^{-1}(f(x))=f^{-1}(y)=x=I_X(x)$$

よって

$$f\circ f^{-1}=I_Y,\ f^{-1}\circ f=I_X$$

§5. 巾集合・配置集合

X を任意の集合とするとき,その部分集合の全体から成る集合を,X の**巾集合**といい,

$$\mathfrak{P}(X)$$

という記号で表わす.

例 17 $X = \{1, 2, 3\}$ ならば,その部分集合は

$$\varnothing, \{1\}, \{2\}, \{3\}, \{1,2\}, \{2,3\}, \{1,3\}, \{1,2,3\}$$

の 8 個である.巾集合 $\mathfrak{P}(X)$ は,この 8 個の集合を要素とする集合に他ならない.

例 18 $X = \varnothing$ ならば,その部分集合は $\varnothing$ ただ 1 つだけである.よって,

$$\mathfrak{P}(\varnothing) = \{\varnothing\}$$

これは空集合ではないことに注意しなくてはならない.

$X = \{1, 2, \cdots, n\}$ とする.このとき,X の部分集合は,1 をふくむものとふくまないものとの 2 組に分かれ,その各組の集合は,また 2 をふくむものとふくまないものとの 2 組に分かれ,…,以下同様だから,それらは結局全部で $\overbrace{2 \times 2 \times \cdots \times 2}^{n} = 2^n$ 個の組に分かれることになる.ところが,同じ組にぞくする 2 つの集合に関しては,1, 2, $\cdots$, n のどれをふくみ,どれをふくまないかがきっちり一致するから,各組は実際問題としてただ 1 つの集合しかふくむことができない.よって,$\mathfrak{P}(X)$ はちょうど 2^n 個の要素から成り立っていることがわかる.このことを根拠として,$\mathfrak{P}(X)$ はまた

$$2^X$$

という記号で表わされることもある．

さて，X, Y を任意の集合とするとき，X から Y への写像の全体から成る集合を，X の上の Y の**配置集合**といい，

$$\mathfrak{F}(X, Y)$$

で表わす．

集合 $\{1, 2, \cdots, m\}, \{1, 2, \cdots, n\}$ をそれぞれ X, Y とおけば，X から Y への写像 f は，$1, 2, \cdots, m$ の f による像

$$f(1), f(2), \cdots, f(m)$$

を定めれば定まる．ところが，$f(1)$ としてとりうる値は $1, 2, \cdots, n$ の n 通り，その各々に対して $f(2)$ としてとりうるのはやはり n 通り，…，以下同様だから，結局 f の総数は n^m 個であることがわかる．このことを根拠として，$\mathfrak{F}(X, Y)$ はまた

$$Y^X$$

という記号で表わされることもある．

A が集合 X の部分集合であるとき，

$$f(x) = \begin{cases} 0 & (x \notin A \text{ のとき}) \\ 1 & (x \in A \text{ のとき}) \end{cases}$$

とおいてえられる写像 $f: X \to \{0, 1\}$ を，A の**特徴関数**または**定義関数**といい，

$$C_A$$

という記号で表わす．

逆に，写像 $f: X \to \{0, 1\}$ があたえられたとき，

$$A = \{x | f(x) = 1\}$$

とおけば,あきらかに $C_A = f$.

したがって,$\mathfrak{P}(X) = 2^X$ の各要素 A に,
$$\mathfrak{F}(X, \{0,1\}) = \{0,1\}^X$$
の要素 C_A を対応させる写像を Φ とおけば,この Φ は 1 つの全単射である.

以上のことから,2^X と $\{0,1\}^X$ とは見方によってはまったく同じものであり,必要に応じて同一視できるものであることがわかる.

§6. 直積とグラフ

周知のように,通常の関数 $f: \mathbf{R} \to \mathbf{R}$ には,その"グラフ"というものが考えられる.すなわち,まず平面上の各点を,適当な座標系をなかだちとして,2つの実数の組 (x, y) と同一視し,
$$(x, f(x))$$
という形の点全体の集合をつくって,これを関数 f のグラフと名づけるわけである(図 2.6 参照).次に,これを一般の写像にまで拡張することを考えよう.

一般に,集合 X, Y に対して,X の要素 x と Y の要素 y との順序づけられた組 (x, y) の全体から成る集合を,X と Y との**直積**といい,
$$X \times Y$$
という記号で表わす.

$X \times Y$ の2つの要素 $(x, y), (x', y')$ は,$x = x', y = y'$

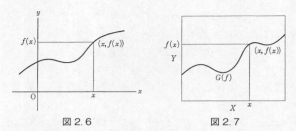

図2.6　　　　　　　図2.7

のとき，およびそのときに限ってひとしいと考えることはいうまでもない．

　写像 $f: X \to Y$ があたえられたならば，$(x, f(x))$ という形の $X \times Y$ の要素の全体から成る集合を，f の**グラフ**といい，

$$G(f)$$

と書く（図2.7参照）．

　$X \times Y$ の部分集合 G が，ある写像 $f: X \to Y$ のグラフであれば，あきらかに次の条件がみたされる：

　(∗)　X のどんな要素 x に対しても，$(x, y) \in G$ となるような Y の要素 y がただ 1 つ存在する．

　逆に，この条件をみたすような $X \times Y$ の部分集合 G があたえられたとする．このとき，X の各要素 x に対して，$(x, y) \in G$ となるような Y の要素 y がただ 1 つ存在するから，これを $f(x)$ とおけば，1 つの写像 $f: X \to Y$ が定められ，かつ $G = G(f)$．

　よって，条件 (∗) は，$X \times Y$ の部分集合 G が，ある写像 $f: X \to Y$ のグラフであるための必要かつ十分な条件

なのである.

$G = G(f)$ ならば,$(x, y) \in G$ と $y = f(x)$ とが同等となることはいうまでもない.

次の定理が成り立つ:

定理 2.4 $f: X \to Y$, $g: X \to Y$ に対して,$f = g$ が成り立つための必要十分条件は,$G(f) = G(g)$ が成り立つことである.

証明 $f = g$ ならば,いかなる $x \ (\in X)$ に対しても,$f(x) = g(x)$ であるから,
$$(x, f(x)) = (x, g(x))$$
よって,
$$G(f) = G(g)$$

逆に,$G(f) = G(g)$ ならば,任意の $x \ (\in X)$ に対して,$(x, f(x)) \in G(f)$ であるから,$(x, f(x)) \in G(g)$. したがって,
$$f(x) = g(x)$$
ゆえに,
$$f = g \qquad \square$$

この定理から,X から Y への写像と,条件 $(*)$ をみたすような $X \times Y$ の部分集合とは,見方によってはまったく同じものであることがわかる.つまり,Y^X は,必要とあれば,$\mathfrak{P}(X \times Y)$ のある部分集合と同一視することができるのである.

§7. 直積の拡張

X と Y との直積の概念を拡張して，n 個の集合 X_1, $X_2, \cdots, X_n$ の**直積**
$$X_1 \times X_2 \times \cdots \times X_n$$
を定義することができる．これは，$X_1, X_2, \cdots, X_n$ の要素 $x_1, x_2, \cdots, x_n$ の順序づけられた組 $(x_1, x_2, \cdots, x_n)$ の全体から成る集合に他ならない．もちろん，$(x_1, x_2, \cdots, x_n)$ と $(x_1', x_2', \cdots, x_n')$ と は，$x_1 = x_1', x_2 = x_2', \cdots, x_n = x_n'$ が成立するとき，およびそのときに限ってひとしいと考える．

$1 \leq i \leq n$ なる i を1つ固定し，$X_1 \times X_2 \times \cdots \times X_n$ の各要素 $x = (x_1, x_2, \cdots, x_n)$ に対して
$$\pi_i(x) = \pi_i((x_1, x_2, \cdots, x_n)) = x_i$$
とおけば，π_i は $X_1 \times X_2 \times \cdots \times X_n$ から X_i への全射である．これを，$X_1 \times X_2 \times \cdots \times X_n$ の **i 番目の射影**という．なお，x_i は $x = (x_1, x_2, \cdots, x_n)$ の**第 i 成分**，または **i 番目の成分**といわれる．

$(X_1 \times X_2) \times X_3$ の要素 $((x_1, x_2), x_3)$ に $X_1 \times X_2 \times X_3$ の要素 (x_1, x_2, x_3) を対応させれば，これは1つの全単射である．このことは，集合 $(X_1 \times X_2) \times X_3$ と集合 $X_1 \times X_2 \times X_3$ とが，本質的にはまったく同じものであり，必要とあれば同一視できるものであることを示している．$X_1 \times (X_2 \times X_3)$ についても同様である．集合がもっと多い場合にも，同じ考え方ができることはあきらかであろう．

写像 $f: X \to Y$ の定義域 X が,ある直積 $X_1 \times X_2 \times \cdots \times X_n$ の部分集合であれば,X の要素は当然 $(x_1, x_2, \cdots, x_n)$ という形をしている.よって,x の f による像 $f(x)$ は,これを $f((x_1, x_2, \cdots, x_n))$ と書くこともできるであろう.このような事情を強調したい場合,われわれは,f は **n 変数の写像**であるということがある.$f((x_1, x_2, \cdots, x_n))$ は,簡単のために $f(x_1, x_2, \cdots, x_n)$ と書かれることが多い.

例19 x, y を実数として,
$$f(x, y) = x+y, \quad g(x, y) = xy$$
とおけば,f, g はいずれも $\mathbf{R} \times \mathbf{R}$ から $\mathbf{R}$ への写像である.したがって,これらは2変数の写像である.

例20 集合 X の巾集合 $\mathfrak{P}(X)$ の各要素 A, B に対して,
$$\varphi(A, B) = A \cup B, \quad \psi(A, B) = A \cap B$$
とおけば,φ, ψ はいずれも $\mathfrak{P}(X) \times \mathfrak{P}(X)$ から $\mathfrak{P}(X)$ への写像である.したがって,これらは2変数の写像である.

例19や例20におけると同様にして,2つのものから1つのものをつくり出す演算は,すべてこれを2変数の写像と考えることができる.

§8. 条件・性質・関係

数学では,いろいろの**条件**を取り扱う.たとえば

(1) x は無理数である.

(2) 点 p は直線 l の上にある.

(3) 直線 l は直線 m と直交する.

(4) a は b よりも小さい.

(5) a は b と c との最大公約数である.

(6) $x^4+y^4+z^4+w^4 \geqq 4xyzw$

はいずれも条件である.

一般に, ある条件が n 個の変数 $x_1, x_2, \cdots, x_n$ をふくむならば, これを **$x_1, x_2, \cdots, x_n$ についての条件**, または簡単に **n 変数の条件**という. (1) は1変数, (2), (3), (4) は2変数, (5) は3変数, (6) は4変数の条件である. 1変数の条件は**性質**, 2変数以上の条件は**関係**といわれることもある. n が2以上ならば, "n 変数の条件" と "n 変数の関係" とは同じことを意味するのである.

条件にふくまれる各変数には, 前後の関係から, それぞれその**変域**が定まっている. つまり, その変数に代入することのできるものの全体から成る集合が定まっている. たとえば, 上の (1)〜(6) をある前後関係の下で考えた場合, それらにふくまれる変数の変域が, 次のようになっていることもあるかもしれない:

(1) x の変域は $\mathbf{R}$

(2) p の変域は平面上の点全体の集合 P, l の変域は平面上の直線全体の集合 L

(3) l, m の変域は空間内の直線全体の集合 M

(4) a, b の変域は有理数全体の集合 $\mathbf{Q}$

(5) a, b, c の変域は自然数全体の集合 $\mathbf{N}$

(6) x, y, z, w の変域は $\mathbf{R}$

しかし, これらの変域は, あくまでも前後の関係から定まるものであって, 決してただ一通りとは限らないことに注

意する必要がある.

一般に，n 変数の条件 $C(x_1, x_2, \cdots, x_n)$ の各変数の変域が $X_1, X_2, \cdots, X_n$ であるとき，それらの直積 $X_1 \times X_2 \times \cdots \times X_n$ の要素 $(x_1, x_2, \cdots, x_n)$ で，$C(x_1, x_2, \cdots, x_n)$ が成立するものの全体から成る集合を

$$\{(x_1, x_2, \cdots, x_n) | C(x_1, x_2, \cdots, x_n)\} \qquad (2.5)$$

と書き，これを条件 $C(x_1, x_2, \cdots, x_n)$ の**軌跡**という.

$x = (x_1, x_2, \cdots, x_n)$ とおけば，$x_1 = \pi_1(x), x_2 = \pi_2(x), \cdots, x_n = \pi_n(x)$ であるから，(2.5) は

$$\{x | C(\pi_1(x), \pi_2(x), \cdots, \pi_n(x))\}$$

とまったく同じものである.

写像の場合と同様に，必要とあれば，条件とその軌跡とを同一視できることはいうまでもない.

写像 $f: X \to Y$ に対して

$$f(x) = y$$

は 1 つの 2 変数の関係である．これの軌跡が，f のグラフとまったく同じものになることは，もはやことわるまでもないであろう.

次に，2 変数の関係 $C(x, y)$ において，x の変域を X，y の変域を Y とする．このとき，もし X の各要素 x に対して $C(x, y)$ を成り立たせるような y $(\in Y)$ がつねにただ 1 つ存在するならば，各 x $(\in X)$ にこのような y $(\in Y)$ を対応させることによって，X から Y への 1 つの写像 f がえられる．そして，$C(x, y)$ と $f(x) = y$ とは同等である.

したがって，写像は 2 変数の関係のうちの特殊なものとみることができることがわかる．

第3章　群論 ABC

前章までで，数学の理論の対象を組み立てる素材についての話をおわったから，これからはその数学の理論の対象である"数学的構造"なるものの説明にうつろうと思う．

しかし，このようなことの説明は，読者にいくらかの具体的な背景をもっていただいた上でないと，どうしても抽象的になりがちで，結局何のことやらわからない，ということになってしまう．そこで，われわれは，次のような方法をとることにする．すなわち，まず，もっとも典型的な数学的構造の1つである"群"をとりあげ，それについて展開される理論の模様をごく大ざっぱに展望する．そして，そのあとで，必要に応じてそれを引き合いに出しながら本論を進行させる．——こういう方法である．

そこで，本章では，その"群論"の ABC の解説を行なう．ただし，あらかじめことわっておくが，ひょっとすると，以下の話の中には，何故こんなことをやるのかと思われるようなことも，あるいはあるかも知れない．しかし，それは，あとの議論への重要な伏線なのであるから，我慢していただきたい．

§1. 置　換

さきに，われわれは，写像 $\alpha: A \to B$ が**全単射**であるとはどういうことであるかを説明した．それを復習すれば次の通りである：

$\alpha: A \to B$ が全単射であるとは，次の2つの条件がみたされることをいう．

(1) **単射**である．すなわち，$a, b \in A$，$a \neq b$ ならば，$\alpha(a) \neq \alpha(b)$

(2) **全射**である．すなわち，B のいかなる要素 b に対しても，$\alpha(a) = b$ なる A の要素 a が存在する．

$\alpha: A \to B$ が全単射であれば，B の各要素 b に対して $\alpha(a) = b$ であるような A の要素 a がただ1つ存在するから，b にこの a を対応させることによって，B から A への1つの全単射がえられる．これが α の**逆写像** α^{-1} に他ならない．

また，すぐわかるように，$\beta: A \to B$，$\alpha: B \to C$ がいずれも全単射であれば，その**合成**（**写像**）$\alpha \circ \beta$ は A から C への全単射である．合成については，"結合法則"

$$(\alpha \circ \beta) \circ \gamma = \alpha \circ (\beta \circ \gamma)$$

が成立することを想起しておこう．

さらに，いかなる集合 A に対しても，その上の**恒等写像**，すなわち

$$I_A(a) = a$$

なる写像 I_A が定義され，これは A から A への全単射で

ある．α を，A から B へのどのような全単射としても，
$$\alpha \circ I_A = \alpha, \quad I_B \circ \alpha = \alpha$$
が成立する．また，$\alpha : A \to B$ が全単射であれば
$$\alpha^{-1} \circ \alpha = I_A, \quad \alpha \circ \alpha^{-1} = I_B$$
である．

 一般に，集合 M から M 自身への全単射のことを，M の上の**置換**ともいう．この概念に関して，上に述べたことから，次の事柄がみちびかれる：

(a) α, β が M の上の置換ならば，β と α との合成 $\alpha \circ \beta$ もまた M の上の置換である．

(b) α が M の上の置換ならば，その逆写像 α^{-1} もまた M の上の置換である．これを α の**逆置換**ともいう．

(c) M の上の恒等写像 I_M は M の上の置換である．これを M の上の**恒等置換**ともいう．

 さて，ここで，便宜のため，M の上の置換の全体から成る集合を G，β と α との合成 $\alpha \circ \beta$ をかりに $\alpha * \beta$，α の逆置換 α^{-1} のことを $\bar{\alpha}$，恒等置換 I_M のことを ε と書くことにすれば，次の6つの条件がみたされる：

(ⅰ) $\alpha, \beta \in G$ ならば $\alpha * \beta \in G$

(ⅱ) $\alpha \in G$ ならば $\bar{\alpha} \in G$

(ⅲ) $\varepsilon \in G$

(1) $(\alpha * \beta) * \gamma = \alpha * (\beta * \gamma)$

(2) $\alpha * \varepsilon = \varepsilon * \alpha = \alpha$

(3) $\alpha * \bar{\alpha} = \bar{\alpha} * \alpha = \varepsilon$

§2. 類似の例

実数全体の集合 $\mathbf{R}$ を便宜上 G, 加法の記号 $+$ をかりに $*$, 実数 α の符号をかえた数 $-\alpha$ をかりに $\bar{\alpha}$, 0 をかりに ε と書くことにすれば, あきらかに, 上の (i), (ii), (iii), (1), (2), (3) の条件がそっくりそのままみたされる. その理由は次の通り:

(i) $\alpha, \beta \in \mathbf{R}$ ならば $\alpha+\beta \in \mathbf{R}$

(ii) $\alpha \in \mathbf{R}$ ならば $-\alpha \in \mathbf{R}$

(iii) $0 \in \mathbf{R}$

(1) $(\alpha+\beta)+\gamma = \alpha+(\beta+\gamma)$

(2) $\alpha+0 = 0+\alpha = \alpha$

(3) $\alpha+(-\alpha) = (-\alpha)+\alpha = 0$

また, 0 でない実数全体の集合 $\mathbf{R}^*$ を便宜上 G, 乗法の記号 $\times$ をかりに $*$, 0 でない実数の逆数 $1/\alpha$ をかりに $\bar{\alpha}$, 1 をかりに ε と書くことにすれば, やはり (i), (ii), (iii), (1), (2), (3) がみたされる.

次に, m を 2 以上の任意の正の整数とし, 次のように定義する:

$\alpha_i = m$ で割ったときの余りが i である整数の全体から成る集合 $(0 \leqq i < m)$

そして,

$$\mathbf{Z}_m = \{\alpha_0, \alpha_1, \alpha_2, \cdots, \alpha_{m-1}\}$$

とおく.

注意 1 整数 a を正の整数 b で割るとは,

$$a = bq+r, \ b > r \geqq 0$$
なる整数 q, r を見出すことである．q が整商，r が余りに他ならない．a が負であっても余りは決して負にはならないことに注意する．

次のことが成り立つ：

α_i の要素 a と α_j の要素 b との和は，ある α_k に入るが，この k は $i+j$ か，またはこれを m で割ったときの余りにひとしい．

その証明：$a \in \alpha_i, b \in \alpha_j$ より，$a = mp+i, \ b = mq+j$ なる整数 p, q があるから，
$$a+b = m(p+q)+(i+j)$$
したがって，$a+b$ を m で割ったときの余りは，$i+j$ であるか，もしくはこれを m で割ったときの余りにひとしい． □

そこで，このような k をもってきて
$$\alpha_i \oplus \alpha_j = \alpha_k$$
とおく．また，
$$\alpha_i' = \begin{cases} \alpha_{m-i} & (i \neq 0 \text{ のとき}) \\ \alpha_i & (i = 0 \text{ のとき}) \end{cases}$$
と定義する．

さて，ここで，この $\mathbf{Z}_m$ をかりに G，$\oplus$ をかりに $*$，α' をかりに $\overline{\alpha}$，α_0 をかりに ε とおくことにすれば，やはり上の (ⅰ), (ⅱ), (ⅲ), (1), (2), (3) が成立することがたしかめられる．

§3. 群

 §1, §2で述べた4つの例は, きわめてよく類似している. 実は, "群"というのは, これらの体系に共通な性質を一般化することによってえられる抽象的な概念に他ならないのである. 以下, このことについて説明しよう.

 いま, 1つの集合 G に対して, 次のような3つの対象が指定されたとする:

(ⅰ) G の2つの要素 α, β から第3の要素 $\alpha * \beta$ をつくり出す1つの演算 "$*$". (これは, $G \times G$ から G への写像と同じものである.)

(ⅱ) G の要素 α から第2の要素 $\overline{\alpha}$ をつくり出す1つの演算 "¯". (これは, G から G への写像と同じものである.)

(ⅲ) G の1つの要素 ε

そして, これらが次の3つの条件をみたすとする:

(1) $(\alpha * \beta) * \gamma = \alpha * (\beta * \gamma)$
(2) $\alpha * \varepsilon = \varepsilon * \alpha = \alpha$
(3) $\alpha * \overline{\alpha} = \overline{\alpha} * \alpha = \varepsilon$

このとき, 集合 G と, 指定された対象 $*, ^-, \varepsilon$ とをひとまとめにした組 $(G ; *, ^-, \varepsilon)$ は**群**であるという. そして, G をこの群の**基礎集合**, $*$ をこの群の**(基本)演算**, $\alpha * \beta$ を α と β との**結合**, ¯ をこの群の**逆元をとる演算**, $\overline{\alpha}$ を α の**逆元**, ε をこの群の**単位元**とよぶ.

 また, 組 $(G ; *, ^-, \varepsilon)$ が群であるとき, "G は, 対象

$*, ^{-}, \varepsilon$ に関して**群をつくる**" ともいう.

このことからわかるように, 群は, 集合 G と 3 つの対象 $*, ^{-}, \varepsilon$ とをひとまとめにした組 $(G; *, ^{-}, \varepsilon)$ に関する概念である. だから, 群であるかないかが問題になるのは, $(G; *, ^{-}, \varepsilon)$ という組であって G ではないことを忘れてはならない. "G は $*, ^{-}, \varepsilon$ に関して群をつくる" という文の主語は G であるが, これは, あくまでもわかりやすくするための便宜的な言い方にしかすぎない. したがって, 3 つの対象 $*, ^{-}, \varepsilon$ が指定されない限り, 集合 G が群をつくるとかつくらないとかいうことはまったく無意味なのである. しかしながら, 演算 $*$ をあたえれば, その性質から, $^{-}$ や ε がどのようなものになるかをすぐ想像できることがある. また, $*$ さえも, 前後の関係から簡単に推察できることがないではない. このようなときは, 簡単に, "G は $*$ に関して群をつくる" とか, あるいはまた, さらに簡単に "G は群をつくる" とか "G は群である" とかいうような言い方をゆるす方がむしろ便利であろう.

注意 2 結合法則 $(\alpha*\beta)*\gamma = \alpha*(\beta*\gamma)$ は, 演算 $*$ に関しては, 括弧をどこへつけても答にかわりがないことを示すものである (第 1 章, §6 を参照). そこで, 群では, 括弧を省略して, $a*b*c, a*b*c*d, \cdots$ というような書き方をすることがゆるされる.

例 1 集合 M の上の置換の全体を S_M とおけば, S_M は, 合成の演算 $\circ$, 逆置換をとる演算 $^{-1}$, および恒等置換 I_M に関して群をつくる. つまり, この群では, $\circ$ がその基本演算, α^{-1}

が α の逆元,I_M がその単位元である.これを集合 M の上の**全置換群**という.とくに,$M = \{1, 2, \cdots, n\}$ のときは,S_M を S_n と書いて,これを **n 次の対称群**とよぶ.

S_n の要素 α を

$$\begin{pmatrix} 1 & 2 & \cdots & n \\ \alpha(1) & \alpha(2) & \cdots & \alpha(n) \end{pmatrix}$$

という表によって表わすことが多い.たとえば,1 に 2 を,2 に 3 を,3 に 1 をそれぞれ対応させる S_3 の要素を

$$\begin{pmatrix} 1 & 2 & 3 \\ 2 & 3 & 1 \end{pmatrix}$$

で表わすのである.このような表わし方を採用すれば,2 つの置換の合成をつくる操作がきわめて簡単になる.たとえば

$$\alpha = \begin{pmatrix} 1 & 2 & 3 \\ 2 & 3 & 1 \end{pmatrix}, \quad \beta = \begin{pmatrix} 1 & 2 & 3 \\ 2 & 1 & 3 \end{pmatrix}$$

ならば,これらの表から,$\alpha \circ \beta$ によって,$1 \to 2 \to 3$,$2 \to 1 \to 2$,$3 \to 3 \to 1$ となることがわかるから

$$\alpha \circ \beta = \begin{pmatrix} 1 & 2 & 3 \\ 3 & 2 & 1 \end{pmatrix}$$

また,上の α に対する α^{-1} は,α の上下の数字をひっくりかえして

$$\begin{pmatrix} 2 & 3 & 1 \\ 1 & 2 & 3 \end{pmatrix}$$

とし,上段の数字の順序が本来の順序になるようにこれを整理したもの

$$\begin{pmatrix} 1 & 2 & 3 \\ 3 & 1 & 2 \end{pmatrix}$$

に他ならない.

恒等置換は,もちろん

$$\begin{pmatrix} 1 & 2 & 3 \\ 1 & 2 & 3 \end{pmatrix}$$

である.

例2 実数全体の集合 $\mathbf{R}$ は,加法 $+$,符号をかえる演算 $-$,および 0 に関して群をつくる.これを**実数の加法群**という.

例3 整数全体の集合 $\mathbf{Z}$ は,やはり加法 $+$(と,符号をかえる演算 $-$,および 0)に関して群をつくる.これを**整数群**という.

例4 0 でない実数全体の集合 $\mathbf{R}^*$ は,乗法 $\times$(と,逆数をとる演算 $^{-1}$,および 1)に関して群をつくる.これを**実数の乗法群**という.

例5 m を 2 以上の正の整数とし,α_i を,m で割ったときの余りが i であるような整数全体の集合とすれば,

$$\mathbf{Z}_m = \{\alpha_0, \alpha_1, \cdots, \alpha_{m-1}\}$$

は上に定義した演算 $\oplus$ に関して群をつくる.これを,**m を法とする整数群**という.

例6 負でない整数全体の集合 A において,加法 $+$ を基本演算と考える.このとき,(1),(2),(3) の条件をみたすように,逆元をとる演算と単位元とを定めようとして見ると,単位元としては 0 がとれるが,逆元をとる演算はまったく定義のしようがない.だから,A は $+$ に関して群をつくらない.

注意3 群論では,ふつう,$\alpha * \beta$ を $\alpha\beta$,$\overline{\alpha}$ を α^{-1},ε を 1 と書くことが多い.しかしここでは,説明の便宜上,混乱をさけるために,この流儀は採用しないことにする.

§4. アーベル群・巡回群

3 次の対称群 S_3 は,上にも説明したように,集合 $M = \{1, 2, 3\}$ の上の置換の全体から成り立っている.あきら

かに，その要素は次の6個である：

$$\begin{pmatrix} 1 & 2 & 3 \\ 1 & 2 & 3 \end{pmatrix}, \begin{pmatrix} 1 & 2 & 3 \\ 2 & 3 & 1 \end{pmatrix}, \begin{pmatrix} 1 & 2 & 3 \\ 3 & 1 & 2 \end{pmatrix},$$
$$\begin{pmatrix} 1 & 2 & 3 \\ 2 & 1 & 3 \end{pmatrix}, \begin{pmatrix} 1 & 2 & 3 \\ 1 & 3 & 2 \end{pmatrix}, \begin{pmatrix} 1 & 2 & 3 \\ 3 & 2 & 1 \end{pmatrix}$$

このとき，

$$\alpha = \begin{pmatrix} 1 & 2 & 3 \\ 2 & 3 & 1 \end{pmatrix}, \quad \beta = \begin{pmatrix} 1 & 2 & 3 \\ 2 & 1 & 3 \end{pmatrix}$$

とおけば，あきらかに

$$\alpha \circ \beta = \begin{pmatrix} 1 & 2 & 3 \\ 3 & 2 & 1 \end{pmatrix}, \quad \beta \circ \alpha = \begin{pmatrix} 1 & 2 & 3 \\ 1 & 3 & 2 \end{pmatrix}$$

よって，

$$\alpha \circ \beta \neq \beta \circ \alpha$$

これに対して，実数の加法群 $\mathbf{R}$ では，$\alpha, \beta \, (\in \mathbf{R})$ のいかんにかかわらず，

$$\alpha + \beta = \beta + \alpha$$

一般に，後者のように，**交換法則**，すなわち $\alpha, \beta \, (\in G)$ のいかんにかかわらず

$$\alpha * \beta = \beta * \alpha$$

の成立するような群のことを**アーベル群**または**可換群**，そうでない群を**非可換群**という．

実数の加法群 $\mathbf{R}$，実数の乗法群 $\mathbf{R}^*$，整数群 $\mathbf{Z}$，m を法とする整数群 $\mathbf{Z}_m$ などはすべてアーベル群であるが，$n \geq 3$ なる S_n はそうではない（ただし，S_1, S_2 はアーベル群である．読者は，これをたしかめてみられたい）．

さて，群 G の要素 α に対して
$$\alpha^{(0)}=\varepsilon, \ \alpha^{(1)}=\alpha, \ \alpha^{(2)}=\alpha^{(1)}*\alpha, \ \alpha^{(3)}=\alpha^{(2)}*\alpha, \cdots$$
とおく．すなわち
$$\begin{cases} \alpha^{(0)} = \varepsilon \\ \alpha^{(n+1)} = \alpha^{(n)} * \alpha \end{cases} (n = 0, 1, 2, \cdots)$$
と定義する．また，負の整数 $-n$ については
$$\alpha^{(-n)} = (\bar{a})^{(n)}$$
とおく．このようにして定義された $\alpha^{(m)}$ を α の **m 重**または **m 乗**という．

いかなる整数 m, n に対しても，
$$\alpha^{(m+n)} = \alpha^{(m)} * \alpha^{(n)}, \quad (\alpha^{(m)})^{(n)} = \alpha^{(mn)}$$
が成立する（証明は，整数の"指数法則"の場合と同様に，数学的帰納法による）．

さて，3 次の対称群 S_3 において
$$\alpha = \begin{pmatrix} 1 & 2 & 3 \\ 2 & 3 & 1 \end{pmatrix}$$
とすれば，
$$\alpha^{(2)} = \alpha \circ \alpha = \begin{pmatrix} 1 & 2 & 3 \\ 3 & 1 & 2 \end{pmatrix}$$
$$\alpha^{(3)} = \alpha^{(2)} \circ \alpha = \begin{pmatrix} 1 & 2 & 3 \\ 1 & 2 & 3 \end{pmatrix} = 単位元$$

このように，ある自然数 n をとるとき，$\alpha^{(n)}=\varepsilon$ となるような要素 α を**位数有限**の要素という．位数有限の要素 α に対しては，$\alpha^{(n)}=\varepsilon$ となるような自然数 n のうちの最小のものをその**位数**とよぶ．

これに反し，実数の加法群 $\mathbf{R}$ では，$\alpha^{(n)}$ は $n\alpha$ のことに他ならず，したがって，$\alpha \neq 0$ なる限り，これは決して単位元，すなわち 0 にはならない．このような要素を**位数無限の要素**という．

群 G は，その要素がある1つの要素 α の整数重で全部つくされるとき，これを，α を**生成元**とする**巡回群**と称する．

整数群 $\mathbf{Z}$ では，$1^{(m)} = m$ だから，$\mathbf{Z}$ の要素は1の整数重で全部つくされる．よって，$\mathbf{Z}$ は1を生成元とする巡回群である．

また，m を法とする整数群 $\mathbf{Z}_m = \{\alpha_0, \alpha_1, \cdots, \alpha_{m-1}\}$ では，

$$\alpha_1^{(i)} = \alpha_i \quad (i = 0, 1, \cdots, m-1)$$

だから，$\mathbf{Z}_m$ の要素は α_1 の整数重で全部つくされる．よって，$\mathbf{Z}_m$ は α_1 を生成元とする巡回群である．

一般に，m 個の要素から成る巡回群を **m 次の巡回群**，要素が無限に多い巡回群を**無限巡回群**という．m 次の巡回群の生成元の位数は m である（定理 3.13 を参照）．また，無限巡回群の生成元は位数無限である．

実数の加法群 $\mathbf{R}$ や，乗法群 $\mathbf{R}^*$ が巡回群でないことはあきらかであろう．

§5. 群の初等的性質

ここで，群に関して一般に成立するいくつかの簡単な性質について述べておく．

§5. 群の初等的性質

定理 3.1 $\alpha*\xi=\varepsilon$ ならば $\xi=\overline{\alpha}$. また, $\xi*\alpha=\varepsilon$ ならば $\xi=\overline{\alpha}$.

証明 $\alpha*\xi=\varepsilon$ の左から $\overline{\alpha}$ を結合すれば, $\overline{\alpha}*(\alpha*\xi)=\overline{\alpha}*\varepsilon$. ゆえに, $(\overline{\alpha}*\alpha)*\xi=\overline{\alpha}$. したがって, $\varepsilon*\xi=\overline{\alpha}$. すなわち, $\xi=\overline{\alpha}$.

後半も同様である. □

定理 3.2 $\overline{\overline{\alpha}}=\alpha$

証明 $\overline{\alpha}$ の定義から $\overline{\alpha}*\alpha=\varepsilon$. よって, α は $\overline{\alpha}*\xi=\varepsilon$ をみたす ξ である. 他方, 前定理から, $\overline{\alpha}*\xi=\varepsilon$ なる ξ は $\overline{\overline{\alpha}}$ に他ならないから, $\alpha=\overline{\overline{\alpha}}$. □

定理 3.3 $\overline{\alpha*\beta}=\overline{\beta}*\overline{\alpha}$

証明 $(\alpha*\beta)*(\overline{\beta}*\overline{\alpha})=\alpha*(\beta*(\overline{\beta}*\overline{\alpha}))=\alpha*((\beta*\overline{\beta})*\overline{\alpha})=\alpha*(\varepsilon*\overline{\alpha})=\alpha*\overline{\alpha}=\varepsilon$

しかるに, 定理 3.1 により, $(\alpha*\beta)*\xi=\varepsilon$ をみたす ξ は $\overline{\alpha*\beta}$ に他ならないから, $\overline{\beta}*\overline{\alpha}=\overline{\alpha*\beta}$. □

次に, 以下に用いられる記号について一言しておく.

一般に, 群 G の部分集合 A,B に対して, A の要素 α と B の要素 β との結合 $\alpha*\beta$ の全体から成る集合, すなわち

$$\{\alpha*\beta|\alpha\in A,\beta\in B\}$$

を A と B との**結合**といい,

$$\boldsymbol{A*B}$$

で表わす. あきらかに

$$(A*B)*C=A*(B*C)$$

しかし, G がアーベル群でなければ,

$$A*B = B*A$$

が成立するかどうかはわからない.

また, A がただ1つの要素から成る集合 $\{\alpha\}$ のとき, $A*B$, $B*A$ を, それぞれ簡単に $\alpha*B$, $B*\alpha$ で表わす. 同様にして, $\alpha*B*\gamma$, $\alpha*\beta*C$, … というような記号も用いられる.

S_M や実数の加法群 **R** などの場合には, $A*B$ がそれぞれ $A \circ B$, $A+B$ などと書かれることはいうまでもない.

§6. 部分群

G を $*$ を基本演算とする群とし, H をその空でない部分集合とする. このとき, この H が演算 $*$ に関して群をつくるならば, これを G の**部分群**という.

ここで, G の基本演算と H の基本演算とが, まったく同じものでなければならないということが大切なのである. H の要素 α, β の $*$ による結合 $\alpha*\beta$ が, また H の要素であるべきことはいうまでもない.

例7 実数の加法群 **R** には, 実数の乗法群 **R*** が部分集合として入っている. しかし, **R** の基本演算は $+$, **R*** の基本演算は $\times$ で, 同じものではない. だから, **R*** は **R** の部分群ではない.

例8 整数群 **Z** は **R** の部分集合で, その基本演算 $+$ は **R** の基本演算 $+$ と同じものである. よって, これは **R** の部分群である.

例9 いかなる群 G も G 自身の部分群である. 次に, G の単位元 ε だけから成る集合 $E = \{\varepsilon\}$ を考えると, $\varepsilon * \varepsilon = \varepsilon$. し

たがって，$*$ は $E \times E$ から E への写像と考えられる．また，ε が E の単位元であり，かつ $\overline{\varepsilon} = \varepsilon$ であることもいうまでもない．つまり，この E も G の部分群なのである（このように，ただ1つの要素しかふくまない群を**単位群**という）．G の部分群のうち，G と E の2つを**自明な部分群**といって，それ以外のものと区別することがある．

定理 3.4 群 G の空でない部分集合 H が G の部分群であるための必要かつ十分な条件は

(1) $\alpha, \beta \in H \Rightarrow \alpha * \beta \in H$

(2) $\alpha \in H \Rightarrow \overline{\alpha} \in H$

が成立することである．

証明 必要なことはあきらかだから，十分なことだけを示そう．(1), (2) より，$*, ^-$ がそれぞれ，$H \times H$ から H への写像，H から H への写像であることは当然である．$H \neq \emptyset$ だから，$\alpha \in H$ なる α があるが，(2) より $\overline{\alpha} \in H$．よって (1) より

$$\varepsilon = \alpha * \overline{\alpha} \in H$$

そして，H のいかなる要素 β も G の要素なのだから，

$$\beta * \varepsilon = \varepsilon * \beta = \beta, \quad \beta * \overline{\beta} = \overline{\beta} * \beta = \varepsilon$$

さらに，結合法則は G 全体で成立するのだから，H で成立することはいうまでもない．よって，H は G の部分群である． □

H が G の部分群であるとき，G の各要素 α に対して

$$[\alpha]_H = \alpha * H = \{\alpha * \xi | \xi \in H\}$$

$$_H[\alpha] = H * \alpha = \{\xi * \alpha | \xi \in H\}$$

とおく.

G の部分集合 M は,$M = [\alpha]_H$ なる $\alpha\ (\in G)$ があるとき,G の H に関する**右剰余類**,$M = {}_H[\alpha]$ なる $\alpha\ (\in G)$ があるとき,G の H に関する**左剰余類**といわれる.

次の事柄が成り立つ.

定理 3.5 $\alpha, \beta \in G$ ならば,$[\alpha]_H = [\beta]_H$ か,または $[\alpha]_H \cap [\beta]_H = \emptyset$.そして,$[\alpha]_H = [\beta]_H$ となるのは,$\overline{\alpha} * \beta \in H$ であるとき,およびそのときに限る.

証明 あきらかに,$[\alpha]_H \cap [\beta]_H = \emptyset$ であるか,$[\alpha]_H \cap [\beta]_H \neq \emptyset$ であるか,いずれかである.$[\alpha]_H \cap [\beta]_H \neq \emptyset$ ならば,$\gamma \in [\alpha]_H \cap [\beta]_H$ なる γ がなくてはならない.すると,$\gamma = \alpha * \xi = \beta * \eta$ なる $\xi, \eta\ (\in H)$ が存在する.これより

$$\begin{aligned}\overline{\alpha} * \beta &= (\overline{\alpha} * \beta) * \varepsilon = (\overline{\alpha} * \beta) * (\eta * \overline{\eta}) \\ &= \overline{\alpha} * (\beta * \eta) * \overline{\eta} \\ &= \overline{\alpha} * (\alpha * \xi) * \overline{\eta} \\ &= (\overline{\alpha} * \alpha) * \xi * \overline{\eta} \\ &= \varepsilon * \xi * \overline{\eta} = \xi * \overline{\eta} \in H\end{aligned}$$

そこで,δ を $[\beta]_H$ の任意の要素とすれば,$\delta = \beta * \zeta$ なる $\zeta\ (\in H)$ があるから

$$\begin{aligned}\delta &= \beta * \zeta = \varepsilon * (\beta * \zeta) \\ &= (\alpha * \overline{\alpha}) * (\beta * \zeta) = \alpha * ((\overline{\alpha} * \beta) * \zeta)\end{aligned}$$

しかるに,$\overline{\alpha} * \beta \in H$ だから,$(\overline{\alpha} * \beta) * \zeta \in H$.ゆえに,$\delta \in \alpha * H = [\alpha]_H$.したがって,

$$[\beta]_H \subset [\alpha]_H$$

同様にして，$[\alpha]_H \subset [\beta]_H$．ゆえに，
$$[\alpha]_H = [\beta]_H$$

こうして，$[\alpha]_H \cap [\beta]_H = \emptyset$ であるか，そうでなければ $\overline{\alpha}*\beta \in H$ で，かつこれから $[\alpha]_H = [\beta]_H$ がえられることがわかった．

逆に，$[\alpha]_H = [\beta]_H$ ならば，
$$\beta = \beta*\varepsilon \in \beta*H = [\beta]_H = [\alpha]_H = \alpha*H$$
だから，$\beta = \alpha*\xi$ なる ξ ($\in H$) がある．よって，
$$\overline{\alpha}*\beta = \overline{\alpha}*\alpha*\xi = \varepsilon*\xi = \xi \in H$$
これで証明はおわりである． □

同様にして，次の定理が成り立つ：

定理 3.6 $\alpha, \beta \in G$ ならば，$_H[\alpha] = {}_H[\beta]$ か，または $_H[\alpha] \cap {}_H[\beta] = \emptyset$．そして，$_H[\alpha] = {}_H[\beta]$ となるのは，$\alpha*\overline{\beta} \in H$ であるとき，およびそのときに限る．

さて，次に，つねに $[\alpha]_H * [\beta]_H = [\alpha*\beta]_H$ となる条件を求めてみよう：

定理 3.7 いかなる α, β ($\in G$) に対しても
$$[\alpha]_H * [\beta]_H = [\alpha*\beta]_H$$
が成立するための必要かつ十分な条件は，任意の α ($\in G$) に対して
$$\alpha*H*\overline{\alpha} = H$$
が成立することである．

証明 必要なこと．α を G の任意の要素とすると，
$$[\alpha]_H * [\overline{\alpha}]_H = [\alpha*\overline{\alpha}]_H = [\varepsilon]_H = \varepsilon*H = H$$
でなくてはならないから，H の任意の要素 ξ, η に対して，

$$(\alpha*\xi)*(\overline{\alpha}*\eta) \in H$$

よって, $\alpha*\xi*\overline{\alpha}*\eta = \zeta$ とおけば, $\zeta \in H$. したがって,

$$\alpha*\xi*\overline{\alpha} = \alpha*\xi*\overline{\alpha}*\varepsilon = \alpha*\xi*\overline{\alpha}*\eta*\overline{\eta} = \zeta*\overline{\eta} \in H$$

こうして, G のいかなる要素 α に対しても

$$\alpha*H*\overline{\alpha} \subset H$$

であることがわかった. また, H の任意の要素 ξ は $\alpha*(\overline{\alpha}*\xi*\overline{\overline{\alpha}})*\overline{\alpha}$ と書け, 上に示したことから $\overline{\alpha}*\xi*\overline{\overline{\alpha}} \in H$ だから, $\xi \in \alpha*H*\overline{\alpha}$. ゆえに

$$H \subset \alpha*H*\overline{\alpha}$$

したがって

$$\alpha*H*\overline{\alpha} = H$$

十分なこと. $\alpha*\xi \in [\alpha]_H, \beta*\eta \in [\beta]_H$ とすれば,

$$(\alpha*\xi)*(\beta*\eta) = \alpha*\beta*\overline{\beta}*\xi*\beta*\eta$$

しかるに,

$$\overline{\beta}*\xi*\beta = \overline{\beta}*\xi*\overline{\overline{\beta}} \in \overline{\beta}*H*\overline{\overline{\beta}} = H$$

だから, $\overline{\beta}*\xi*\beta*\eta \in H$. よって,

$$\alpha*\beta*\overline{\beta}*\xi*\beta*\eta \in (\alpha*\beta)*H = [\alpha*\beta]_H$$

ゆえに

$$[\alpha]_H * [\beta]_H \subset [\alpha*\beta]_H$$

逆に, $\alpha*\beta*\zeta \in [\alpha*\beta]_H$ ならば,

$$\alpha*\beta*\zeta = (\alpha*\varepsilon)*(\beta*\zeta) \in [\alpha]_H * [\beta]_H$$

したがって

$$[\alpha*\beta]_H \subset [\alpha]_H * [\beta]_H$$

ゆえに

$$[\alpha]_H * [\beta]_H = [\alpha*\beta]_H \qquad \square$$

同様にして，次の定理が成り立つ：

定理 3.8 いかなる $\alpha, \beta (\in G)$ に対しても
$$_H[\alpha] *_H[\beta] = _H[\alpha * \beta]$$
が成立するための必要かつ十分な条件は，任意の $\alpha (\in G)$ に対して
$$\alpha * H * \overline{\alpha} = H$$
が成立することである．

定義 3.1 G の部分群 H は，G のいかなる要素 α に対しても
$$\alpha * H * \overline{\alpha} = H$$
をみたすとき，**正規部分群**であるといわれる．

注意 4 $\alpha * H * \overline{\alpha} = H$ ならば，
$$[\alpha]_H = \alpha * H = \alpha * H * \overline{\alpha} * \alpha = H * \alpha = _H[\alpha]$$
逆に，$[\alpha]_H = _H[\alpha]$ ならば，$\alpha * H = H * \alpha$ であるから，
$$\alpha * H * \overline{\alpha} = H * \alpha * \overline{\alpha} = H$$
よって，
$$\alpha * H * \overline{\alpha} = H \iff [\alpha]_H = _H[\alpha]$$

注意 4 により，H が G の正規部分群であるための必要十分条件は，いかなる $\alpha (\in G)$ に対しても
$$[\alpha]_H = _H[\alpha]$$
が成立することである．そこで，G の正規部分群 H に関する左剰余類および右剰余類を単に**剰余類**とよぶ．

G がアーベル群ならば，いかなる部分群も正規部分群であることはいうまでもない．また，たやすくたしかめられるように，いかなる群においても，自明な部分群はつね

に正規部分群である.

例10 S_3 において
$$H = \left\{ \begin{pmatrix} 1 & 2 & 3 \\ 1 & 2 & 3 \end{pmatrix}, \begin{pmatrix} 1 & 2 & 3 \\ 2 & 1 & 3 \end{pmatrix} \right\}$$
と定めれば,これは S_3 の部分群である(たしかめてみられたい). ここで
$$\alpha = \begin{pmatrix} 1 & 2 & 3 \\ 2 & 1 & 3 \end{pmatrix}, \quad \beta = \begin{pmatrix} 1 & 2 & 3 \\ 1 & 3 & 2 \end{pmatrix}$$
とおけば,$\alpha \in H$, $\beta = \beta^{-1}$. よって
$$\beta \circ \alpha \circ \beta^{-1} = \begin{pmatrix} 1 & 2 & 3 \\ 1 & 3 & 2 \end{pmatrix} \circ \begin{pmatrix} 1 & 2 & 3 \\ 2 & 1 & 3 \end{pmatrix} \circ \begin{pmatrix} 1 & 2 & 3 \\ 1 & 3 & 2 \end{pmatrix}$$
$$= \begin{pmatrix} 1 & 2 & 3 \\ 3 & 2 & 1 \end{pmatrix} \notin H$$
これは,$\beta \circ H \circ \beta^{-1} \neq H$ であることを示している. よって,H は正規部分群ではない.

定理3.9 H が G の正規部分群のとき,G の要素 α からつくられた $[\alpha]_H$ なる集合の全体から成る集合を G/H と書くことにすれば,これは
$$[\alpha]_H * [\beta]_H = [\alpha * \beta]_H$$
なる演算 $*$ を基本演算とする群である.

証明 結合法則が成り立つことはあきらかである. また,$[\varepsilon]_H$ はその単位元である. 何となれば:
$$[\alpha]_H * [\varepsilon]_H = [\alpha * \varepsilon]_H = [\alpha]_H$$
同様にして,
$$[\varepsilon]_H * [\alpha]_H = [\alpha]_H$$
さらに,$[\overline{\alpha}]_H$ は $[\alpha]_H$ の逆元である. 何となれば:
$$[\overline{\alpha}]_H * [\alpha]_H = [\overline{\alpha} * \alpha]_H = [\varepsilon]_H$$

同様にして

$$[\alpha]_H * [\overline{\alpha}]_H = [\varepsilon]_H \qquad \square$$

この群を，G の H による**剰余(類)群**，**商群**または**因子群**という．

例 11 $\mathbf{Z}$ を整数群とする．ここで，m を 2 以上の任意の整数とすれば，m の倍数全体の集合 H_m は，あきらかに $\mathbf{Z}$ の部分群である．しかるに，$\mathbf{Z}$ はアーベル群だから，H_m は当然正規部分群でなくてはならない．一般論によって，$\mathbf{Z}/H_m$ の要素 $[\alpha]_{H_m}$ と $[\beta]_{H_m}$ とがひとしいのは，$\overline{\alpha}*\beta$ すなわち $(-\alpha)+\beta = \beta-\alpha$ が H_m に入る場合，すなわち $\beta-\alpha$ が m の倍数である場合，およびその場合に限る．さらに，$\beta-\alpha$ が m の倍数であることと，α, β のおのおのを m で割ったときの余りがひとしいこととは同値である．よって，相異なる $[\alpha]_{H_m}$ は，ちょうど

$$[0]_{H_m}, [1]_{H_m}, \cdots, [m-1]_{H_m}$$

の m 個であることがわかる．そして，$[i]_{H_m} + [j]_{H_m}$ は $[i+j]_{H_m}$ であるが，これはあきらかに，m で割ったときの余りが，$i+j$ を m で割ったときの余りとひとしいような整数の全体に他ならない．したがって，この群は，m を法とする整数群 $\mathbf{Z}_m$ とまったく同じものであることがたしかめられたわけである．

この例からも知られるように，剰余群 G/H は，G の要素のうち H の要素だけの違いしかないものを同じと見なすことによってえられる群と考えられる．したがって，G は，G/H と H の構造がわかれば，その構造の大体をつかむことができるわけである．

§7. 直　積

G_1, G_2 を2つの群とする．そして，集合 G_1 と G_2 の直積 $G_1 \times G_2$ の2つの要素
$$\alpha = (\alpha_1, \alpha_2), \quad \beta = (\beta_1, \beta_2)$$
に対して，
$$\alpha * \beta = (\alpha_1 * \beta_1, \alpha_2 * \beta_2)$$
とおく．すると，$G_1 \times G_2$ は，これを基本演算とする1つの群となることがたしかめられる．

その証明　(1)：$\alpha = (\alpha_1, \alpha_2),\ \beta = (\beta_1, \beta_2),\ \gamma = (\gamma_1, \gamma_2)$ ならば
$$\begin{aligned}(\alpha * \beta) * \gamma &= ((\alpha_1, \alpha_2) * (\beta_1, \beta_2)) * (\gamma_1, \gamma_2) \\ &= (\alpha_1 * \beta_1, \alpha_2 * \beta_2) * (\gamma_1, \gamma_2) \\ &= ((\alpha_1 * \beta_1) * \gamma_1, (\alpha_2 * \beta_2) * \gamma_2) \\ &= (\alpha_1 * (\beta_1 * \gamma_1), \alpha_2 * (\beta_2 * \gamma_2)) \\ &= (\alpha_1, \alpha_2) * (\beta_1 * \gamma_1, \beta_2 * \gamma_2) \\ &= (\alpha_1, \alpha_2) * ((\beta_1, \beta_2) * (\gamma_1, \gamma_2)) \\ &= \alpha * (\beta * \gamma)\end{aligned}$$

(2)：G_1, G_2 の単位元をそれぞれ $\varepsilon_1, \varepsilon_2$ として $\varepsilon = (\varepsilon_1, \varepsilon_2)$ とおけば，任意の $\alpha = (\alpha_1, \alpha_2)$ に対して
$$\begin{aligned}\alpha * \varepsilon &= (\alpha_1, \alpha_2) * (\varepsilon_1, \varepsilon_2) = (\alpha_1 * \varepsilon_1, \alpha_2 * \varepsilon_2) \\ &= (\alpha_1, \alpha_2) = \alpha \\ \varepsilon * \alpha &= (\varepsilon_1, \varepsilon_2) * (\alpha_1, \alpha_2) = (\varepsilon_1 * \alpha_1, \varepsilon_2 * \alpha_2) \\ &= (\alpha_1, \alpha_2) = \alpha\end{aligned}$$
よって，ε は単位元である．

(3)：$\alpha = (\alpha_1, \alpha_2)$ に対して $\overline{\alpha} = (\overline{\alpha_1}, \overline{\alpha_2})$ とおけば

$$\alpha * \overline{\alpha} = (\alpha_1, \alpha_2) * (\overline{\alpha_1}, \overline{\alpha_2}) = (\alpha_1 * \overline{\alpha_1}, \alpha_2 * \overline{\alpha_2})$$
$$= (\varepsilon_1, \varepsilon_2) = \varepsilon$$
$$\overline{\alpha} * \alpha = (\overline{\alpha_1}, \overline{\alpha_2}) * (\alpha_1, \alpha_2) = (\overline{\alpha_1} * \alpha_1, \overline{\alpha_2} * \alpha_2)$$
$$= (\varepsilon_1, \varepsilon_2) = \varepsilon$$

よって，$\overline{\alpha}$ は α の逆元である． □

注意5 $\alpha * \beta = (\alpha_1 * \beta_1, \alpha_2 * \beta_2)$ における $\alpha_1 * \beta_1$ の $*$ は G_1 での基本演算，$\alpha_2 * \beta_2$ の $*$ は G_2 での基本演算である．また，(3) の $\overline{\alpha} = (\overline{\alpha_1}, \overline{\alpha_2})$ における $\overline{\alpha_1}$ の $^-$ は G_1 での逆元をとる演算，$\overline{\alpha_2}$ の $^-$ は G_2 での逆元をとる演算である．本来ならば記号をかえるべきところであるが，ここでは，繁雑さをさけるために同じ記号を用いた．

このようにしてえられる群を，G_1 と G_2 との**直積**といい，簡単のためにやはり $G_1 \times G_2$ で表わす．

まったく同様にして，n 個の群 $G_1, G_2, \cdots, G_n$ の直積

$$G_1 \times G_2 \times \cdots \times G_n$$

も定義される．

§8. 準同型写像

G_1, G_2 を2つの群とし，φ を G_1 から G_2 への写像とする．このとき，もし φ が次の3つの条件を満足するならば，φ は G_1 から G_2 への**準同型写像**であるといわれる：

(i) G_1 のいかなる2つの要素 α, β に対しても

$$\varphi(\alpha * \beta) = \varphi(\alpha) * \varphi(\beta) \tag{3.1}$$

(ii) G_1 のいかなる要素 α に対しても
$$\varphi(\bar{\alpha}) = \overline{\varphi(\alpha)} \tag{3.2}$$

(iii) G_1, G_2 の単位元をそれぞれ $\varepsilon_1, \varepsilon_2$ とすれば
$$\varphi(\varepsilon_1) = \varepsilon_2$$

注意6 (3.1) の左辺の $*$ は G_1 での基本演算, 右辺の $*$ は G_2 での基本演算である. 同様にして, (3.2) の左辺の ‾ は G_1 での逆元をとる演算, 右辺の ‾ は G_2 での逆元をとる演算である.

注意7 (iii) は (i), (ii) からの必然的な結論であることに注意する. 何となれば:G_1 の任意の要素を α とすれば, $\varepsilon_1 = \alpha * \bar{\alpha}$. ここで, $\beta = \varphi(\alpha) \ (\in G_2)$ とおけば, $\varphi(\bar{\alpha}) = \overline{\varphi(\alpha)} = \bar{\beta}$ だから,

$$\begin{aligned}\varphi(\varepsilon_1) &= \varphi(\alpha * \bar{\alpha}) = \varphi(\alpha) * \varphi(\bar{\alpha}) \\ &= \varphi(\alpha) * \overline{\varphi(\alpha)} = \beta * \bar{\beta} = \varepsilon_2\end{aligned}$$

よって, $\varphi : G_1 \to G_2$ が準同型写像であるかどうかをしらべるには, (i) と (ii) だけをたしかめればよいのである.

例12 整数群 $\mathbf{Z}$ の要素 a を整数 m で割ったときの余りを r とし, その a に, m を法とする整数群 $\mathbf{Z}_m$ の要素 α_r を対応させる写像を φ とおく:

$$\varphi(a) = \alpha_r$$

次に, この φ が $\mathbf{Z}$ から $\mathbf{Z}_m$ への準同型写像であることを示そう. まず, $\varphi(a) = \alpha_r, \varphi(b) = \alpha_s$ とすれば, $a+b$ を m で割ったときの余りと, $r+s$ を m で割ったときの余りとはひとしいから,

$$\varphi(a+b) = \alpha_r \oplus \alpha_s = \varphi(a) \oplus \varphi(b)$$

しかるに, $+$ は $\mathbf{Z}$ での基本演算, $\oplus$ は $\mathbf{Z}_m$ での基本演算だから, これは, φ が条件 (i) をみたすことを示すものに他ならない. また, $a \ (\in \mathbf{Z})$ を m で割ったときの余りが $r \ (>0)$ で

あれば，$-a$ を m で割ったときの余りは $m-r$ だから，
$$\varphi(-a) = \alpha_{m-r} = \alpha' = \varphi(a)'$$
他方，$r = 0$ ならば，$-a$ も m で割り切れるから，
$$\varphi(-a) = \alpha_0 = \alpha_0{'} = \varphi(a)'$$
ゆえに，いずれにしても
$$\varphi(-a) = \varphi(a)'$$
したがって，φ は条件（ⅱ）をも満足することがわかる．ゆえに，注意 7 により，φ は $\mathbf{Z}$ から $\mathbf{Z}_m$ への準同型写像である．

一般に，H が群 G の正規部分群であるとき，G の各要素 α に，G/H の要素 $[\alpha]_H$ を対応させる写像 φ は，G から G/H への準同型写像である．読者は，自ら証明してみられたい．

例 13 $A = \{-1, 1\}$ とおけば，これは通常の乗法 $\times$ に関して群をつくる．いま，実数の乗法群 $\mathbf{R}^*$ の各要素 a に対して，次のように定めよう：
$$\varphi(a) = \begin{cases} 1 & (a > 0 \text{ のとき}) \\ -1 & (a < 0 \text{ のとき}) \end{cases}$$
すると，これはあきらかに $\mathbf{R}^*$ から A への準同型写像である．

群 G_1 から群 G_2 への準同型写像 φ が全射であるとき，これを G_1 から G_2 への**全準同型写像**であるという．G_1 から G_2 への全準同型写像があるならば，G_2 は G_1 に**準同型**であるといい
$$G_1 \sim G_2$$
と書く．あきらかに
$$\mathbf{Z} \sim \mathbf{Z}_m (\text{例 12}), \quad \mathbf{R}^* \sim A (\text{例 13})$$

また，群 G_1 から群 G_2 への準同型写像 φ が単射であれば，これを G_1 から G_2 への**単準同型写像**であるといい，これがさらに全単射であれば，G_1 から G_2 への**同型写像**

であるという. G_1 から G_2 への同型写像が少なくとも1つあれば, G_2 は G_1 と**同型**であるといい

$$G_1 \cong G_2$$

という記号で表わす.

定理 3.10 次の3つの事柄が成立する：

(1) $G \cong G$
(2) $G_1 \cong G_2$ ならば $G_2 \cong G_1$
(3) $G_1 \cong G_2$, $G_2 \cong G_3$ ならば $G_1 \cong G_3$

証明 (1)：G の上の恒等写像 I_G は同型写像である. 何となれば,
$I_G(\alpha * \beta) = \alpha * \beta = I_G(\alpha) * I_G(\beta)$, $I_G(\overline{\alpha}) = \overline{\alpha} = \overline{I_G(\alpha)}$
よって,

$$G \cong G$$

(2)：$G_1 \cong G_2$ とし, G_1 から G_2 への同型写像を φ とすれば, その逆写像 φ^{-1} は G_2 から G_1 への全単射である. また, G_2 の任意の要素 α', β' に対して $\varphi^{-1}(\alpha') = \alpha$, $\varphi^{-1}(\beta') = \beta$ とおけば, $\varphi(\alpha * \beta) = \varphi(\alpha) * \varphi(\beta) = \alpha' * \beta'$ だから,

$$\varphi^{-1}(\alpha' * \beta') = \alpha * \beta = \varphi^{-1}(\alpha') * \varphi^{-1}(\beta')$$

同様にして, G_2 の任意の要素 α' に対して $\varphi^{-1}(\alpha') = \alpha$ とおけば, $\varphi(\overline{\alpha}) = \overline{\varphi(\alpha)} = \overline{\alpha}'$ だから,

$$\varphi^{-1}(\overline{\alpha}') = \overline{\alpha} = \overline{\varphi^{-1}(\alpha')}$$

したがって, φ は G_2 から G_1 への同型写像である. よって,

$$G_2 \cong G_1$$

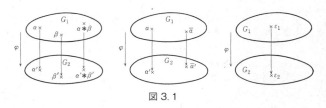

図3.1

(3) の証明は，読者自らこころみてみられたい． □

さて，G_2 が G_1 と同型であるとし，G_1 から G_2 への同型写像を φ とする．このとき，集合 G_1 を G_2 の方へうごかして，G_1 の各要素 α が，それぞれその像 $\varphi(\alpha) = \alpha'$ と重なるようにしてみよう（図 3.1 参照）．すると，まず φ が準同型写像であるための条件（ⅰ）は，重なる要素を基本演算によって結合した結果がまた互いに重なることを示している．また，条件（ⅱ）は，重なる要素の逆元がまた重なることを示すものである．さらに条件（ⅲ）は，単位元同士が重なることを示すものに他ならない．つまり，G_1 と G_2 とは，群としての組み立てが，まったくそっくりの形をしているというわけなのである．したがって，群という見地からすれば，G_1 と G_2 とはまったく同じものだと思ってよい．また，この見地からすれば，G_2 が G_1 に準同型であるとは，G_2 が G_1 をややあらっぽく写生したものであることだということができよう．

例 14 G_1 と G_2 とがいずれも m 次の巡回群であるとする．このとき，それらの生成元をそれぞれ α_1, α_2 とし，
$$\varphi(\alpha_1{}^{(i)}) = \alpha_2{}^{(i)} \quad (i = 0, 1, 2, \cdots, m-1)$$

とおこう. すると, これが G_1 から G_2 への同型写像であることはあきらかである. よって,
$$G_1 \cong G_2$$
これより, m 次の巡回群は, つねに m を法とする整数群 $\mathbf{Z}_m$ と同型であることがわかる.

§9. 準同型定理

次の定理を準同型定理という:

定理 3.11 φ を G_1 から G_2 への全準同型写像とする. このとき, G_2 の単位元 ε_2 だけから成る集合 $\{\varepsilon_2\}$ の原像を H とおけば, 次の 3 つの事柄が成立する:

(i) H は G_1 の正規部分群である.

(ii) $\varphi(\alpha) = \varphi(\beta)$ と $[\alpha]_H = [\beta]_H$ とは同値である.

(iii) $\psi([\alpha]_H) = \varphi(\alpha)$ と定めれば, ψ は G_1/H から G_2 への同型写像である.

定義 3.2 一般に, φ が G_1 から G_2 への準同型写像のとき, $\{\varepsilon_2\}$ の原像 $\varphi^{-1}(\{\varepsilon_2\})$ を φ の核という.

定理 3.11 の証明 (i): $\alpha, \beta \in H$ ならば, $\varphi(\alpha) = \varphi(\beta) = \varepsilon_2$. ゆえに,
$$\varphi(\alpha * \beta) = \varphi(\alpha) * \varphi(\beta) = \varepsilon_2 * \varepsilon_2 = \varepsilon_2$$
よって,
$$\alpha * \beta \in H$$
また, $\alpha \in H$ ならば, $\varphi(\alpha) = \varepsilon_2$. よって,
$$\varphi(\overline{\alpha}) = \overline{\varphi(\alpha)} = \overline{\varepsilon_2} = \varepsilon_2$$
すなわち,

$$\overline{\alpha} \in H$$

これより，H は G_1 の部分群であることがわかる．次に，α を G_1 の任意の要素，β を H の任意の要素とすれば，

$$\varphi(\alpha*\beta*\overline{\alpha}) = \varphi(\alpha)*\varphi(\beta)*\varphi(\overline{\alpha})$$
$$= \varphi(\alpha)*\varepsilon_2*\overline{\varphi(\alpha)} = \varphi(\alpha)*\overline{\varphi(\alpha)} = \varepsilon_2$$

よって，$\alpha*\beta*\overline{\alpha} \in H$．つまり，$\alpha*H*\overline{\alpha} \subset H$．また，

$$H = \varepsilon_1*H*\varepsilon_1 = (\alpha*\overline{\alpha})*H*(\overline{\alpha}*\alpha)$$
$$= \alpha*(\overline{\alpha}*H*\overline{\overline{\alpha}})*\overline{\alpha} \subset \alpha*H*\overline{\alpha}$$

よって，

$$\alpha*H*\overline{\alpha} = H$$

こうして，H は G_1 の正規部分群であることがわかった．

（ⅱ）：$\varphi(\alpha) = \varphi(\beta)$ ならば，

$$\varphi(\overline{\alpha}*\beta) = \varphi(\overline{\alpha})*\varphi(\beta) = \overline{\varphi(\alpha)}*\varphi(\beta)$$
$$= \overline{\varphi(\alpha)}*\varphi(\alpha) = \varepsilon_2$$

よって，$\overline{\alpha}*\beta \in H$．ゆえに

$$[\alpha]_H = [\beta]_H$$

逆に，$[\alpha]_H = [\beta]_H$ ならば，$\overline{\alpha}*\beta \in H$ だから，

$$\varepsilon_2 = \varphi(\overline{\alpha}*\beta) = \varphi(\overline{\alpha})*\varphi(\beta) = \overline{\varphi(\alpha)}*\varphi(\beta)$$

すなわち，

$$\varphi(\alpha) = \varphi(\beta)$$

（ⅲ）：$\psi([\alpha]_H) = \varphi(\alpha)$ とおけば，あきらかに ψ は G_1/H から G_2 への全単射である．また，

$$\psi([\alpha]_H*[\beta]_H) = \psi([\alpha*\beta]_H) = \varphi(\alpha*\beta)$$
$$= \varphi(\alpha)*\varphi(\beta) = \psi([\alpha]_H)*\psi([\beta]_H)$$
$$\psi(\overline{[\alpha]_H}) = \psi([\overline{\alpha}]_H) = \varphi(\overline{\alpha}) = \overline{\varphi(\alpha)} = \overline{\psi([\alpha]_H)}$$

よって，ψ は同型写像である． □

注意8 (i) の証明より，任意の α に対して $\alpha * H * \bar{\alpha} \subset H$ が成り立てば，必然的に，任意の α に対して $\alpha * H * \bar{\alpha} = H$ となることがわかる．

例15 例12の準同型写像 φ は全準同型写像である．また，$\varphi(a) = \alpha_0 (= \mathbf{Z}_m \text{の単位元})$ となる $\mathbf{Z}$ の要素 a は m の倍数であり，逆もまた正しい．よって，φ の核は，m の倍数の全体から成る $\mathbf{Z}$ の部分群 H_m に他ならない．よって，

$$\mathbf{Z}/H_m \cong \mathbf{Z}_m$$

例16 G_1, G_2 を任意の2つの群とし，その直積 $G = G_1 \times G_2$ をつくる．このとき，(α, ε_2) という形の要素（ε_2 は G_2 の単位元）の全体 $\tilde{G}_1$ を考えれば，あきらかに $\tilde{G}_1 \cong G_1$．ここで，$G_1 \times G_2$ の要素 (α, β) に，G_2 の要素 β を対応させる写像を φ とすれば，これは $G_1 \times G_2$ から G_2 への全準同型写像で，その核は $\tilde{G}_1$．よって，$G/\tilde{G}_1 \cong G_2$．同様にして，(ε_1, β) という形の要素（ε_1 は G_1 の単位元）の全体を $\tilde{G}_2$ とすれば，

$$\tilde{G}_2 \cong G_2, \quad G/\tilde{G}_2 \cong G_1$$

である．

一般に，2つの群 G_1, G_2 に対して，

$$G/\tilde{G}_1 \cong G_2, \quad \tilde{G}_1 \cong G_1$$

であるような，正規部分群 $\tilde{G}_1$ をもつ群 G のことを，G_1 の G_2 による**拡大**という．

群 G_1, G_2 があたえられたとき，G_1 の G_2 による拡大が少なくとも1つあることはあきらかである（たとえば，$G_1 \times G_2$）．しかし，たやすく想像されるように，それは，必ずしもただ1通りとは限らない（いうまでもなく，これは，同型なものは同じと考えた上での話である）．一般

に，G_1, G_2 をあたえたとき，G_1 の G_2 による拡大は一体何通りあり，かつそれらがそれぞれどのようなものであるかを問う問題を，G_1 の G_2 による**拡大の問題**という．これは，積極的に研究され，かなり前，すでに解決されたものである．

H が群 G の正規部分群のとき，$H' = G/H$ とおけば，G は H の H' による拡大である．したがって，前に述べた，G/H と H の構造から G の構造を知る問題は，群の拡大の問題そのものに他ならないわけである．

§10. 群論の目標

以上で，大体，群論の基礎概念の説明はおわった．

それでは，群論は，一体どのような事柄を目標とするものであるか？

——少し大胆な言い方をすれば，群論は，大約次の2つを目標として発展していくものであるということができるのである：

（Ⅰ） 群は，一般にどういう性質をもっているか？ また，特殊な群がいろいろとあるが，それらは，それぞれどういう性質をもっているか？ それらを他から区別する特徴は何か？

（Ⅱ） 群は，（同型なものは1つと考えて）一体何通りあるか？ また，それらはそれぞれどのようなものであるか？

しかしながら，われわれは，すでに，群には有限群（要

素が有限個の群）あり，無限群（要素が無限個の群）あり，アーベル群あり，そうでないものありで，実に高度の多様性のあることを知っている．したがって，一口に，群論の目標はこのようなものであるなどといっても，これらが決して生やさしいものではないことが察せられるであろう．結局のところ，われわれは，これらの目標をともかくも手のとどくものに制限してこれを解決し，さらにそれを拡張して次の段階にすすむ，というふうに，一歩一歩着実にやって行く以外，手はないのである．

 以下では，このような研究に用いられるもっとも標準的な手法を，いくつか紹介することにする．しかし，それも，抽象的に口でいうよりは，実際に使ってお見せする方が手っとり早いと思うので，そのような方針をとることにする．

§11. 有限アーベル群

 次の問題を考える：

 問題 有限アーベル群は何通りあるか？ また，それらはそれぞれどのようなものであるか？

 われわれは，以下，これを解いて行くが，まず，いくつかの補助定理からはじめることにしよう．なお，ここまでくれば，もう誤解のおそれはないと思うので，わかりやすくするために，$\alpha * \beta$ のかわりに $\alpha \cdot \beta$ あるいは $\alpha\beta$，$\bar{\alpha}$ のかわりに α^{-1}，ε のかわりに 1 と書くことにする．そうすれば，当然，要素 α の n 重 $\alpha^{(n)}$ は，これを α^n と書い

て，α の "n 乗" と読む方が自然であろう．

定理 3.12 有限群の要素の位数は有限である．

証明 G を有限群，α をその要素とする．このとき，G の要素の個数を n とすれば，当然
$$\alpha, \alpha^2, \alpha^3, \cdots, \alpha^n, \alpha^{n+1}$$
が全部ちがうということはない．よって，ある i, j $(i > j)$ があって，$\alpha^i = \alpha^j$．ここで，$k = i - j$ とおけば，
$$1 = \alpha^i (\alpha^i)^{-1} = \alpha^i (\alpha^j)^{-1} = \alpha^i \alpha^{-j} = \alpha^{i-j} = \alpha^k$$
したがって，α の位数は有限である． □

定理 3.13 群の要素 α の位数が n (> 1) ならば，$1, \alpha, \alpha^2, \cdots, \alpha^{n-1}$ はすべて相異なる．

証明 $n > i > j > 1$ なる i, j に対して，$\alpha^i = \alpha^j$ となれば，前定理におけると同様にして，
$$\alpha^{i-j} = 1, \quad n > i - j > 0$$
しかしこれは，n が $\alpha^k = 1$ となるような k の最小値であるということに矛盾する． □

定理 3.14 群の要素 α の位数が n のとき，$\alpha^m = 1$ ならば，m は n の倍数である．

証明 そうでないとすれば，$m = nq + r$, $0 < r < n$ なる q, r がある．すると
$$1 = \alpha^m = \alpha^{nq+r} = \alpha^{nq} \alpha^r = (\alpha^n)^q \alpha^r = 1^q \alpha^r = \alpha^r$$
しかるに，これは，n が $\alpha^k = 1$ となるような k の最小値であることに矛盾する． □

定理 3.15 H, F を G の部分群とする．このとき

(1) $HF = G$

(2) $H \cap F = \{1\}$

(3) $\alpha \in H, \beta \in F$ ならば，$\alpha\beta = \beta\alpha$

がみたされるならば

$$G \cong H \times F$$

である．

証明 $H \times F$ の要素 (α, β) に対して，G の要素 $\alpha\beta$ を対応させる写像を φ としよう．すると，$G = HF$ より，G の任意の要素 γ は $\alpha\beta$（$\alpha \in H, \beta \in F$）という形に書けるから，

$$\varphi((\alpha, \beta)) = \gamma$$

よって，φ は全射である．

次に，G の任意の要素 γ に対して，

$$\varphi((\alpha, \beta)) = \gamma = \varphi((\alpha', \beta'))$$

となったとしてみる．すると，$\alpha\beta = \alpha'\beta'$．すなわち，$\alpha'^{-1}\alpha = \beta'\beta^{-1}$．しかるに，$\alpha'^{-1}\alpha \in H$，$\beta'\beta^{-1} \in F$．よって，$\alpha'^{-1}\alpha$ と $\beta'\beta^{-1}$ という2通りの仕方で表わされる要素は $H \cap F$ にぞくし，したがって，(2) によって1と一致する．よって，$\alpha'^{-1}\alpha = 1$，$\beta'\beta^{-1} = 1$．すなわち，$\alpha = \alpha'$，$\beta = \beta'$．これは，φ が単射であることを示すものに他ならない．

また，

$$\begin{aligned}
\varphi((\alpha, \beta) \cdot (\alpha', \beta')) &= \varphi((\alpha\alpha', \beta\beta')) = \alpha\alpha'\beta\beta' \\
&= (\alpha\beta)(\alpha'\beta') \\
&= \varphi((\alpha, \beta))\varphi((\alpha', \beta'))
\end{aligned}$$

$$\varphi((\alpha,\beta)^{-1}) = \varphi((\alpha^{-1},\beta^{-1})) = \alpha^{-1}\beta^{-1} = (\alpha\beta)^{-1}$$
$$= \varphi((\alpha,\beta))^{-1}$$

よって，φ は，$H \times F$ から G への同型写像である． □

定義 3.3 A を群 G の部分集合とするとき，G のいかなる要素も，A から適当に要素 $\alpha_1, \alpha_2, \cdots, \alpha_r$ をえらんで
$$\alpha_1{}^{n_1}\alpha_2{}^{n_2}\cdots\alpha_r{}^{n_r}$$
という形に表わすことができるならば，A を G の**生成系**という．とくに，有限集合である生成系は，**有限生成系**といわれる．

定義 3.4 有限生成系をもつ群は，**有限的に生成されている**といわれる．

定義 3.5 有限的に生成されている群において，要素の個数のもっとも少ない生成系をその群の**基底**，それにふくまれる要素の個数を G の**次元**という．

注意 9 基底 X には，決して 1 は入らない．もし，1 が入っていたら，それをとりのぞいても，やはり生成系であることにかわりはなく，X が，要素の個数が最小の生成系であるという仮定に反することになるからである．

定理 3.16 有限群は有限的に生成されている．

証明 G を有限群とすれば，G 自身その有限生成系である． □

§12. 有限アーベル群の基本定理

以上を準備として，次の定理を証明する．これは，前節の冒頭の問題を完全に解決するものである：

定理 3.17 有限アーベル群は,その次元だけの個数の巡回群の直積と同型である.

証明 有限アーベル群を G とし,定理を,その次元についての数学的帰納法で証明する.

次元が 1 ならば,G はただ 1 つの要素だけから成る基底 $\{\alpha\}$ をもつから,α の位数を n とすれば,G は位数 n の巡回群である.よって,この場合,定理はたしかに成り立っている.

次に,次元が $k-1$ のとき正しいとして,k のときにも正しいことを証明する.いま,G の任意の基底を
$$X = \{\alpha_1, \alpha_2, \cdots, \alpha_k\}$$
とおく.このとき,X の要素 $\alpha_1, \alpha_2, \cdots, \alpha_k$ の間には,
$$\alpha_1{}^{n_1} \alpha_2{}^{n_2} \cdots \alpha_k{}^{n_k} = 1 \qquad (3.3)$$
というような形の関係式(ただし,$n_1, n_2, \cdots, n_k$ の中には,0 でないものが少なくとも 1 つはふくまれているものとする)が,いくつもあるはずである.というのは,いかなる要素 α_i も位数有限だから,$\alpha_i{}^n = 1$ なる n(>0)があり,したがって少なくとも
$$\alpha_1{}^0 \cdots \alpha_{i-1}{}^0 \alpha_i{}^n \alpha_{i+1}{}^0 \cdots \alpha_k{}^0 = 1$$
という関係式はあるからである.以下,簡単のために,(3.3) のような関係式にあらわれる正の巾 n_i の最小値(正の巾がなければ ∞ とする)を,その関係式の**次数**といい,X の要素の間のあらゆる関係式の次数の最小値を X の**次数**ということにしよう.

さて,X を,次数最小の基底とする.このとき,X

の次数を n とすれば,X の要素の間の関係式の中に,$\alpha_1, \alpha_2, \cdots, \alpha_k$ のどれか少なくとも1つの n 乗が出てくるようなものが,これまた少なくとも1つはあるはずである.その1つを,簡単のために

$$\alpha_1{}^n \alpha_2{}^{n_2} \cdots \alpha_k{}^{n_k} = 1 \tag{3.4}$$

とする(つまり,ここでは,n 乗で出てくる要素を α_1 としたわけである.もし,n 乗で出てくる要素が α_1 でなければ,番号をつけかえてその要素を α_1 にすればよい).すると,他の関係式

$$\alpha_1{}^{m_1} \alpha_2{}^{m_2} \cdots \alpha_k{}^{m_k} = 1$$

における α_1 の巾 m_1 は,n で割り切れることが示される.というのは,$m_1 = nq + r$, $0 < r < n$ とすると,

$$\begin{aligned}1 &= \alpha_1{}^{m_1} \alpha_2{}^{m_2} \cdots \alpha_k{}^{m_k} (\alpha_1{}^n \alpha_2{}^{n_2} \cdots \alpha_k{}^{n_k})^{-q} \\ &= \alpha_1{}^r \alpha_2{}^{m_2 - n_2 q} \cdots \alpha_k{}^{m_k - n_k q}\end{aligned}$$

となって,n が X の次数であることに反するからである.

ところで,X の関係式の中には,$\alpha_1{}^n = 1$ という形のもの,すなわち $\alpha_1{}^n \alpha_2{}^0 \cdots \alpha_k{}^0 = 1$ という形のものが,あることもあるであろうし,ないこともあるであろう.後者のような場合には,X を少し改造することにする.まず,(3.4) のような関係式を1つとり上げ,

$$n_2 \neq 0, \cdots, n_h \neq 0, \quad n_{h+1} = \cdots = n_k = 0$$

とする(このように,0にひとしくないものと0にひとしいものとがきっちりと分かれていないときは,番号をつけかえて,そのようになおすことにする).このとき,$n_2, n_3, \cdots, n_h$ を n で割って

$$n_2 = q_2 n + r_2, \cdots, n_h = q_h n + r_h$$
$$0 \leqq r_2 < n, \cdots, 0 \leqq r_h < n$$

とすれば，(3.4) は
$$(\alpha_1 \alpha_2{}^{q_2} \cdots \alpha_h{}^{q_h})^n \alpha_2{}^{r_2} \cdots \alpha_h{}^{r_h} = 1$$

と書きかえられる．ここで，
$$\alpha_1' = \alpha_1 \alpha_2{}^{q_2} \cdots \alpha_h{}^{q_h}$$

とおけば
$$\alpha_1'{}^n \alpha_2{}^{r_2} \cdots \alpha_h{}^{r_h} \alpha_{h+1}{}^0 \cdots \alpha_k{}^0 = 1$$

しかるに，G の要素はすべて $\alpha_1, \alpha_2, \cdots, \alpha_k$ で表わされ，さらに α_1 は $\alpha_1', \alpha_2, \cdots, \alpha_k$ で表わされるから，結局 G の要素は，すべて $\alpha_1', \alpha_2, \cdots, \alpha_k$ で表わされることになる．つまり，$Y = \{\alpha_1', \alpha_2, \cdots, \alpha_k\}$ も1つの基底なのである．ところが，n は，G の基底の要素の間の関係式にあらわれる正の巾の最小値だから，
$$r_2 = r_3 = \cdots = r_k = 0$$

よって，$\alpha_1'{}^n = 1$．したがって，はじめから，X は $\alpha_1{}^n = 1$ という形の関係式を必ずふくむものとしてよい．

さて，ここで，G の中の，α_1 で表わされる要素全体のつくる部分群を H；$\alpha_2, \alpha_3, \cdots, \alpha_k$ で表わされる要素全体のつくる部分群を F とすれば，あきらかに，
$$HF = G$$

また，G はアーベル群だから，$\alpha \in H$, $\beta \in F$ ならば，$\alpha\beta = \beta\alpha$．さらに，$H$ の要素は $\alpha_1{}^{m_1}$, F の要素は $\alpha_2{}^{m_2} \alpha_3{}^{m_3} \cdots \alpha_k{}^{m_k}$ という形に書けるから，$H \cap F$ の要素 α は，$\alpha_1{}^{n_1}$ という形にも，$\alpha_2{}^{n_2} \alpha_3{}^{n_3} \cdots \alpha_k{}^{n_k}$ という形に

も書けるはずである．したがって，
$$\alpha_1{}^{n_1} = \alpha_2{}^{n_2}\alpha_3{}^{n_3}\cdots\alpha_k{}^{n_k}$$
よって，
$$\alpha_1{}^{n_1}\alpha_2{}^{-n_2}\alpha_3{}^{-n_3}\cdots\alpha_k{}^{-n_k} = 1$$
しかるに，n_1 は n で割り切れるから，$n_1 = nq$ なる q がある．ゆえに，
$$\alpha_1{}^{n_1} = \alpha_1{}^{nq} = (\alpha_1{}^n)^q = 1^q = 1$$
したがって，$\alpha = 1$．よって，
$$H \cap F = \{1\}$$

そこで，ここへ定理 3.15 を用いれば，
$$G \cong H \times F$$
ところが，H は巡回群であり，他方，F の次元は $k-1$ であるから，帰納法の仮定によって，$(k-1)$ 個の巡回群の直積と同型である．こうして，G は，k 個の巡回群の直積と同型であることがわかった．ゆえに，定理は成立する． □

こうして，われわれは，有限アーベル群は，有限巡回群の直積であることを知った．よって，有限アーベル群がどのくらいあるか，そしてそれらはどのようなものであるか，ということもまた完全にわかったわけである．

§13. 有限群

それでは，アーベル群という条件をとり去って，単に有限群としたらどうか．すなわち，

問題 有限群は何通りあるか？ また，それらはそれぞ

れどのようなものであるか？

この問題は，現在，まだ完全には解かれていない．しかし，以下に，その解決のために用いられている基本的な方法を少し紹介しておくことにしよう．

まず，次の定義をおく．

定義 3.6 群 G は，G および単位群以外に正規部分群をもたないとき，**単純群**であるといわれる．

例 17 p を素数とすれば，次数 p の巡回群 G は単純群である．何となれば：G が G および $\{1\}$ と異なる正規部分群 H をもつとし，その 1 以外の要素を β としてみる．G の生成元を α とおけば，
$$\beta = \alpha^q, \ 0 < q < p$$
したがって，q と p とは互いに素である．これより，$mp + nq = 1$ なる m, n のあることがわかる．よって
$$\alpha = \alpha^{mp+nq} = \alpha^{mp}\alpha^{nq} = (\alpha^p)^m(\alpha^q)^n = 1^m \beta^n = \beta^n$$
したがって，G のすべての要素は，α で，したがってまた β で表わされるから，$G = H$．しかし，これは $G \neq H$ に矛盾する．

定理 3.18 H を G の正規部分群とし，
$$G \supsetneqq H' \supsetneqq H$$
なる正規部分群 H' がないとする．このとき，因子群 G/H をつくれば，これは単純群である．

定義 3.7 このような H を，G の**極大正規部分群**という．

定理 3.18 の証明 $G' = G/H$ とし，G' が G' および単位群以外の正規部分群 K をもつとする．このとき，K にぞくする剰余類 $[\alpha]_H$ をすべて考え，それらにぞくする

G の要素を全部集めたものを H' とおけば、あきらかに
$$G \supsetneq H' \supsetneq H$$
いま、$\alpha, \beta \in H'$ ならば、$[\alpha]_H [\beta]_H \in K$ より、$[\alpha\beta]_H \in K$. したがって、$\alpha\beta \in H'$. また、$\alpha \in H'$ ならば、$[\alpha]_H{}^{-1} \in K$ より、$[\alpha^{-1}]_H \in K$. したがって、$\alpha^{-1} \in H'$. つまり、H' は G の部分群である. さらに、γ を G の任意の要素とすれば、$[\gamma]_H K [\gamma]_H{}^{-1} = K$ だから、H' のいかなる要素 α に対しても、
$$[\gamma\alpha\gamma^{-1}]_H = [\gamma]_H [\alpha]_H [\gamma^{-1}]_H$$
$$= [\gamma]_H [\alpha]_H [\gamma]_H{}^{-1} \in K$$
よって、$\gamma\alpha\gamma^{-1} \in H'$. つまり、$\gamma H' \gamma^{-1} \subset H'$. これは、$H'$ が、G の正規部分群であることを示すものである. しかし、これは矛盾だから、G/H は単純でなくてはならない. □

さて、G を任意の有限群とする. このとき、まず、G の極大正規部分群を G_1 とおく. 次に、G_1 の極大正規部分群を G_2 とする. 以下同様にすすめば、
$$G = G_0 \supset G_1 \supset G_2 \supset \cdots \supset G_n = \{1\}$$
という列がえられる. すると、上の定理から、
$$G_i/G_{i+1} \quad (i = 0, 1, \cdots, n-1)$$
はすべて単純群である. また、群 G_i $(i = 0, 1, \cdots, n-1)$ は、群 G_{i+1} を単純群 G_i/G_{i+1} で拡大したものになっている.

そこで、有限群をしらべる問題は、結局次の2つの問題に帰着されたことになるであろう.

(1) 有限単純群が何通りあるかをしらべる.

(2) それらがどのような性質をもつかをしらべる.

これらは，きわめてむずかしい問題である．が，(1)は解けている．証明は，著者100人以上，ページ数1万5000以上という超豪華版である．著者の中に筆者（赤攝也）の大学での同級生鈴木通夫が名を連ねている．

§14. 表　現

群論の目標に達するために用いられるもう1つの方法は，一般の群を，もっと見やすい，具体的な群で**表現**することである．つまり，一般の群と同型な群で，具体的な影像をうかべやすいものをもってきて，これをしらべるというやり方である．以下に，その一例を紹介してみよう．

定理 3.19 いかなる群も，ある集合の上の全置換群の部分群と同型である．

証明 G を任意の群とし，G の上の全置換群 S_G を考える．いま，G の任意の要素 α に対して

$$\varphi_\alpha(\beta) = \alpha\beta \quad (\beta \in G)$$

なる G から G への写像 φ_α を定義する．すると，$\varphi_\alpha(\beta) = \varphi_\alpha(\beta')$ ならば，$\alpha\beta = \alpha\beta'$ より $\beta = \beta'$．よって，φ_α は単射である．また，G のいかなる要素 γ に対しても，$\beta = \alpha^{-1}\gamma$ とおけば，

$$\varphi_\alpha(\beta) = \alpha\alpha^{-1}\gamma = \gamma$$

したがって，φ_α は全射である．よって，$\varphi_\alpha \in S_G$．そこで，

$$\Phi(\alpha) = \varphi_\alpha$$

とおけば,Φ は G から S_G への1つの写像である.さらに,$\alpha \neq \beta$ ならば,

$$\varphi_\alpha(1) = \alpha \neq \beta = \varphi_\beta(1)$$

だから,$\varphi_\alpha \neq \varphi_\beta$.したがって,$\Phi(\alpha) \neq \Phi(\beta)$.よって,$\Phi$ は単射である.また,

$$\varphi_{\alpha\beta}(\gamma) = \alpha\beta\gamma = \varphi_\alpha(\beta\gamma) = \varphi_\alpha(\varphi_\beta(\gamma)) = (\varphi_\alpha \circ \varphi_\beta)(\gamma)$$

よって,$\varphi_{\alpha\beta} = \varphi_\alpha \circ \varphi_\beta$,すなわち

$$\Phi(\alpha\beta) = \Phi(\alpha) \circ \Phi(\beta)$$

さらに,$\varphi_1(\alpha) = 1\alpha = \alpha = I_G(\alpha)$ より,$\varphi_1 = I_G$.したがって,$\Phi(1) = I_G$.これより,

$$\Phi(\alpha^{-1}) \circ \Phi(\alpha) = \Phi(\alpha^{-1}\alpha) = \Phi(1) = I_G$$

よって,

$$\Phi(\alpha^{-1}) = \Phi(\alpha)^{-1}$$

こうして,Φ は,G から S_G への単準同型写像であることがわかった.ゆえに,G は,G の上の全置換群の部分群 $\Phi(G)$ と同型である. □

一般に,M の上の全置換群の部分群を M の上の**置換群**という.また,n 次の対称群 S_n の部分群を **n 次の置換群**という.これらの言葉を用いれば,上の定理は次のように述べられる.

定理 3.20 いかなる群 G も G の上のある置換群と同型である.とくに,n 個の要素をもつ有限群は,n 次の置換群と同型である.

第4章 数学的構造

　前章では，群とは一体どういうものであるかということ，および，群の理論はどういうことを目標として発展するものであるかということについて解説した．

　その目的は他でもない．——前にも述べたように，現代数学は，いわゆる"数学的構造"をその研究の対象として発展する．そこでわれわれは，まず，もっとも典型的な数学的構造とみられる群をとりあげ，現代数学がこれをどのように取り扱うかを知っていただいて，数学的構造に関する以下の一般論を，いくらかでも具体性のある，わかりやすいものにしたいという点にあったわけである．

　そこで今度は，いよいよその一般論を展開する段取りとなる．すなわち，数学的構造とは一体いかなるものであるか？　現代数学はこれのどのような面をあきらかにすることを目標として発展するか？——われわれは，このようなことを説明しなければならない．

　しかしながら，いかに群が典型的な数学的構造であるとはいっても，たった1つの事例から一足とびに一般概念にうつるのは，何といっても強引のそしりをまぬがれない．そこで，われわれは，まず，群以外の数学的構造の例

をいくつか追加する．そして，できれば読者に，数学的構造とはどうもこういうものらしい，という結論を，漠然とでも出していただけるように努力する．そうすれば，それにつづく一般論を，よりなめらかに理解していただくことができるであろうと思う．

§1. 群の定義

われわれは，前章の前半で，群の基本演算を $*$，α の逆元を $\bar{\alpha}$，単位元を ε と書いたが，これは実は誤解をさけるためにやむを得ずとった措置であって，このような記号が実際につかわれることはごく少ない．すなわち，通常，群の基本演算は，誤解のおそれのない限り**乗法**とよばれ，$\alpha * \beta$ のかわりに $\alpha \cdot \beta$ または $\alpha\beta$ という記法が用いられる．そしてこれを，α と β との**積**とよび，またこれに応じて，$\bar{\alpha}, \varepsilon$ をそれぞれ $\alpha^{-1}, 1$ と書くのである（われわれは，すでに前章の後半において，このような記法を採用した）．

さて，このような便法を用いて，群の定義を，念のためにここでもう1度復習しておこう：

定義 4.1 集合 G に関連して，次のような3つの対象が指定されたとする：

（ⅰ）G の2つの要素 α, β に，その**積**とよばれる第3の要素 $\alpha \cdot \beta$（あるいは $\alpha\beta$）を対応させる**乗法**という演算・．

（ⅱ）G の各要素 α に，その**逆元**とよばれる第2の要

素 α^{-1} を対応させる演算 $^{-1}$．

(iii) **単位元**とよばれる G の特定の要素 1．

このとき，これらが次の3つの条件をみたすならば，組 $(G;\cdot,{}^{-1},1)$ は**群**である，あるいは集合 G は対象 $\cdot$，$^{-1}$，1 に関して群をつくるという：

(1) $(\alpha\beta)\gamma = \alpha(\beta\gamma)$
(2) $\alpha 1 = 1\alpha = \alpha$
(3) $\alpha\alpha^{-1} = \alpha^{-1}\alpha = 1$

なお，このとき，G は群 $\mathfrak{G}=(G;\cdot,{}^{-1},1)$ の**基礎集合**（underlying set）；$\cdot,{}^{-1},1$ の3つはその**基本概念**（fundamental concepts）といわれる．

(1)，(2)，(3) の3つの条件を，それぞれ群の**公理**，その集まりを群の**公理系**という．また，群の基本概念に関連して用いられる術語，すなわち**積**，**乗法**，**逆元**，**単位元**の4つを，群の理論の**無定義術語**とよぶことがある．

前にも述べたように，実数全体の集合 $\mathbf{R}$ は，通常の加法 $+$，符号をかえる演算 $-$，および 0 に関して1つの群をつくる．つまり，組 $(\mathbf{R};+,-,0)$ は1つの群である．また，任意の集合 M の上の置換の全体を S_M とおけば，組 $(S_M;\circ,{}^{-1},I_M)$ も群である．このような "具体的な" 群は，また**群の公理系のモデル**といわれることがある．すなわち，$(\mathbf{R};+,-,0),(S_M;\circ,{}^{-1},I_M)$ はいずれも群の公理系のモデルなのである．

注意1 アーベル群では，$\alpha\cdot\beta,\alpha^{-1},1$ のかわりに，$\alpha+\beta$，

$-\alpha, 0$ と書き,それぞれ α と β との和,α の符号をかえた**要素**(または**反元**),**ゼロ元**ということが多い.それに応じて,$+$ を**加法**とよぶことはもちろんである.

さて,集合 G の2つの要素 α, β に第3の要素 $\alpha \cdot \beta$ を対応させる演算(すなわち $G \times G$ から G への写像)があたえられたとき,それにある演算 $^{-1}$,およびある要素 1 を加えて,$(G; \cdot, {}^{-1}, 1)$ を群にすることができるとすれば,そのような写像 $^{-1}$ と要素 1 のえらび方はただ1通りしかありえない.

というのは:もしもう1つの群 $(G; \cdot, {}^-, \varepsilon)$ ができたとすれば,
$$1\alpha = \alpha, \quad \alpha \varepsilon = \alpha$$
だから,前者の α に ε を,後者の α に 1 を代入することによって,
$$\varepsilon = 1\varepsilon = 1$$
がえられる.次に,$\alpha \alpha^{-1} = 1 = \varepsilon = \alpha \overline{\alpha}$ より
$$\alpha^{-1}(\alpha \alpha^{-1}) = \alpha^{-1}(\alpha \overline{\alpha})$$
ゆえに,
$$(\alpha^{-1}\alpha)\alpha^{-1} = (\alpha^{-1}\alpha)\overline{\alpha}$$
したがって,$1\alpha^{-1} = 1\overline{\alpha}$,すなわち
$$\alpha^{-1} = \overline{\alpha}$$
これは,1 と ε,$^{-1}$ と $^-$ が,それぞれまったく同じものであることを示すものに他ならない.

このことから,集合 G の上の演算 $\cdot$ に対して,$^{-1}, 1$

を適当につけ加えてつくった群 $(G;\cdot,{}^{-1},1)$ のことを，単に $(G;\cdot)$ と書くことにしても，何のあいまいさも残らないことがわかる．また，同じ理由から，当然，"G は・に関して群をつくる"という言い方も，何らのあいまいさもないものとしてゆるされる．

定理 4.1 組 $(G;\cdot)$ が群であるための必要かつ十分な条件は，次の 2 つがみたされることである：

(1) $(\alpha\beta)\gamma = \alpha(\beta\gamma)$

(2) G のどんな要素 α,β に対しても
$$\alpha\xi = \beta, \quad \eta\alpha = \beta$$
をみたすような $\xi,\eta\,(\in G)$ が存在する．

証明 必要なこと：(1) はあきらか．(2) は，ξ,η としてそれぞれ $\alpha^{-1}\beta,\beta\alpha^{-1}$ をとればよいから，やはりみたされる．

十分なこと：G の要素 α_0 を任意に 1 つ固定し，$\alpha_0\xi = \alpha_0,\ \eta\alpha_0 = \alpha_0$ なる ξ,η をとって，それぞれ $1,1'$ とおく：$\alpha_0 1 = \alpha_0,\ 1'\alpha_0 = \alpha_0$．次に，任意の α に対して，$\alpha_0\xi' = \alpha,\ \eta'\alpha_0 = \alpha$ なる ξ',η' をとれば，
$$\alpha 1 = (\eta'\alpha_0)1 = \eta'(\alpha_0 1) = \eta'\alpha_0 = \alpha$$
とくに，$1'1 = 1'$．また，
$$1'\alpha = 1'(\alpha_0\xi') = (1'\alpha_0)\xi' = \alpha_0\xi' = \alpha$$
とくに，$1'1 = 1$．よって，$1' = 1'1 = 1$．したがって，いかなる α に対しても
$$\alpha 1 = 1\alpha = \alpha$$
今度は任意の α に対して，$\alpha\xi'' = 1,\ \eta''\alpha = 1$ なる ξ'',η''

をとれば,
$$\xi'' = 1\xi'' = (\eta''\alpha)\xi'' = \eta''(\alpha\xi'') = \eta''1 = \eta''$$
すなわち, ξ'' を α' とおけば,
$$\alpha\alpha' = \alpha'\alpha = 1$$
逆に, $\alpha\zeta = \zeta\alpha = 1$ なる ζ があれば,
$$\zeta = 1\zeta = (\alpha'\alpha)\zeta = \alpha'(\alpha\zeta) = \alpha'1 = \alpha'$$
よって, $\alpha\zeta = \zeta\alpha = 1$ なる ζ は, 各 α に対してそれぞれただ1つ決定する. そこで, これを α^{-1} とおけば,
$$\alpha\alpha^{-1} = \alpha^{-1}\alpha = 1$$
こうして, $(G;\cdot)$ は群であることがわかった. □

この定理により, 群の定義を次のように述べてもよいことがわかる:

定義 4.1′ 集合 G の2つの要素 α, β に対して, その**積**とよばれる第3の要素 $\alpha\cdot\beta$ を対応させる**乗法**という演算 $\cdot$ が定義されていて, 次の条件をみたすならば, 組 $(G;\cdot)$ は**群**であるという:

(1) $(\alpha\beta)\gamma = \alpha(\beta\gamma)$

(2) G のいかなる2つの要素 α, β に対しても,
$$\alpha\xi = \beta, \quad \eta\alpha = \beta$$
をみたすような要素 ξ, η が存在する.

この場合, G を群 $\mathfrak{G} = (G;\cdot)$ の**基礎集合**, $\cdot$ をその**基本概念**ということはいうまでもない.

§2. 環

定義 4.2 集合 A に関連して, 次のような4つの対象

が指定されたとする.
- (i) A の 2 つの要素 α, β に,その**和**とよばれる第 3 の要素 $\alpha+\beta$ を対応させる**加法**という演算 $+$.
- (ii) A の要素 α に,その**符号をかえた要素**,または**反元**とよばれる第 2 の要素 $-\alpha$ を対応させる演算 $-$.
- (iii) **ゼロ元**とよばれる A の特定の要素 0.
- (iv) A の 2 つの要素 α, β に,その**積**とよばれる第 3 の要素 $\alpha \cdot \beta$ (あるいは $\alpha\beta$) を対応させる**乗法**という演算 $\cdot$.

このとき,これらが次の条件をみたすならば,組 $(A; +, -, 0, \cdot)$ は**環**であるといわれる:

- (1) $(\alpha+\beta)+\gamma = \alpha+(\beta+\gamma)$
- (2) $\alpha+\beta = \beta+\alpha$
- (3) $\alpha+0 = \alpha$
- (4) $\alpha+(-\alpha) = 0$
- (5) $(\alpha\beta)\gamma = \alpha(\beta\gamma)$
- (6) $\alpha(\beta+\gamma) = \alpha\beta+\alpha\gamma$
- (7) $(\alpha+\beta)\gamma = \alpha\gamma+\beta\gamma$

またこのとき,群の場合と同様,A を環 $\mathfrak{A} = (A; +, -, 0, \cdot)$ の**基礎集合**;$+, -, 0, \cdot$ をその**基本概念**という.さらに,上の (1)~(7) を環の**公理系**,そのおのおのを**公理**,また,加法,和,符号をかえた要素(反元),ゼロ元,乗法,積などの術語を,環論の**無定義術語**ということも群論の場合と同様である.

注意 2 環の公理系の (1), (2), (3), (4) は,組 $(A; +, -, 0)$

が1つのアーベル群であることを示すものに他ならない。したがって、環の公理系は、これを簡単に次のように書くこともできるわけである：

(1) $(A;+,-,0)$ はアーベル群である．
(2) $(\alpha\beta)\gamma = \alpha(\beta\gamma)$
(3) $\alpha(\beta+\gamma) = \alpha\beta + \alpha\gamma$
(4) $(\alpha+\beta)\gamma = \alpha\gamma + \beta\gamma$

環 $\mathfrak{A} = (A;+,-,0,\cdot)$ に対し，アーベル群 $\mathfrak{G} = (A;+,-,0)$ を，その (**基礎**) **アーベル群**という．

注意3 群の場合に述べたように，+ がきまれば，−, 0 のとり方はただ1通りしかない．よって，"環 $(A;+,\cdot)$" とか，"集合 A は，+, $\cdot$ に関して環をつくる" とかいう言い方をしても，何らのあいまいさも生じない．また，群の場合と同様，環の公理系を次のように簡単化することもできるわけである：

定義 4.2′ 集合 A に関連して，次のような2つの対象が指定されたとする：

(ⅰ) A の2つの要素 α, β に，その**和**とよばれる第3の要素 $\alpha + \beta$ を対応させる**加法**という演算 +．

(ⅱ) A の2つの要素 α, β に，その**積**とよばれる第3の要素 $\alpha \cdot \beta$ を対応させる**乗法**という演算 $\cdot$．

このとき，これらが次の4つの条件をみたすならば，組 $(A;+,\cdot)$ は**環**であるという：

(1) $(A;+)$ はアーベル群である．
(2) $(\alpha\beta)\gamma = \alpha(\beta\gamma)$
(3) $\alpha(\beta+\gamma) = \alpha\beta + \alpha\gamma$
(4) $(\alpha+\beta)\gamma = \alpha\gamma + \beta\gamma$

上の (1) が，次の3つをひとまとめにしたものであることはいうまでもない：

(1)′ $(\alpha+\beta)+\gamma=\alpha+(\beta+\gamma)$

(1)″ $\alpha+\beta=\beta+\alpha$

(1)‴ A のいかなる要素 α,β に対しても，$\alpha+\xi=\beta$ なる要素 ξ が存在する．

例1 実数全体の集合 $\mathbf{R}$ において，通常の加法 $+$，通常の乗法 $\cdot$ を考えれば，$(\mathbf{R};+,\cdot)$ は環である．$\mathbf{R}$ のかわりに，有理数全体の集合 $\mathbf{Q}$，有理整数全体の集合 $\mathbf{Z}$ をとっても同様である．しかし，自然数全体の集合 $\mathbf{N}$ をとったのではうまくいかない．

例2 m を法とする整数群 $(\mathbf{Z}_m;\oplus)$ を考える．すでに述べたように，$\mathbf{Z}_m$ は，整数 m で割ったときの余りが i であるような整数の全体を α_i $(0\leqq i\leqq m-1)$ とおき，それらを全部集めたもの $\{\alpha_0,\alpha_1,\cdots,\alpha_{m-1}\}$ のことに他ならない．また，α_r の要素と α_s の要素の和は，つねにある一定の α_t に入ることが示されるが，その α_t を $\alpha_r\oplus\alpha_s$ とおくのである．

さて，ここで，$x_1,x_2\in\alpha_r;y_1,y_2\in\alpha_s$ とすれば
$$x_1y_1-x_2y_2=x_1y_1-x_1y_2+x_1y_2-x_2y_2$$
$$=x_1(y_1-y_2)+(x_1-x_2)y_2$$
しかるに，x_1-x_2, y_1-y_2 は m で割り切れるから，$x_1y_1-x_2y_2$ は m で割り切れ，したがって x_1y_1 と x_2y_2 とはある同じ α_u にぞくすることがわかる．つまり，α_r の要素と α_s の要素との積は，つねにある一定の α_u の中に入るのである．そこで，
$$\alpha_r\otimes\alpha_s=\alpha_u$$
とおく．このとき，たやすくたしかめられるように，$(\mathbf{Z}_m;\oplus,\otimes)$ は1つの環である．これを，**m を法とする整数環**という．

例3 $(G;+)$ を任意のアーベル群とし，G の任意の2つの

要素 α, β に対して
$$\alpha \cdot \beta = 0$$
とおく．すると，$(G; +, \cdot)$ は1つの環である．

その証明：定義 4.2' をたしかめる．(1) はあきらか．

(2)：
$$(\alpha\beta)\gamma = 0\gamma = 0, \quad \alpha(\beta\gamma) = \alpha 0 = 0$$
ゆえに，
$$(\alpha\beta)\gamma = \alpha(\beta\gamma)$$

(3)：
$$\alpha(\beta+\gamma) = 0, \quad \alpha\beta + \alpha\gamma = 0+0 = 0$$
よって，
$$\alpha(\beta+\gamma) = \alpha\beta + \alpha\gamma$$

(4)：(3) と同様．

例4 任意の集合 X を固定し，X から $\mathbf{R}$ への写像の全体，すなわち X の上の $\mathbf{R}$ の配置集合 $F = \mathfrak{F}(X, \mathbf{R})$ を考える．これを，X の上の**全関数空間**という．この集合に関連して，次のように定義する：

(1) $f, g \in F$ のとき，X の各要素 a に対して
$$h(a) = f(a) + g(a)$$
とおけば，h はあきらかに X から $\mathbf{R}$ への写像，つまり F の要素である．そこで，$h = f + g$ とおく．

(2) $f, g \in F$ のとき，X の各要素 a に対して
$$k(a) = f(a)g(a)$$
とおけば，k はあきらかに X から $\mathbf{R}$ への写像，つまり F の要素である．そこで，$k = f \cdot g$ とおく．

このとき，F は，このように定義された演算 $+, \cdot$ に関して環をつくることがたやすくたしかめられる（このたしかめは，読者の練習問題としておこう）．

注意4 いかなる α, β に対しても $\alpha\beta = \beta\alpha$ の成立する環を

可換環という．

注意5 具体的な環を環の公理系のモデルともいう．以下，このような注意は，一々くりかえさない．

§3. 体

定義4.3 集合 K に関連して，次のような対象が指定されたとする：

(i) K の 2 つの要素 α, β に，その**和**とよばれる第 3 の要素 $\alpha+\beta$ を対応させる**加法**という演算 $+$．

(ii) K の要素 α に，その**符号をかえた要素**または**反元**とよばれる要素 $-\alpha$ を対応させる演算 $-$．

(iii) **ゼロ元**とよばれる K の特定の要素 0．

(iv) K の 2 つの要素 α, β に，その**積**とよばれる第 3 の要素 $\alpha \cdot \beta$（あるいは $\alpha\beta$）を対応させる**乗法**とよばれる演算 $\cdot$．

(v) $K-\{0\}$ の要素 α に，その**逆元**とよばれる要素 α^{-1} を対応させる演算 $^{-1}$．

(vi) **単位元**とよばれる K の特定の要素 1．

そしてこれらが次の条件をみたすならば，組 $(K; +, -, 0, \cdot, ^{-1}, 1)$ は**体**であるといわれる：

(1) $(K; +, -, 0)$ はアーベル群である．

(2) $K^* = K - \{0\}$ とおけば，$(K^*; \cdot, ^{-1}, 1)$ は群である．

(3) $\alpha(\beta+\gamma) = \alpha\beta + \alpha\gamma$

(4) $(\alpha+\beta)\gamma = \alpha\gamma + \beta\gamma$

また，群や環の場合と同様に，K を体 $\mathfrak{K} = (K; +, -, 0, \cdot, {}^{-1}, 1)$ の基礎集合；$+, -, 0, \cdot, {}^{-1}, 1$ をその**基本概念**という．さらに，(1), (2), (3), (4) を体の**公理系**；そのおのおのを**公理**；和，加法，ゼロ元，符号をかえた要素（反元），乗法，積，逆元，単位元などの術語をそれぞれ体の理論の**無定義術語**と称する．

注意6 群や環の場合と同様，+ がきまれば，−, 0 のとり方はただ1通りであり，・ がきまれば，${}^{-1}, 1$ のとり方もただ1通りである．よって，"組 $(K; +, \cdot)$ は体である" とか，"集合 K は $+, \cdot$ に関して体をつくる" とかいう言い方をしても，何らのあいまいさも生じない．また，体の定義として，次のようなものをとることもできるわけである：

定義 4.3′ 集合 K に関連して，次のような2つの対象が指定されたとする：

(ⅰ) K の2つの要素 α, β にその和とよばれる第3の要素を対応させる**加法**という演算 +．

(ⅱ) K の2つの要素 α, β にその積とよばれる第3の要素を対応させる**乗法**という演算 ・．

このとき，次の4つの条件がみたされるならば，組 $(K; +, \cdot)$ は**体**であるという：

(1) $(K; +)$ はアーベル群である．

(2) アーベル群 $(K; +)$ のゼロ元を 0 とし，$K^* = K - \{0\}$ とおけば，$(K^*; \cdot)$ は群である．

(3) $\alpha(\beta + \gamma) = \alpha\beta + \alpha\gamma$

(4) $(\alpha + \beta)\gamma = \alpha\gamma + \beta\gamma$

注意7 いかなる α, β に対しても,$\alpha\beta = \beta\alpha$ の成立する体を**可換体**という.

例5 実数全体の集合 $\mathbf{R}$ において,通常の $+,\cdot$ を考えれば,$(\mathbf{R};+,\cdot)$ は体である.$\mathbf{R}$ のかわりに有理数全体の集合 $\mathbf{Q}$ をとっても同様である.しかし,有理整数全体の集合 $\mathbf{Z}$ や自然数全体の集合 $\mathbf{N}$ ではそうはいかない.

例6 素数 p を法とする整数環 $(\mathbf{Z}_p;\oplus,\otimes)$ は実は体である.それをみるには,
$$\mathbf{Z}_p{}^* = \mathbf{Z}_p - \{\alpha_0\} = \{\alpha_1,\alpha_2,\cdots,\alpha_{p-1}\}$$
とおいて,$\mathbf{Z}_p{}^*$ が演算 $\otimes$ に関して群をつくることをたしかめればよい.まず,$\alpha_i \in \mathbf{Z}_p{}^*$ ならば,$\otimes$ の定義から,
$$\alpha_i \otimes \alpha_1 = \alpha_1 \otimes \alpha_i = \alpha_i$$
よって,α_1 は単位元である.また,$\alpha_i \in \mathbf{Z}_p{}^*$ ならば,$0 < i < p$ だから,i と p とは互いに素である.したがって
$$ap + bi = 1$$
すなわち
$$bi = p(-a) + 1$$
をみたすような整数 a,b が存在する.しかるにこれは,bi を p で割ったときの余りが1であることを示すから,bi は α_1 にぞくすることがわかる.よって,b のぞくする $\mathbf{Z}_p{}^*$ の要素を α_j とおけば,
$$\alpha_j \otimes \alpha_i = \alpha_1, \quad \alpha_i \otimes \alpha_j = \alpha_1$$
さらに,各 α_i に対して,このような α_j はそれぞれただ1つしかありえない.というのは,もし α_k もこの性質をもつとすれば,
$$\alpha_k \otimes \alpha_i = \alpha_1, \quad \alpha_i \otimes \alpha_k = \alpha_1$$
より
$$\alpha_j = \alpha_j \otimes \alpha_1 = \alpha_j \otimes (\alpha_i \otimes \alpha_k)$$
$$= (\alpha_j \otimes \alpha_i) \otimes \alpha_k = \alpha_1 \otimes \alpha_k = \alpha_k$$

となるからである.そこで,この α_j を α_i'' とおけば,たしかに $(\mathbf{Z}_p ; \oplus, ', \alpha_0, \otimes, '', \alpha_1)$ は1つの体である.

m が素数でなければ,$(\mathbf{Z}_m ; \oplus, \otimes)$ は体ではない.

たとえば,$(\mathbf{Z}_4 ; \oplus, \otimes)$ について考えてみよう.まず,$\alpha_2 \otimes \alpha_2 = \alpha_0$. いま,$\alpha_2$ に逆元があったとして,これを α_i とおく.すると

$$\alpha_i \otimes (\alpha_2 \otimes \alpha_2) = \alpha_i \otimes \alpha_0 = \alpha_0$$
$$(\alpha_i \otimes \alpha_2) \otimes \alpha_2 = \alpha_1 \otimes \alpha_2 = \alpha_2$$

ゆえに

$$\alpha_2 = \alpha_0$$

しかし,これは矛盾である.よって,$(\mathbf{Z}_4 ; \oplus, \otimes)$ は体ではない.

注意8 例5の体のように,無限に多くの要素をもつ体を**無限体**といい,例6の体のように有限個しか要素をもたない体を**有限体**という.

§4. ベクトル空間

定義 4.4 2つの集合 K, V に関連して,次の4つの概念が指定されたとする:

(i) K の2つの要素 α, β に,その**和**とよばれる第3の要素 $\alpha \oplus \beta$ を対応せしめる**加法**という演算 $\oplus$.

(ii) K の2つの要素 α, β に,その**積**とよばれる第3の要素 $\alpha \otimes \beta$ を対応せしめる**乗法**という演算 $\otimes$.

(iii) V の2つの要素 a, b に,その**和**とよばれる第3の要素 $a+b$ を対応せしめる**加法**という演算 $+$.

(iv) K の要素 α, V の要素 a に,その**積**とよばれる V の要素 $\alpha \cdot a$(あるいは αa)を対応せしめる**乗法**と

いう演算 ・.

このとき，これらが次の条件をみたすならば，組 $(K, V；\oplus, \otimes, +, \cdot)$ はベクトル空間であるといい，K の要素をそのスカラー，V の要素をそのベクトルという：

(1) $(K；\oplus, \otimes)$ は体である．
(2) $(V；+)$ はアーベル群である．
(3) $\alpha, \beta \in K；a \in V$ ならば $(\alpha+\beta)a = \alpha a + \beta a$.
(4) $\alpha \in K；a, b \in V$ ならば $\alpha(a+b) = \alpha a + \alpha b$.
(5) $\alpha, \beta \in K；a \in V$ ならば $\alpha(\beta a) = (\alpha\beta)a$.
(6) K の単位元を 1 とすれば，V の任意の要素 a に対して，$1a = a$.

注意 9 2 種類の加法，および 2 種類の乗法があるから，十分な注意が必要である．しかしながら，他方，誤解のおそれのない場合には，$\oplus$ と $+$，$\otimes$ と $\cdot$ を，それぞれ同じ記号 $+, \cdot$ で表わすことが多い．また，このことを既定の事実として，組 (K, V) はベクトル空間である，というような言い方をすることも多い．

注意 10 K のゼロ元と V のゼロ元とを混同しないように注意しなければならない．しかしながら，他方，誤解のおそれのない場合には，これらをともに 0 で表わすことが多い．

注意 11 (K, V) がベクトル空間のとき，"V は体 K の上のベクトル空間である" ということがある．また，K が何であるかが前後の関係からあきらかなときは，"V はベクトル空間である" ということもある．なお，K をベクトル空間 (K, V) の**係数体**とよぶ．

注意 12 基礎集合，基本概念，公理，公理系，無定義術語などの意味は，群や環や体の場合とまったく同様である．ただし，

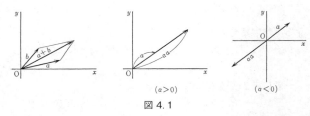

図 4.1

いまの場合は、基礎集合が K と V と 2 つあることに注意しなければならない。なお、今後、この種の注意は省略することがある。

例7 平面上の原点を始点とする有向線分の全体を V とし、その 2 つの要素 a, b の和 $a+b$ や、a の実数倍 αa を通常のように定義する（図 4.1 参照）。すると、V は $\mathbf{R}$ の上のベクトル空間である。

例8 $(K; +, \cdot)$ を体とし、K の n 個の要素の順序づけられた組
$$(\alpha_1, \alpha_2, \cdots, \alpha_n)$$
の全体、すなわち直積 $\overbrace{K \times K \times \cdots \times K}^{n}$ を V とおく。そして、V の要素の間に次のような加法を定義する:
$$(\alpha_1, \alpha_2, \cdots, \alpha_n) + (\beta_1, \beta_2, \cdots, \beta_n)$$
$$= (\alpha_1 + \beta_1, \alpha_2 + \beta_2, \cdots, \alpha_n + \beta_n)$$
また、K の要素と V の要素との間に次のような乗法を定義する:
$$\alpha \cdot (\alpha_1, \alpha_2, \cdots, \alpha_n) = (\alpha \cdot \alpha_1, \alpha \cdot \alpha_2, \cdots, \alpha \cdot \alpha_n)$$
そうすれば、(K, V) はベクトル空間である。

§5. 順序集合

われわれは,第2章,§8で"関係"について考察した.

一般に,2変数の関係 $R(\alpha, \beta)$ は,
$$\alpha = \beta, \ \alpha < \beta, \ \alpha /\!/ \beta, \ \alpha \infty \beta, \ \alpha \perp \beta$$
などのように,
$$\alpha \cdots \beta$$
という形に書かれることが多い.そこで,以下,2変数の関係を,わかりやすくするために,$\alpha R \beta$ のように書くことにしよう.

定義 4.5 集合 L の上に2つの要素の間の関係 R が定義され,次の条件をみたすならば,組 $(L; R)$ は**順序集合**である,あるいは L は R に関して**順序集合をつくる**という:

(1) $\alpha R \alpha$.
(2) $\alpha R \beta, \beta R \alpha$ ならば $\alpha = \beta$.
(3) $\alpha R \beta, \beta R \gamma$ ならば $\alpha R \gamma$.

基本概念 R は順序集合 $\mathfrak{L} = (L, R)$ の**順序**とよばれる.

注意 13 順序 R は,通常 $\leqq$ と書かれることが多い.このとき,$a \leqq b$ かつ $a \neq b$ であることは $a < b$ と書かれる.

例 9 実数全体の集合 $\mathbf{R}$ において,通常の大小関係 $\leqq$ を考えれば,$(\mathbf{R}; \leqq)$ は順序集合である.

例 10 集合 X の巾集合 $\mathfrak{P}(X)$ において,包含関係 $\subset$ を考えれば,$(\mathfrak{P}(X); \subset)$ は順序集合である.

例11 自然数全体の集合 $\mathbf{N}$ において，a が b で割り切れることを $b|a$ と書けば，$(\mathbf{N}; |)$ は1つの順序集合である．

注意14 いかなる2つの要素 α, β に対しても，$\alpha \leqq \beta$ か $\beta \leqq \alpha$ かのいずれかが成立するような順序集合 $(L; \leqq)$ を**全順序集合**という．例9の順序集合は全順序集合であるが，例10，例11のそれはそうではない．

§6. 平面射影幾何

定義4.6 P, L が空でない2つの集合のとき，P の要素 a と L の要素 α との間の関係 r があたえられ，これが次の条件をみたすならば，組 $(P, L; r)$ は**平面射影幾何**であるといわれ，P の要素はその**点**，L の要素はその**直線**といわれる．また，P の要素 a と L の要素 α との間に関係 $ar\alpha$ が成立するならば，"α は a を通る"，あるいは "a は α の上にある" などという．

(1) P の相異なる2つの要素 a, b に対して，$ar\alpha, br\alpha$ であるような L の要素 α がただ1つ存在する．

(2) L の相異なる2つの要素 α, β に対して，$ar\alpha, ar\beta$ であるような P の要素 a がただ1つ存在する．

(3) L の要素 α に対して，$ar\alpha, br\alpha, cr\alpha$ であるような相異なる P の要素 a, b, c が存在する．

(4) P の要素 a に対して，$ar\alpha, ar\beta, ar\gamma$ であるような相異なる L の要素 α, β, γ が存在する．

(5) L の要素 α に対して，$ar\alpha$ でないような P の要素 a が存在する．

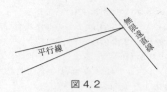

図 4.2

(6) P の要素 a に対して, $ar\alpha$ でないような L の要素 α が存在する.

例 12 通常の平面上のはるか無限の彼方に 1 本の直線があるものと考え, 平面上の平行線は, 必ずその直線の上で交わるものと想像する. また, 通常の直線とその無限の彼方にある直線(これを**無限遠直線**という)とは, 必ず 1 点で交わるものと考える(図 4.2 参照). このとき, 点(無限遠直線上の点もふくめて)全体の集合を P, 直線(無限遠直線もふくめて)全体の集合を L, 点 a が直線 α の上にあることを $ar\alpha$ と書くことにすれば, $(P, L; r)$ はあきらかに 1 つの平面射影幾何である.

例 13 空間内の原点を通る直線全体の集合を P, 原点を通る平面全体の集合を L, 直線 l が平面 π の上にのっていることを $lr\pi$ と書くことにすれば, $(P, L; r)$ はやはり平面射影幾何である.

§7. 位相空間

本節では, "位相空間" という構造を説明したいと思うのであるが, それには, 次の概念が必要である:

定義 4.7 その要素がすべて集合であるような集合を**集合族**という.

定義 4.8 $\mathfrak{A}$ が空でない集合族のとき，$\mathfrak{A}$ にぞくする集合の少なくとも 1 つにぞくするような要素の全体から成る集合，すなわち

$$\{x | x \in X \text{ かつ } X \in \mathfrak{A} \text{ であるような } X \text{ がある}\}$$

を，集合族 $\mathfrak{A}$ の**和集合**といい

$$\bigcup \mathfrak{A} \text{ または } \bigcup_{X \in \mathfrak{A}} X$$

と書く．また，$\mathfrak{A}$ にぞくするすべての集合の要素となっているものの全体から成る集合，すなわち

$$\{x | X \in \mathfrak{A} \text{ であるようなすべての } X \text{ に対して，} x \in X\}$$

を，集合族 $\mathfrak{A}$ の**共通部分**といい，

$$\bigcap \mathfrak{A} \text{ または } \bigcap_{X \in \mathfrak{A}} X$$

で表わす．

あきらかに，$\mathfrak{A} = \{A_1, A_2, \cdots, A_n\}$ ならば，

$$\bigcup \mathfrak{A} = A_1 \cup A_2 \cup \cdots \cup A_n, \quad \bigcap \mathfrak{A} = A_1 \cap A_2 \cap \cdots \cap A_n$$

さて，これらを用いて，次のように定義する：

定義 4.9 集合 M に対して，その巾集合 $\mathfrak{P}(M)$ の部分集合 $\mathfrak{G}$ が指定され，これが次の条件をみたすならば，組 $(M; \mathfrak{G})$ を**位相空間**，$\mathfrak{G}$ をその**位相**，$\mathfrak{G}$ にぞくする集合をその**開集合**という：

(1)　$M \in \mathfrak{G}$

(2)　$\emptyset \in \mathfrak{G}$

(3)　$\mathfrak{G}$ の空でないいかなる部分集合 $\mathfrak{G}'$ をとっても，

$$\bigcup \mathfrak{G}' \in \mathfrak{G}$$

(4) $\mathfrak{G}$ の有限個の要素 $G_1, G_2, \cdots, G_n$ をどのようにとっても
$$G_1 \cap G_2 \cap \cdots \cap G_n \in \mathfrak{G}$$

例 14 $\mathbf{R}$ の部分集合 G のうち,次の条件 (*) をみたすものの全体を $\mathfrak{G}$ とすれば,$(\mathbf{R};\mathfrak{G})$ は位相空間である:

(*) G のいかなる要素 a をとっても,それに対して十分小さな正数 δ をえらべば,開区間 $(a-\delta, a+\delta)$ は G につつまれる:$(a-\delta, a+\delta) \subset G$.

((*) における,"G のいかなる要素 a をとっても,$\cdots$" というのは,"どのような a に対しても,$a \in G$ ならば,$\cdots$" ということである.したがって,これは,空集合 $\varnothing$ に対して trivial に正しい.ゆえに,$\varnothing \in \mathfrak{G}$ である.)

例 15 いかなる集合 X に対しても,$(X;\mathfrak{P}(X))$ は位相空間である.このような位相空間は**離散的**であるといわれる.

例 16 いかなる集合 X に対しても,$\mathfrak{G} = \{X, \varnothing\}$ とおけば,$(X;\mathfrak{G})$ は位相空間である.このような位相空間は**密着的**であるといわれる.

§8. 順序体

体は,いわば2つの群を複合した概念であった.このように,現代数学では,いくつかの構造が複合されて,新しい構造が定義されることが少なくない.ここでは,そのようなもののうちのもっとも重要なものの1つを紹介しておくことにしよう.

定義 4.10 集合 K に対して,次のような3つの対象が指定されたとする:

(i) K の2つの要素 α, β に,その和とよばれる第3

の要素 $\alpha+\beta$ を対応させる**加法**という演算 $+$.

(ii) K の2つの要素 α, β に,その**積**とよばれる第3の要素 $\alpha\cdot\beta$(あるいは $\alpha\beta$)を対応させる**乗法**とよばれる演算 $\cdot$.

(iii) K の2つの要素の間の関係 $\leq$.

このとき,これらが次の条件をみたすならば,組 $(K; +, \cdot, \leq)$ は**順序体**であるといわれる:

(1) $(K; +, \cdot)$ は体である.

(2) $(K; \leq)$ は全順序集合である.

(3) $\alpha \leq \beta$ ならば $\alpha+\gamma \leq \beta+\gamma$

(4) $\alpha \leq \beta$, $0 \leq \gamma$ ならば $\alpha\gamma \leq \beta\gamma$

K が順序体 $\mathfrak{K}=(K; +, \cdot, \leq)$ の**基礎集合**;$+, \cdot, \leq$ がその**基本概念**とよばれることはいうまでもない.

例17 $\mathbf{R}$ において,通常の $+, \cdot, \leq$ を考えれば,$(\mathbf{R}; +, \cdot, \leq)$ は順序体である.$\mathbf{R}$ のかわりに $\mathbf{Q}$ をとっても同じである.

例18 p が素数のとき,$(\mathbf{Z}_p; \oplus, \otimes)$ は体であるが,$\mathbf{Z}_p$ の上に関係 $\leq$ を定義して,$(\mathbf{Z}_p; \oplus, \otimes, \leq)$ という順序体をつくることはできない.

その証明:かりにそのような順序体をつくることができたとし,$\alpha_0 \leq \alpha_1$ であったとすれば,
$$\alpha_1 = \alpha_0 + \alpha_1 \leq \alpha_1 + \alpha_1 = \alpha_2$$
$$\alpha_2 = \alpha_1 + \alpha_1 \leq \alpha_2 + \alpha_1 = \alpha_3$$
$$\cdots\cdots\cdots$$
よって,
$$\alpha_0 \leq \alpha_1 \leq \alpha_2 \leq \cdots \leq \alpha_{p-1} \leq \alpha_0$$
しかし,これは $\alpha_0 = \alpha_1 = \cdots = \alpha_{p-1}$ を意味するから矛盾である.同様にして,$\alpha_0 \geq \alpha_1$ のときは,

$$\alpha_0 \geqq \alpha_1 \geqq \alpha_2 \geqq \cdots \geqq \alpha_{p-1} \geqq \alpha_0$$
したがって，やはり $\alpha_0 = \alpha_1 = \cdots = \alpha_{p-1}$ となって矛盾する．

§9. 基本概念

以上が，数学的構造のいくつかの例である．つまり，群や環や体などという概念はいずれも数学的構造であって，具体的な群や環や体などは，それぞれ群や環や体という数学的構造をもつ数学的対象なのである．これらの例からわかるように，数学的構造をもつ数学的対象は，**基礎集合**といわれるものと，それに付随するいくつかの**基本概念**との組である．

基礎集合は，群や環や順序集合などではただ1つしかないが，ベクトル空間や平面射影幾何などでは2つある．実は，くわしくは述べないが，これがもっと多い数学的構造もあるのである．

さて，基本概念であるが，これの性格をもう少しはっきりさせるために，以下に，これまでにでてきた基本概念を分析してみることにしよう．

(1) 群 $(G; \cdot, ^{-1}, 1)$ の乗法 $\cdot$：これは，直積 $G \times G$ から G への写像である．環や体などの $+$ や $\cdot$ なども同様である．

(2) 群 $(G; \cdot, ^{-1}, 1)$ の逆元をとる演算 $^{-1}$：これは，G から G への写像である．

(3) 群 $(G; \cdot, ^{-1}, 1)$ の単位元 1：これは，G の1つの要素である．

(4) ベクトル空間 $(K, V；\oplus, \otimes, +, \cdot)$ の $\oplus, \otimes$：これは，$K \times K$ から K への写像である．

(5) ベクトル空間 $(K, V；\oplus, \otimes, +, \cdot)$ の $+$：これは，$V \times V$ から V への写像である．

(6) ベクトル空間 $(K, V；\oplus, \otimes, +, \cdot)$ の $\cdot$：これは，$K \times V$ から V への写像である．

(7) 順序集合 $(L；\leqq)$ の $\leqq$：これは，L の2つの要素の間の関係である．

(8) 平面射影幾何 $(P, L；r)$ の r：これは，P の要素と L の要素との間の関係である．

(9) 位相空間 $(M；\mathfrak{G})$ における位相 $\mathfrak{G}$：これは，M の巾集合 $\mathfrak{P}(M)$ の部分集合である．

以上からわかるように，これらの基本概念は，すべて，一言にしていえば"基礎集合に関連した概念"である．しかしながら，ただ単に"基礎集合に関連した概念"というだけでは，その性格を明確に規定したことにはならない．そこで，以下では，"基礎集合に関連している"とはいったいどういうことであるか；このことをもう少しくわしく吟味してみることにしよう．

（i）一般に，集合 M から集合 N への写像 φ は，すでに述べたように，そのグラフ $G(\varphi)$ と同一視することができる．ところが，この $G(\varphi)$ は，直積 $M \times N$ の1つの部分集合である．したがって，写像 $\varphi：M \to N$ は，必要とあれば，直積 $M \times N$ の1つの部分集合，したがってまた $M \times N$ の巾集合 $\mathfrak{P}(M \times N)$ の1つの要素であると思

ってもよい．この観点からすると，群 $(G\,;\,\cdot\,,\,^{-1},1)$ の乗法・は $\mathfrak{P}((G\times G)\times G)$ の１つの要素である．また $^{-1}$ は，$\mathfrak{P}(G\times G)$ の１つの要素である．同様にして，ベクトル空間 $(K,V\,;\,\oplus,\otimes,+,\cdot)$ の $\oplus,\otimes,+,\cdot$ は，それぞれ $\mathfrak{P}((K\times K)\times K)$, $\mathfrak{P}((K\times K)\times K)$, $\mathfrak{P}((V\times V)\times V)$, $\mathfrak{P}((K\times V)\times V)$ の要素と見ることができる．

（ii）$x_1,x_2,\cdots,x_n$ を，それぞれ集合 $M_1,M_2,\cdots,M_n$ の要素を表わす変数とすれば，$x_1,x_2,\cdots,x_n$ についての条件 $C(x_1,x_2,\cdots,x_n)$ には，すでに述べたように，その軌跡
$$\{(x_1,x_2,\cdots,x_n)|C(x_1,x_2,\cdots,x_n)\}$$
が対応する．いうまでもなく，これは直積 $M_1\times M_2\times\cdots\times M_n$ の１つの部分集合であって，必要とあれば，これと条件 $C(x_1,x_2,\cdots,x_n)$ とを同一視することができる．したがって，この観点からすれば，条件 $C(x_1,x_2,\cdots,x_n)$ は巾集合 $\mathfrak{P}(M_1\times M_2\times\cdots\times M_n)$ の１つの要素であると思ってもよい．これより，たとえば順序集合 $(L\,;\,\leqq)$ の関係 $\leqq$ は，$\mathfrak{P}(L\times L)$ の１つの要素であり，平面射影幾何 $(P,L\,;\,r)$ の関係 r は，$\mathfrak{P}(P\times L)$ の１つの要素であると思ってもよいことがわかる．

（iii）位相空間 $(M\,;\,\mathfrak{G})$ の位相 $\mathfrak{G}$ は，M の巾集合 $\mathfrak{P}(M)$ の１つの部分集合であった．よって，これは結局，$\mathfrak{P}(M)$ の巾集合 $\mathfrak{P}(\mathfrak{P}(M))$ の１つの要素である．

さて，以上の考察から，次のような事柄が帰納される：
"数学的構造を構成する基本概念は，これまでしらべた

限りでは，すべて，基礎集合 $M, N, \cdots$ に，直積をつくる演算 ×，および巾集合をつくる演算 $\mathfrak{P}$ を有限回（0回をふくむ）適用してえられた集合の要素になっている."

ところが，実は，このことは現代数学で取り扱っている他のいかなる数学的構造の基本概念についても，やはり成り立つことなのである．そしてしかも，数学者は，新しい数学的構造を定義しようとする場合，このことを念頭において，そうなるように，逆に工夫をしているというのが実情なのである．

したがって，われわれは，上のことをもって，基本概念の特徴である"基礎集合に関連している"ということの"定義"と考えることにしたとしても，何らの支障も起こらないであろう．

――さて，今やわれわれは，数学的構造とは何か，ということを，明確に定義しうる段階に到達した．以下，この仕事にとりかかることにしよう．

§ 10. 数学的構造

まず，"数学的体系"という概念を導入する．少々準備をしよう．

変数 $X_1, X_2, \cdots, X_m$ を，×, $\mathfrak{P}$ という2つの演算の記号で任意に組み合わせれば，いろいろの表現がえられる．たとえば，

$$\mathfrak{P}(\mathfrak{P}(\mathfrak{P}(X_3) \times X_2) \times \mathfrak{P}(\mathfrak{P}(\mathfrak{P}(X_1)))) \times X_1 \tag{4.1}$$

$$\mathfrak{P}(X_3\times((X_1\times X_3)\times X_1))\times\mathfrak{P}(\mathfrak{P}(\mathfrak{P}(X_1\times\mathfrak{P}(X_3))))$$
(4.2)

このようなものを，一般に，変数 $X_1, X_2, \cdots, X_n$ の上の（構成）**図式**という．ただし，X_1 自身だとか X_2 自身だとかのような，$\times, \mathfrak{P}$ を1つもふくまない表現をも，その特別の場合と考えることにする．

定義 4.11 A および $A_1, A_2, \cdots, A_m$ を集合，$T(X_1, X_2, \cdots, X_m)$ を変数 $X_1, X_2, \cdots, X_m$ の上の構成図式とする．このとき，A が，その図式にふくまれる $X_1, X_2, \cdots, X_m$ にそれぞれ $A_1, A_2, \cdots, A_m$ を代入してえられる集合にひとしいならば，すなわち
$$A = T(A_1, A_2, \cdots, A_m)$$
であるならば，A は，$A_1, A_2, \cdots, A_m$ から構成図式 $T(X_1, X_2, \cdots, X_m)$ によって**構成された**集合であるという．

たとえば，$A_1, A_2, \cdots, A_m$ から構成図式 (4.1), (4.2) によって構成された集合は，それぞれ
$$\mathfrak{P}(\mathfrak{P}(\mathfrak{P}(A_3)\times A_2)\times\mathfrak{P}(\mathfrak{P}(\mathfrak{P}(A_1))))\times A_1,$$
$$\mathfrak{P}(A_3\times((A_1\times A_3)\times A_1))\times\mathfrak{P}(\mathfrak{P}(\mathfrak{P}(A_1\times\mathfrak{P}(A_3))))$$
である．また，$\times, \mathfrak{P}$ をふくまない図式 $X_1, X_2, \cdots$ によって構成された集合は，それぞれ $A_1, A_2, \cdots$ である．

注意 15 $A_1=B, A_2=C, A_3=B\times C$ ならば，集合 $\mathfrak{P}(B\times C)$ は，A_1, A_2, A_3 から図式 $\mathfrak{P}(X_1\times X_2)$ によっても構成されるし，図式 $\mathfrak{P}(X_3)$ によっても構成される．したがって，$A_1, A_2, \cdots, A_n$ から何らかの図式によって構成された集合をあたえ

ても，それだけからは，一般に，それを生み出す図式は1通りにはきまらないわけである．

冒頭で述べた"数学的体系"とは，次のようなものである：

定義 4.12 $A_1, A_2, \cdots, A_m$ を集合；$T_1, T_2, \cdots, T_n$ を変数 $X_1, X_2, \cdots, X_m$ の上の構成図式；$M_1, M_2, \cdots, M_n$ を，それぞれ，$A_1, A_2, \cdots, A_m$ から図式 $T_1, T_2, \cdots, T_n$ によって構成された集合とする．このとき，集合 $A_1, A_2, \cdots, A_m$；集合 $M_1, M_2, \cdots, M_n$ の要素 $\alpha_1, \alpha_2, \cdots, \alpha_n$；および図式 $T_1, T_2, \cdots, T_n$ の組

$$(A_1, A_2, \cdots, A_m ; \alpha_1, \alpha_2, \cdots, \alpha_n ; T_1, T_2, \cdots, T_n) \quad (4.3)$$

のことを，**型** $(T_1, T_2, \cdots, T_n)$ をもつ，**次数** m の**数学的体系**という．そして，$A_1, A_2, \cdots, A_m$ をその**基礎集合**，$\alpha_1, \alpha_2, \cdots, \alpha_n$ をその**基本概念**とよぶ．

今後，数学的体系をドイツ大文字

$$\mathfrak{A}, \mathfrak{B}, \mathfrak{C}, \cdots$$

で表わす．そして，数学的体系 $\mathfrak{A}$ の型および次数を，それぞれ

$$T(\mathfrak{A}), \quad d(\mathfrak{A})$$

と書く．

注意 16 注意 15 により，(4.3) から $T_1, T_2, \cdots, T_n$ をのぞいた組

$$(A_1, A_2, \cdots, A_m ; \alpha_1, \alpha_2, \cdots, \alpha_n) \quad (4.4)$$

をあたえただけでは，$T_1, T_2, \cdots, T_n$ は一般に一意にはきまらない．しかし，前後の関係から $T_1, T_2, \cdots, T_n$ があきらかなときは，(4.3) を (4.4) のように略記することがある．

注意 17 数学的体系
$$\mathfrak{A} = (A_1, A_2, \cdots, A_m ; \alpha_1, \alpha_2, \cdots, \alpha_n ; T_1, T_2, \cdots, T_n)$$
において,
$$M_i = T_i(A_1, A_2, \cdots, A_m) \quad (i = 1, 2, \cdots, n)$$
$$\alpha = (\alpha_1, \alpha_2, \cdots, \alpha_n)$$
とおけば, $\alpha_i \in M_i$ $(i=1,2,\cdots,n)$ であるから
$$\alpha \in M_1 \times M_2 \times \cdots \times M_n$$
よって,
$$T(X_1, X_2, \cdots, X_m)$$
$$= T_1(X_1, X_2, \cdots, X_m) \times \cdots \times T_n(X_1, X_2, \cdots, X_m)$$
とおけば,
$$\mathfrak{B} = (A_1, A_2, \cdots, A_m ; \alpha ; T)$$
は 1 つの数学的体系である. そして, 逆に, この数学的体系 $\mathfrak{B}$ から $\mathfrak{A}$ を完全に復原することができる. したがって, $\mathfrak{A}$ と $\mathfrak{B}$ とは "本質的に" 同一のものと考えることができるわけである. このことは, いかなる数学的体系も, 基本概念がただ 1 つしかないようなものに還元できるということに他ならない. しかし, このようにしてつくられた $\mathfrak{B}$ はいかにも人工的なもので, "原理上" の意義以外の意義はないというべきである.

定義 4.13 2 つの数学的体系
$$\mathfrak{A} = (A_1, A_2, \cdots, A_m ; \alpha_1, \alpha_2, \cdots, \alpha_n ; T_1, T_2, \cdots, T_n)$$
$$\mathfrak{B} = (B_1, B_2, \cdots, B_s ; \beta_1, \beta_2, \cdots, \beta_t ; U_1, U_2, \cdots, U_t)$$
は, 次の 2 つの条件をみたすとき, **同種**であるといわれる:

(1) $d(\mathfrak{A}) = d(\mathfrak{B})$

(2) $T(\mathfrak{A}) = T(\mathfrak{B})$

例 19 $(G ; \cdot, {}^{-1}, 1)$ を群とする. このとき, すでに述べたように, 乗法 $\cdot$ は $\mathfrak{P}((G \times G) \times G)$ の要素であり, ${}^{-1}$ は $\mathfrak{P}(G$

§ 10. 数学的構造

$\times G$) の要素であり，1 は G の要素であるから，$(G\,;\,\cdot\,,\,^{-1},1)$ は，構成図式

$$T_1 = \mathfrak{P}((X \times X) \times X)$$
$$T_2 = \mathfrak{P}(X \times X)$$
$$T_3 = X$$

の組 (T_1, T_2, T_3) を型としてもつ次数 1 の数学的体系 $(G\,;\,\cdot\,,\,^{-1},1\,;\,T_1, T_2, T_3)$ を略記したものと考えられる．この数学的体系を $\mathfrak{G}$ とおけば，もちろん，

$$T(\mathfrak{G}) = (T_1, T_2, T_3), \quad d(\mathfrak{G}) = 1$$

例 20 環 $(A\,;\,+,-,0,\cdot)$ は，図式

$$T_1 = \mathfrak{P}((X \times X) \times X)$$
$$T_2 = \mathfrak{P}(X \times X)$$
$$T_3 = X$$
$$T_4 = \mathfrak{P}((X \times X) \times X)$$

の組 (T_1, T_2, T_3, T_4) を型としてもつ次数 1 の数学的体系 $(A\,;\,+,-,0,\cdot\,;\,T_1, T_2, T_3, T_4)$ を略記したものと考えられる．この数学的体系を $\mathfrak{A}$ とおけば，もちろん

$$T(\mathfrak{A}) = (T_1, T_2, T_3, T_4), \quad d(\mathfrak{A}) = 1$$

例 21 ベクトル空間 $(K, V\,;\,\oplus,\otimes,+,\cdot)$ は，図式

$$T_1 = \mathfrak{P}((X_1 \times X_1) \times X_1)$$
$$T_2 = \mathfrak{P}((X_1 \times X_1) \times X_1)$$
$$T_3 = \mathfrak{P}((X_2 \times X_2) \times X_2)$$
$$T_4 = \mathfrak{P}((X_1 \times X_2) \times X_2)$$

の組 (T_1, T_2, T_3, T_4) を型としてもつ次数 2 の数学的体系 $(K, V\,;\,\oplus,\otimes,+,\cdot\,;\,T_1, T_2, T_3, T_4)$ を略記したものと考えられる．

例 22 順序集合 $(L\,;\,\leqq)$ は，図式

$$\mathfrak{P}(X \times X)$$

を型としてもつ次数 1 の数学的体系 $(L\,;\,\leqq\,;\,\mathfrak{P}(X \times X))$ を略

記したものと考えられる.

例 23 平面射影幾何 $(P, L; r)$ は, 図式
$$\mathfrak{P}(X_1 \times X_2)$$
を型としてもつ次数 2 の数学的体系 $(P, L; r; \mathfrak{P}(X_1 \times X_2))$ を略記したものと考えられる.

例 24 位相空間 $(M; \mathfrak{G})$ は, 図式
$$\mathfrak{P}(\mathfrak{P}(X))$$
を型としてもつ次数 1 の数学的体系 $(M; \mathfrak{G}; \mathfrak{P}(\mathfrak{P}(X)))$ を略記したものと考えられる.

例 25 順序体 $(K; +, \cdot, \leqq)$ は, 図式
$$T_1 = \mathfrak{P}((X \times X) \times X)$$
$$T_2 = \mathfrak{P}((X \times X) \times X)$$
$$T_3 = \mathfrak{P}(X \times X)$$
の組 (T_1, T_2, T_3) を型としてもつ次数 1 の数学的体系 $(K; +, \cdot, \leqq; T_1, T_2, T_3)$ を略記したものと考えられる.

さて, いよいよ数学的構造の定義である. (少々わかりづらいかも知れないが, しばらく我慢していただきたい. 例 26 へ入れば, 急速に視野が開けてくるはずである.)

定義 4.14 $X_1, X_2, \cdots, X_m; \xi_1, \xi_2, \cdots, \xi_n$ を変数,
$$T_i(X_1, X_2, \cdots, X_m) \quad (i = 1, 2, \cdots, n)$$
を $X_1, X_2, \cdots, X_m$ の上の構成図式とする. このとき, 変数 $X_1, X_2, \cdots, X_m$ と, 命題

[1] $\xi_1 \in T_1(X_1, X_2, \cdots, X_m)$

[2] $\xi_2 \in T_2(X_1, X_2, \cdots, X_m)$

  ……

[n] $\xi_n \in T_n(X_1, X_2, \cdots, X_m)$

と, $X_1, X_2, \cdots, X_m; \xi_1, \xi_2, \cdots, \xi_n$ 以外の変数をふくまな

いいくつかの命題

(1) $P_1(X_1, X_2, \cdots, X_m ; \xi_1, \xi_2, \cdots, \xi_n)$
(2) $P_2(X_1, X_2, \cdots, X_m ; \xi_1, \xi_2, \cdots, \xi_n)$
......
(r) $P_r(X_1, X_2, \cdots, X_m ; \xi_1, \xi_2, \cdots, \xi_n)$

との組

$$(X_1, X_2, \cdots, X_m ; [1], [2], \cdots, [n] ; (1), (2), \cdots, (r))$$

のことを，**次数 m の数学的構造**という．組

$$(T_1, T_2, \cdots, T_n)$$

はその**型**，組

$$((1), (2), \cdots, (r))$$

はその**公理系**，各命題 (i) はその**公理**といわれる ($i = 1, 2, \cdots, r$).

今後，数学的構造を

$$\Sigma, \Sigma', \cdots$$

で表わす．そして，数学的構造 Σ の型を $T(\Sigma)$，次数を $d(\Sigma)$ と書く．

定義 4.15 数学的体系

$$\mathfrak{A} = (A_1, A_2, \cdots, A_m ; \alpha_1, \alpha_2, \cdots, \alpha_n ; T_1, T_2, \cdots, T_n)$$

と数学的構造

$$\Sigma = (X_1, X_2, \cdots, X_s ; [1], [2], \cdots, [t] ; (1), (2), \cdots, (u))$$

とがあたえられたとする．このとき，次の2つの条件がみたされるならば，数学的体系 $\mathfrak{A}$ は**数学的構造 Σ をもつ**，あるいは，$\mathfrak{A}$ は**数学的構造 Σ のモデル**であるという：

（Ⅰ） $T(\mathfrak{A}) = T(\Sigma)$, $d(\mathfrak{A}) = d(\Sigma)$ （したがって, $m=s$, $n=t$）

（Ⅱ） $A_1, A_2, \cdots, A_m$; $\alpha_1, \alpha_2, \cdots, \alpha_n$ は Σ の公理 (1), (2), $\cdots$, (u) をすべてみたす. すなわち, それらの公理にふくまれる変数 $X_1, X_2, \cdots, X_m$; $\xi_1, \xi_2, \cdots, \xi_n$ にそれぞれ $A_1, A_2, \cdots, A_m$; $\alpha_1, \alpha_2, \cdots, \alpha_n$ を代入してえられる命題

$$P_1(A_1, A_2, \cdots, A_m ; \alpha_1, \alpha_2, \cdots, \alpha_n)$$
$$P_2(A_1, A_2, \cdots, A_m ; \alpha_1, \alpha_2, \cdots, \alpha_n)$$
$$\cdots\cdots$$
$$P_u(A_1, A_2, \cdots, A_m ; \alpha_1, \alpha_2, \cdots, \alpha_n)$$

はすべて正しい.

注意 18 数学的体系 $\mathfrak{A}$ が数学的構造 Σ をもてば, $A_1, A_2, \cdots, A_m$; $\alpha_1, \alpha_2, \cdots, \alpha_n$ が命題 [1], [2], $\cdots$, [n] をみたすことはあきらかである. $\mathfrak{A}$ が数学的体系である以上
$$\alpha_i \in T_i(A_1, A_2, \cdots, A_m) \quad (i=1, 2, \cdots, n)$$
でなければならないからである.

注意 19 同じ数学的構造をもつ数学的体系は同種である.

例 26 群なるものを上のような立場から整理してみよう.

例 19 により, 群とは, 構成図式
$$T_1 = \mathfrak{P}((X \times X) \times X)$$
$$T_2 = \mathfrak{P}(X \times X)$$
$$T_3 = X$$
の組 (T_1, T_2, T_3) を型としてもつ数学的体系
$$\mathfrak{G} = (G ; \cdot , ^{-1}, 1 ; T_1, T_2, T_3)$$
のことであった. したがってそれは, 変数 X と, 命題

[1] $\xi_1 \in \mathfrak{P}((X \times X) \times X)$

[2] $\xi_2 \in \mathfrak{P}(X \times X)$

[3]　$\xi_3 \in X$

と，何がしかの公理 (1), (2), … とから成る，次数1のある数学的構造

$$(X ; [1], [2], [3] ; (1), (2), \cdots)$$

をもつ数学的体系のことである．

では，その公理系 $((1), (2), \cdots)$ としてどのようなものをとればよいか．すなわち，どのような命題 (1), (2), … をえらべば，その構造をもつことと，群であることとが同値となるであろうか．

——[1]は，ξ_1 で表わされるもの，すなわち・が $(G \times G) \times G$ の部分集合であることを表わしている．しかし，・が $G \times G$ から G への"写像"であることはまだ完全には表わされていない．すなわち，$G \times G$ のどの要素 (a, b) にも G のただ1つの要素 c が対応するということは表わされていない．$^{-1}$ についても同様である．したがって，公理系 $((1), (2), \cdots)$ の中に，このようなことを表わす命題が入っていなければならないことはいうまでもない．

しかしながら，他方，よく考えてみれば，このような命題さえあれば，あとは，結合法則が成り立つこと，$a \cdot 1 = 1 \cdot a = a$ であること，および $a \cdot a^{-1} = a^{-1} \cdot a = 1$ であることを示す命題があれば十分である．

そこで，結局，公理として次のような (1)〜(5) をとればよいということになる：

(1)　$X \times X$ のいかなる要素 (a, b) に対しても，

$$((a, b), c) \in \xi_1$$

となるような X の要素 c がただ1つ存在する（これは，・が $G \times G$ から G への写像であることを表わすものである）．

(2)　X のいかなる要素 a, b, c, d, e, f, g に対しても，

$$((a,b),d) \in \xi_1, \quad ((d,c),e) \in \xi_1,$$
$$((b,c),f) \in \xi_1, \quad ((a,f),g) \in \xi_1$$

ならば $e=g$ である（これは，$a \cdot b = d$, $d \cdot c = e$, $b \cdot c = f$, $a \cdot f = g$ ならば $e=g$ となるということ，つまり，つねに $(a \cdot b) \cdot c = a \cdot (b \cdot c)$ であることを表わすものである）．

(3) X のいかなる要素 a に対しても，つねに $((a,\xi_3),a) \in \xi_1$, $((\xi_3,a),a) \in \xi_1$ である（これは，いかなる a に対しても $a \cdot 1 = a$ かつ $1 \cdot a = a$ であることを示すものである）．

(4) X のいかなる要素 a に対しても，
$$(a,b) \in \xi_2$$
となるような X の要素 b がただ1つ存在する（これは，$^{-1}$ が G から G への写像であることを表わすものである）．

(5) X のいかなる要素 a,b に対しても，$(a,b) \in \xi_2$ ならば，$((a,b),\xi_3) \in \xi_1$ かつ $((b,a),\xi_3) \in \xi_1$ である（これは，$b = a^{-1}$ ならば，$a \cdot b = 1$ かつ $b \cdot a = 1$ であることを表わすものである）．

ところで，すでにおわかりのように，この公理系では，$a \cdot b = c$, $a^{-1} = b$ ということをそれぞれ
$$((a,b),c) \in \cdot, \quad (a,b) \in ^{-1}$$
と表わすことにしている．われわれは，$\cdot, ^{-1}$ をいずれもその"グラフ"のことと考える立場に立っているからである．したがって，$((a,b),c) \in \cdot$ なる c を $a \cdot b$, $(a,b) \in ^{-1}$ なる b を a^{-1} と書くことができるようにするには，次のように"定義"する必要がある：

$$((a,b),c) \in \cdot \Leftrightarrow a \cdot b = c$$
$$(a,b) \in ^{-1} \Leftrightarrow a^{-1} = b$$

例 26 の構造
$$(X\,;\,[1],[2],[3]\,;\,(1),(2),(3),(4),(5))$$
を**群構造**という.

もはやあきらかなように,群とは,この群構造をもつ数学的体系,すなわち群構造のモデルのことに他ならない.

注意20 すでに述べたように,集合 A から集合 B への写像の全体を $\mathfrak{F}(A,B)$ と書く.ところで,"$X_1, X_2, \cdots, X_m$ の上の構成図式"の定義における $\times, \mathfrak{P}$ に,この $\mathfrak{F}$ をも加える流儀がある.つまり,
$$\mathfrak{F}(X_1 \times X_2, X_3) \times \mathfrak{P}(X_1)$$
のようなものをも構成図式として許すことにするのである.そうすれば,すぐわかるように,構造の公理の述べ方はかなり簡単になる.しかし,ここでは,原理的なことを重んじて,これには従わなかった.しかし,後の章で,逆に,別の理由でこれに従わざるを得ない場合があることを注意しておく.

数学には,きわめてひんぱんにあらわれる数学的構造がかなりある.群とか環とかベクトル空間とかいうような術語が,そのような数学的構造をもつ数学的体系に,簡単のためにあたえられる名称であることは,いまさらいうまでもないであろう.

群を規定する数学的構造を群構造といったように,環構造,ベクトル空間の構造,位相(空間の)構造,順序(集合の)構造というような名称が用いられる.

読者は,練習のために,これまでにかげにかくれた形で登場した上のような数学的構造を,例26におけるようにきちんと整理してみられるとよい.そうすれば,いろいろ

の付随的な事情が,次第にはっきりしてくるであろう.とはいえ,実際問題としては,数学的構造ないしはそれをもつ数学的体系を定義するために,このような面倒な方式が一から十まで厳格に守られることはまずない.大概は,前々節までに用いたような略式のやり方ですませてしまうことが多いのである.しかし,読者は,それが"本当は"どういうことを意味するのかを,はっきりと認識していなければならない.

§11. 同　　型

A, B を2つの集合とし,φ を A から B への1つの全単射とする.このとき,A の各部分集合 M に,その φ による像 $\varphi(M)$ を対応させることにすれば,これは A の巾集合 $\mathfrak{P}(A)$ から B の巾集合 $\mathfrak{P}(B)$ への全単射である.これを,φ によって**誘導された** $\mathfrak{P}(A)$ から $\mathfrak{P}(B)$ への全単射という.

また,$\varphi_1 : A_1 \to B_1$,$\varphi_2 : A_2 \to B_2$ が,ともに全単射であれば,直積 $A_1 \times A_2$ の要素 (a_1, a_2) に,$B_1 \times B_2$ の要素 $(\varphi_1(a_1), \varphi_2(a_2))$ を対応させることによって,$A_1 \times A_2$ から $B_1 \times B_2$ への1つの全単射がえられる.これを,φ_1, φ_2 によって**誘導された** $A_1 \times A_2$ から $B_1 \times B_2$ への全単射という.

これとまったく同様にして,次のことがたしかめられる:

いま,$2m$ 個の集合

§11. 同型

$$A_1, A_2, \cdots, A_m \ ; B_1, B_2, \cdots, B_m$$

および m 個の全単射

$$\varphi_1 : A_1 \to B_1, \ \varphi_2 : A_2 \to B_2, \cdots, \ \varphi_m : A_m \to B_m$$

があたえられたとしよう．そして，

$$T(X_1, X_2, \cdots, X_m) \tag{4.5}$$

を変数 $X_1, X_2, \cdots, X_m$ の上の構成図式，A を，$A_1, A_2, \cdots, A_m$ から (4.5) によって構成された集合 $T(A_1, A_2, \cdots, A_m)$，B を，$B_1, B_2, \cdots, B_m$ から (4.5) によって構成された集合 $T(B_1, B_2, \cdots, B_m)$ とすれば，$\varphi_1, \varphi_2, \cdots, \varphi_m$ によって，ごく自然な仕方で A から B への全単射を定義することができる．これを，$\varphi_1, \varphi_2, \cdots, \varphi_m$ によって**誘導された** A から B への全単射という．

一般に，同じ数学的構造をもつ 2 つの数学的体系

$$\mathfrak{A} = (A_1, A_2, \cdots, A_m \ ; \alpha_1, \alpha_2, \cdots, \alpha_n \ ; T_1, T_2, \cdots, T_n)$$
$$\mathfrak{B} = (B_1, B_2, \cdots, B_m \ ; \beta_1, \beta_2, \cdots, \beta_n \ ; T_1, T_2, \cdots, T_n)$$

に対して，

$$\varphi_1 : A_1 \to B_1, \varphi_2 : A_2 \to B_2, \cdots, \varphi_m : A_m \to B_m$$

なる全単射があるとする．このとき，

$$\begin{cases} M_i = T_i(A_1, A_2, \cdots, A_m) \\ N_i = T_i(B_1, B_2, \cdots, B_m) \end{cases} (1 \leqq i \leqq n)$$

とおけば，数学的体系の定義により

$$\alpha_i \in M_i, \ \beta_i \in N_i \quad (1 \leqq i \leqq n)$$

他方，上に述べたことから，$\varphi_1, \varphi_2, \cdots, \varphi_m$ によって，M_i から N_i への全単射 ψ_i が誘導されるが，もし $1 \leqq i \leqq n$ なる i のいかんにかかわらず

$$\psi_i(\alpha_i) = \beta_i$$

が成立するならば,組

$$(\varphi_1, \varphi_2, \cdots, \varphi_n)$$

を $\mathfrak{A}$ から $\mathfrak{B}$ への**同型写像**という.また,$\mathfrak{A}$ から $\mathfrak{B}$ への同型写像が少なくとも 1 組あるならば,$\mathfrak{B}$ は $\mathfrak{A}$ と**同型**であるといい,

$$\mathfrak{A} \cong \mathfrak{B}$$

という記号で表わす.

次のことが,たやすく示される:

(1) $\mathfrak{A} \cong \mathfrak{A}$

(2) $\mathfrak{A} \cong \mathfrak{B}$ ならば $\mathfrak{B} \cong \mathfrak{A}$

(3) $\mathfrak{A} \cong \mathfrak{B}$, $\mathfrak{B} \cong \mathfrak{C}$ ならば $\mathfrak{A} \cong \mathfrak{C}$

$\mathfrak{A} \cong \mathfrak{B}$ であるような $\mathfrak{A}, \mathfrak{B}$ は,同じ構造のモデルという見地からすれば,まったく区別する必要のないものである.何度も述べたように,現代数学は,数学的構造を追求する.その際,同型なモデルは,これをまったく同じものとして取り扱っていくことはいうまでもない.

ところで,現代数学が数学的構造に関して問題とするのは,大約次のような事柄である:

(1) あたえられた数学的構造のモデルは,一般にどのような性質をもつか? また,一般にモデルにはいろいろの種類があるであろうが,各種類のものはそれぞれどのような性質をもっているか? それらを他の種類のものと区別する特徴は何か?

(2) あたえられた数学的構造に対して,相異なるモデ

ルはいったい何通りあるか？ そしてそれらは，それぞれどのようなものであるか？

さきに，われわれは，有限アーベル群が，すべて巡回群の直積（と同型）になることを証明した．これは，"有限アーベル群の構造"という1つの数学的構造について，(2) の問題をある意味では完全に解決したものということができるであろう．

現代数学では，(1), (2) の目標に到達するために，構造のモデルの直積をつくったり，逆にモデルを直積に分解したり，すべてのモデルをよりわかりやすいモデルで表現したり，というような方法がいろいろと用いられる．しかし，これらについては，群論を例にとってかなりくわしく述べたから，ここではこれ以上深入りしないことにしよう．

§ 12. 無矛盾性・範疇性・独立性

以下，数学的構造とその公理系について，いくつかの注意を述べたいと思う．わかりやすくするために，具体的な例を中心として，話をすすめることにする．

さて，次数 m の数学的構造とは，m 個の変数 $X_1, X_2, \cdots, X_m$ と，その上の構成図式 $T_i(X_1, X_2, \cdots, X_m)$ $(i=1, 2, \cdots, n)$ からつくられた

[1]　$\xi_1 \in T_1(X_1, X_2, \cdots, X_m)$

[2]　$\xi_2 \in T_2(X_1, X_2, \cdots, X_m)$

　　……

[n]　$\xi_n \in T_n(X_1, X_2, \cdots, X_m)$

という命題と，公理系：

(1)　$P_1(X_1, X_2, \cdots, X_m ; \xi_1, \xi_2, \cdots, \xi_n)$

(2)　$P_2(X_1, X_2, \cdots, X_m ; \xi_1, \xi_2, \cdots, \xi_n)$

　　……

(r)　$P_r(X_1, X_2, \cdots, X_m ; \xi_1, \xi_2, \cdots, \xi_n)$

との組

$(X_1, X_2, \cdots, X_m ; [1], [2], \cdots, [n] ; (1), (2), \cdots, (r))$

のことであった．しかし，このとき，もし公理系 (1), (2), …, (r) が互いに矛盾するようなものであれば，実際問題として，そのような数学的構造をもつ数学的体系は1つも存在しないであろう．また，逆に，後章で述べるように，その数学的構造をもつ数学的体系が1つもないことは，その公理系が矛盾している証拠なのである．

たとえば，さきに述べた順序体の構造を考える．これは，次のように定義された（簡単のために略式の書き方を採用する）：

1つの集合 K の上に，加法および乗法とよばれる演算 $+$, $\cdot$, および K の2つの要素の間の関係 $\leqq$ があたえられ，これらが次の条件をみたすならば，組 $(K ; +, \cdot, \leqq)$ は**順序体**であるといわれる：

(1)　$(K ; +, \cdot)$ は体である．

(2)　$(K ; \leqq)$ は全順序集合である．

(3)　$a \leqq b$ ならば $a+c \leqq b+c$

(4)　$a \leqq b$, $0 \leqq c$ ならば $ac \leqq bc$

§12. 無矛盾性・範疇性・独立性

ところで，われわれは，いま，これらにさらに次の公理 (5) をつけ加え，(1), (2), (3), (4), (5) をみたすような数学的体系 $(K; +, \cdot, \leqq)$ を**有限順序体**ということにしよう：

(5) K は有限集合である．

さて，$(K; +, \cdot, \leqq)$ を任意の有限順序体とすれば，当然 $0 \leqq 1$ かあるいは $1 \leqq 0$．そこで，まず $0 \leqq 1$ の場合を考えることとし，この両辺に 1 を加えれば，$1 \leqq 1+1$．これにふたたび 1 を加えれば，$1+1 \leqq 1+1+1$．以下同様にすすめば

$$0 \leqq 1 \leqq 1+1 \leqq 1+1+1 \leqq \cdots$$

ところが K は有限集合だから，どこかで同じものが2度でてくるに違いない：

$$\overbrace{1+1+\cdots+1}^{r} = \overbrace{1+1+\cdots+1}^{r} + \overbrace{1+1+\cdots+1}^{s}$$

よって

$$\overbrace{1+1+\cdots+1}^{s} = 0$$

これより，

$$0 \leqq 1 \leqq 1+1 \leqq \cdots \leqq \overbrace{1+1+\cdots+1}^{s} = 0$$

しかし，これは矛盾である．何となれば，これより $0=1$ を得るからである．$1 \leqq 0$ のときもまったく同様に矛盾が生じる．

こうして，有限順序体は1つも存在しないことがわか

った.つまり,有限順序体の構造の公理系は矛盾している
わけである.

このような矛盾した公理系が無意味であることはいうまでもない.数学では,矛盾しない,すなわち**無矛盾**な公理系だけしか意味をもたないのである.

さて,数学的構造の公理系は,そのモデルがすべて互いに同型であるとき,**範疇的**であるといわれる.

例27 群構造の公理系は範疇的ではない.

というのは:まず,群には有限群と無限群とがある.いま,$\mathfrak{G} = (G; \alpha_1, \alpha_2, \alpha_3)$ を有限群とし,$\mathfrak{H} = (H; \beta_1, \beta_2, \beta_3)$ を無限群とすれば,G から H へは全単射はありえない.よって,$\mathfrak{G}$ は $\mathfrak{H}$ と同型ではありえない.

例28 環,体,ベクトル空間,順序集合,位相空間などの構造の公理系は範疇的ではない.読者は,これらをたしかめてみられたい.

範疇的な公理系をもつ構造としてもっとも有名なのは,自然数全体の集合の構造,実数全体の集合の構造および平面ユークリッド幾何学の構造である.しかし,くわしくは省略することにしよう.

1つの数学的構造の公理系を $((1), (2), \cdots, (r))$ とし,その公理のうちの1つ,たとえば (i) に注目したとき,これが他の公理,すなわち $(1), (2), \cdots, (i-1), (i+1), \cdots, (r)$ から絶対に論理的にみちびかれないとする.このとき,その公理 (i) は,他の公理から**独立**であるという.また,すべての公理が他の公理から独立であるとき,公理系自身が独立であると称する.

§12. 無矛盾性・範疇性・独立性

　独立な公理系は，いわば無駄のない公理系である．反対に，そうでない公理系は無駄のある公理系である．したがって，一般に，公理系は，独立であるほうが気持がよいことはもちろんである．しかし，無駄のあること必ずしも悪いことではない．それによって，種々の事情がより了解しやすいものとなるならば，その方がかえってよいということもあるからである．

　ただ，各公理が他から独立であるかどうかをしらべておくことは，各公理の役割をあきらかにする上から，きわめて重要な意味をもっているといえよう．

第5章　数学の記号化

本章から第7章までの3つの章にわたって，数学における証明とはいったいいかなるものか，ということについて説明する．

本章では，まずその手はじめとして，数学にでてくる文は，それがいかに複雑なものであっても，すべて必ず記号だけで表現できるものであることを納得していただくことにしよう．

§1. 前章の要約

すでに何回も述べたように，数学はいわゆる**数学的構造**についての議論である．ということは，いいかえれば，数学とは数学的構造をもつ**数学的体系**についての議論であるということと同じである．ところで，数学的構造や数学的体系の概念については，前章でかなりくわしく述べたから，ほぼおわかりいただけたのではないかと思う．しかし，念のために，ここでもう一度ざっとこれを復習しておくことにしよう．

（ⅰ）変数 $X_1, X_2, \cdots, X_m$ を，記号 $\times, \mathfrak{P}$ で適当に組み合わせてえられる表現を，文字 $X_1, X_2, \cdots, X_m$ の上の

(構成) 図式という.
$$(\mathfrak{P}(X_1) \times X_2) \times \mathfrak{P}(X_1) \tag{5.1}$$
$$\mathfrak{P}(\mathfrak{P}(X_1 \times X_2)) \times (X_3 \times X_1) \tag{5.2}$$
はその例である.

$A_1, A_2, \cdots, A_m$ を集合,$T(X_1, X_2, \cdots, X_m)$ を変数 $X_1, X_2, \cdots, X_m$ の上の構成図式とする.このとき,$T(X_1, X_2, \cdots, X_m)$ にふくまれる $X_1, X_2, \cdots, X_m$ にそれぞれ $A_1, A_2, \cdots, A_m$ を代入してえられる集合 $T(A_1, A_2, \cdots, A_m)$ を,$A_1, A_2, \cdots, A_m$ から図式 $T(X_1, X_2, \cdots, X_m)$ によって**構成された集合**という.たとえば,上に例としてあげた図式 (5.1), (5.2) によって $A_1, A_2, \cdots, A_m$ から構成された集合は,それぞれ
$$(\mathfrak{P}(A_1) \times A_2) \times \mathfrak{P}(A_1) \tag{5.1}'$$
$$\mathfrak{P}(\mathfrak{P}(A_1 \times A_2)) \times (A_3 \times A_1) \tag{5.2}'$$
である.

(ⅱ) $A_1, A_2, \cdots, A_m$ を集合,$T_1, T_2, \cdots, T_n$ を変数 $X_1, X_2, \cdots, X_m$ の上の構成図式,$M_1, M_2, \cdots, M_n$ を,$A_1, A_2, \cdots, A_n$ から図式 $T_1, T_2, \cdots, T_n$ によって構成された集合とする.

このとき,集合 $A_1, A_2, \cdots, A_m$,集合 $M_1, M_2, \cdots, M_n$ の要素 $\alpha_1, \alpha_2, \cdots, \alpha_n$,および図式 $T_1, T_2, \cdots, T_n$ の組
$$(A_1, A_2, \cdots, A_m\,;\,\alpha_1, \alpha_2, \cdots, \alpha_n\,;\,T_1, T_2, \cdots, T_n)$$
を,型 $(T_1, T_2, \cdots, T_n)$ をもつ**次数 m の数学的体系**といい,$A_1, A_2, \cdots, A_m$ をその**基礎集合**,$\alpha_1, \alpha_2, \cdots, \alpha_n$ をその**基本概念**という.

(iii) $X_1, X_2, \cdots, X_m$; $\xi_1, \xi_2, \cdots, \xi_n$ を変数,$T_1, T_2, \cdots, T_n$ を変数 $X_1, X_2, \cdots, X_m$ の上の構成図式とする.このとき,$X_1, X_2, \cdots, X_m$ と,命題

[1]　$\xi_1 \in T_1(X_1, X_2, \cdots, X_m)$

[2]　$\xi_2 \in T_2(X_1, X_2, \cdots, X_m)$

　　……

[n]　$\xi_n \in T_n(X_1, X_2, \cdots, X_m)$

と,$X_1, X_2, \cdots, X_m$; $\xi_1, \xi_2, \cdots, \xi_n$ 以外の変数をふくまないいくつかの命題

(1)　$P_1(X_1, X_2, \cdots, X_m ; \xi_1, \xi_2, \cdots, \xi_n)$

(2)　$P_2(X_1, X_2, \cdots, X_m ; \xi_1, \xi_2, \cdots, \xi_n)$

　　……

(r)　$P_r(X_1, X_2, \cdots, X_m ; \xi_1, \xi_2, \cdots, \xi_n)$

との組

$$(X_1, X_2, \cdots, X_m ; [1], [2], \cdots, [n] ; (1), (2), \cdots, (r))$$

を,**型** $(T_1, T_2, \cdots, T_n)$ をもつ**次数** m の**数学的構造**という.$((1), (2), \cdots, (r))$ はその**公理系**,各 (i) はその**公理**といわれる.

数学的構造は
$$\Sigma, \ \Sigma', \ \cdots$$
で表わされる.

数学的構造 Σ の型,次数をそれぞれ
$$T(\Sigma), \ d(\Sigma)$$
と書く.

(iv)　**数学的体系**

$$\mathfrak{A} = (A_1, A_2, \cdots, A_m ; \alpha_1, \alpha_2, \cdots, \alpha_n ; T_1, T_2, \cdots, T_n)$$
と数学的構造
$$\Sigma = (X_1, X_2, \cdots, X_r ; [1], [2], \cdots, [s] ; (1), (2), \cdots, (t))$$
とがあたえられたとする．このとき，次の2つの条件がみたされるならば，$\mathfrak{A}$ は**数学的構造 Σ をもつ**，あるいは，$\mathfrak{A}$ は**数学的構造 Σ のモデル**であるという：

(1) $T(\mathfrak{A}) = T(\Sigma)$, $d(\mathfrak{A}) = d(\Sigma)$

(2) $A_1, A_2, \cdots, A_m ; \alpha_1, \alpha_2, \cdots, \alpha_n$ は公理 $(1), (2), \cdots,$ (t) をみたす．

(v) 数学のいろいろの方面にしばしばあらわれる数学的構造には，群構造とか，位相（空間の）構造とか順序（集合の）構造とか，わかりやすい特定の名称があたえられる．

また，そのような場合，ある数学的体系 $\mathfrak{A}$ がその構造をもつことを"$\mathfrak{A}$ は群である"とか"$\mathfrak{A}$ は位相空間である"とかいうようなわかりやすい言葉でいい表わす．さらに，$\mathfrak{A}$ の基礎集合やその要素，あるいは基本概念やそれらをめぐる諸概念に，特定の名称をあたえることが多い．乗法，積，逆元，単位元，位相，開集合，点等々はその例である．

以上が，第4章のざっとした復習である．

§2. 広い意味の数学的体系

$A_1, A_2, \cdots, A_m$ を集合，$\alpha_1, \alpha_2, \cdots, \alpha_n$ を対象，$T_1,$ $T_2, \cdots, T_n$ を，変数 $X_1, X_2, \cdots, X_m$ の上の構成図式とする．

このとき，これらの組
$$(A_1, A_2, \cdots, A_m \,;\, \alpha_1, \alpha_2, \cdots, \alpha_n \,;\, T_1, T_2, \cdots, T_n) \quad (5.3)$$
を**広い意味の数学的体系**という．

われわれがこれまで扱ってきた数学的体系は，広い意味の数学的体系 (5.3) のうち
$$\alpha_i \in T_i(A_1, A_2, \cdots, A_m) \quad (i = 1, 2, \cdots, n)$$
をみたすもののことに他ならない．

われわれは，広い意味の数学的体系をも，ドイツ大文字
$$\mathfrak{A}, \mathfrak{B}, \mathfrak{C}, \cdots$$
で表わす．

また，広い意味の数学的体系 (5.3) に対し，$(T_1, T_2, \cdots, T_n)$ をその**型**，m をその**次数**という．広い意味の数学的体系 $\mathfrak{A}$ の型，次数はそれぞれ
$$T(\mathfrak{A}), \quad d(\mathfrak{A})$$
と書かれる．

広い意味の数学的体系
$$\mathfrak{A} = (A_1, A_2, \cdots, A_m \,;\, \alpha_1, \alpha_2, \cdots, \alpha_n \,;\, T_1, T_2, \cdots, T_n)$$
と，数学的構造
$$\Sigma = (X_1, X_2, \cdots, X_r \,;\, [1], [2], \cdots, [s] \,;\, (1), (2), \cdots, (t))$$
とがあたえられたとき，$\mathfrak{A}$ が Σ をもつ数学的体系であるための必要十分条件は，次の3つの条件がみたされることである．

 (i)　$\alpha_i \in T_i(A_1, A_2, \cdots, A_m) \quad (i = 1, 2, \cdots, n)$
 (ii)　$T(\mathfrak{A}) = T(\Sigma), \quad d(\mathfrak{A}) = d(\Sigma)$
 (iii)　$A_1, A_2, \cdots, A_m \,;\, \alpha_1, \alpha_2, \cdots, \alpha_n$ は，Σ の公理 (1),

(2), ⋯, (t) をすべてみたす.

（ⅰ）は, $A_1, A_2, \cdots, A_m ; \alpha_1, \alpha_2, \cdots, \alpha_n$ が命題 [1], [2], ⋯, [s] をすべてみたすということに他ならない.

これより, 次のことがわかる:
$$\varSigma = (X_1, X_2, \cdots, X_m ; [1], [2], \cdots, [n] ;$$
$$(1), (2), \cdots, (r)) \quad (5.4)$$
を数学的構造とする. このとき,
$$T(\mathfrak{A}) = T(\varSigma), \quad d(\mathfrak{A}) = d(\varSigma)$$
であるような広い意味の数学的体系

$\mathfrak{A} = (A_1, A_2, \cdots, A_m ; \alpha_1, \alpha_2, \cdots, \alpha_n ; T_1, T_2, \cdots, T_n)$
が構造 $\varSigma$ をもつための必要十分条件は, $A_1, A_2, \cdots, A_m$; $\alpha_1, \alpha_2, \cdots, \alpha_n$ が命題 [1], [2], ⋯, [n] ; (1), (2), ⋯, (r) をすべてみたすことである.

したがって, 次のような定義法が可能である. ただし, (5.4) における [1], [2], ⋯, [n] ; (1), (2), ⋯, (r) はそれぞれ次のようになっているとする.

[1]　$\xi_1 \in T_1(X_1, X_2, \cdots, X_m)$
[2]　$\xi_2 \in T_2(X_1, X_2, \cdots, X_m)$
　　　……
[n]　$\xi_n \in T_n(X_1, X_2, \cdots, X_m)$
(1)　$P_1(X_1, X_2, \cdots, X_m ; \xi_1, \xi_2, \cdots, \xi_n)$
(2)　$P_2(X_1, X_2, \cdots, X_m ; \xi_1, \xi_2, \cdots, \xi_n)$
　　　……
(r)　$P_r(X_1, X_2, \cdots, X_m ; \xi_1, \xi_2, \cdots, \xi_n)$:

定義 5.1　広い意味の数学的体系

$$(A_1, A_2, \cdots, A_m ; \alpha_1, \alpha_2, \cdots, \alpha_n ;$$
$$T_1(X_1, X_2, \cdots, X_m), T_2(X_1, X_2, \cdots, X_m), \cdots,$$
$$T_n(X_1, X_2, \cdots, X_m))$$

が構造 (5.4) をもつというのは,次の $n+r$ 個の条件がみたされることである.

[1]′ $\alpha_1 \in T_1(A_1, A_2, \cdots, A_m)$

[2]′ $\alpha_2 \in T_2(A_1, A_2, \cdots, A_m)$

......

[n]′ $\alpha_n \in T_n(A_1, A_2, \cdots, A_m)$

(1)′ $P_1(A_1, A_2, \cdots, A_m ; \alpha_1, \alpha_2, \cdots, \alpha_n)$

(2)′ $P_2(A_1, A_2, \cdots, A_m ; \alpha_1, \alpha_2, \cdots, \alpha_n)$

......

(r)′ $P_r(A_1, A_2, \cdots, A_m ; \alpha_1, \alpha_2, \cdots, \alpha_n)$

例1 前節例26に群構造が記述されている.したがって,次のような定義が可能である:

広い意味の数学的体系

$$(G ; \cdot, ^{-1}, 1 ; \mathfrak{P}((X \times X) \times X), \mathfrak{P}(X \times X), X)$$

が**群構造をもつ**(あるいは**群である**)とは,次の8個の命題が成り立つことをいう:

[1]′ $\cdot \in \mathfrak{P}((G \times G) \times G)$

[2]′ $^{-1} \in \mathfrak{P}(G \times G)$

[3]′ $1 \in G$

(1)′ $G \times G$ のいかなる要素 (a, b) に対しても,
$$((a, b), c) \in \cdot$$
となるような G の要素 c がただ1つ存在する.

(2)′ G のいかなる要素 a, b, c, d, e, f, g に対しても,$((a, b), d) \in \cdot, ((d, c), e) \in \cdot, ((b, c), f) \in \cdot, ((a, f), g) \in \cdot$ な

らば $e=g$ である.

(3)′ G のいかなる要素 a に対しても,つねに $((a,1),a) \in \cdot , ((1,a),a) \in \cdot$ である.

(4)′ G のいかなる要素 a に対しても,
$$(a,b) \in ^{-1}$$
となるような G の要素 b がただ1つ存在する.

(5)′ G のいかなる要素 a,b に対しても,$(a,b) \in ^{-1}$ ならば,$((a,b),1) \in \cdot$ かつ $((b,a),1) \in \cdot$ である.

例2 すぐわかるように,位相空間の構造は次のようなものである:

$$(X;[1];(1),(2),(3),(4))$$

ただし,

[1] $\xi \in \mathfrak{P}(\mathfrak{P}(X))$

(1) $\varnothing \in \xi$

(2) $X \in \xi$

(3) $\mathfrak{H} \subset \xi$ ならば $\bigcup \mathfrak{H} \in \xi$

(4) $A_1, A_2, \cdots, A_n \in \xi$ ならば
$$A_1 \cap A_2 \cap \cdots \cap A_n \in \xi$$

したがって,次のような定義が可能である:

広い意味の数学的体系

$$(T;\mathfrak{G};\mathfrak{P}(\mathfrak{P}(X)))$$

が位相空間の構造をもつ(あるいは位相空間である)とは,次の5個の命題が成り立つことをいう:

[1]′ $\mathfrak{G} \in \mathfrak{P}(\mathfrak{P}(T))$

(1)′ $\varnothing \in \mathfrak{G}$

(2)′ $T \in \mathfrak{G}$

(3)′ $\mathfrak{H} \subset \mathfrak{G}$ ならば $\bigcup \mathfrak{H} \in \mathfrak{G}$

(4)′ $A_1, A_2, \cdots, A_n \in \mathfrak{G}$ ならば $A_1 \cap A_2 \cap \cdots \cap A_n \in \mathfrak{G}$

読者は,他の数学的構造についても,同様のことをやっ

てみられたい.

§3. 数学における言葉と記号

いま,われわれは,1つの数学的構造 Σ についての数学的な理論を展開しつつあるものとしてみよう.ということは,前に述べたことからもわかるように,その構造をもつ広い意味の数学的体系についての一般的な議論を展開しつつあるものとする,というのと原理的にまったく同じことである.

たとえば,わかりやすくするために,われわれはいま位相空間の理論を研究しているものとしてみる.そのときは,もちろん,位相空間の"定義"(例2)がわれわれの出発点である.われわれは,その定義と,それから,あらゆる数学の理論に共通な

 (i) 集合と数に関する基本法則

とをよりどころにし,

 (ii) 論理的な推論

によって,位相空間についての正しい命題,つまり**定理**を次々とみちびいていく.

さて,それでは,そのような議論の中で,われわれはいったいどのような言葉ないしは記号を使用するであろうか? あるいはまた使用しなければならないであろうか? ——以下,このようなことを少し考えてみよう.

(1) われわれは,位相空間の構造をもつ広い意味の数学的体系,すなわち位相空間を研究しようとしているので

あるから,"位相空間である"という言葉や,"位相"という言葉,および基礎集合や位相を表わす記号 $T, \mathfrak{G}$ があらわれることはいうまでもない.さらに,理論が発展するに応じて,新しい対象がいろいろと導入され,それらに新しい記号や名称がどんどんあたえられるであろうから,そのような事態をも,あらかじめ考えに入れておかなければならないことも,これまた当然である.(以上のような言葉や記号をわれわれは,"位相空間論に特有の言葉ないしは記号"ということにする.)

(2) 多分われわれは,T や $\mathfrak{G}$ やその要素などをもとにして,集合論的な記号

$$\times, \mathfrak{P}, \cup, \cap, {}^c$$

を用い,次々と新しい対象をつくっていくことになるであろう.だから,われわれの議論の中に,このような記号があらわれることはさけがたい.また,空集合を表わす記号 $\emptyset$,要素と集合との関係を表わす記号 $\in$,集合と集合との関係を表わす記号 $\subset$ も逸することはできないであろう.(これらをわれわれは"集合に関する記号"ということにする.)

(3) 位相空間論をおしすすめるに際し,いろいろのものの個数を勘定したり,ものに番号をつけたりする必要に迫られて,おそらくは自然数の概念を必要とすることであろう.また,ひょっとすると,有理整数や有理数や実数や複素数なども必要となるかも知れない.したがって,われわれは,これらの数の集合を表わす記号 $\mathbf{N, Z, Q, R, C}$

およびその演算記号 $+, -, \cdot, \div$；順序記号 $\leqq$：また，特定の数字 $0, 1, 2, \cdots, 9$，さらに i, π, e などの，特定の数を表わす文字も用心のために用意しておいた方がよいであろう．（われわれは，これらを"数に関する記号"ということにする．）

(4) 推論は論理的に行なわれる．だから，命題をつくったり，既成の命題から新しい命題をつくり出したりする論理的な言葉：

あるいは，かつ，ではない，ならば，

同値である，すべての，存在する，ひとしい

がなくてはならない．ところで，これは経験上たしかなことなのであるが，位相空間論に限らず，いかなる数学の理論においても，それを展開するのに必要な論理的な言葉は，以上の8つだけで十分であることが知られている．だから，われわれは，多少強引のようではあるが，この点を，無理矢理承認していただくことにしよう．

さて，少し数学の書物をしらべてみられればわかるように，数学の議論に必要な言葉や記号は，この4種を除けば，あとは次の3種しかない：

(a) 変数：$x, y, z, \cdots$；$X, Y, Z, \cdots$；$\cdots$

(b) 区切り符号：コンマ "，"，ピリオド "．"，コロン "："，セミコロン "；"

(c) 括弧：( ) { } [ ]

実は，この他に，おなじみの"ゆえに"とか"しかるに"とか"何となれば"とかいう類の言葉があるのである

が，これらは是非とも必要というものではない．"ゆえに"とか"したがって"とかいうのは，それよりも上に述べた命題から次の命題がみちびかれることを強調するためのものである．したがって，どうしても必要というものではない．すなわち，これがなくてはわからなくなるというものではない．"しかるに"というのは，もっぱら文脈をよりあきらかにするためのものである．したがって，次々とあらわれる命題の脈絡をしっかりと読み取る意欲さえあれば，別に必要なものではない．さらに"何となれば"というのは，すぐ上で述べた命題の成り立つ理由を以下に示そう，ということである．したがって，そのような記述の仕方をやめ，命題の成立する根拠はすべてそれよりも前に書く，という原則をつらぬくことにする限り，不要である．

ところで，(1)にぞくする言葉であるが，これはいわゆる"数学的対象"にあたえられるところのものである．数学的対象とは，いうまでもなく，数学の議論にあらわれる対象のことに他ならない．しかしながら，これは，これまでに述べてきたことからも察せられるように，

(i) 集合
(ii) 個物
(iii) 写像
(iv) 関係（ないしは性質）

のいずれかに限られる．ただし，"個物"というのは，たとえば，数0や群における"単位元"のような，いわゆる"もの"のことである．

ところで，これらを表わす言葉は，すべて何らかの記号でもって，これをおきかえることができる．

すなわち，写像（関数）ならば，f とか F とか φ とか書くことにすればよいし，関係や性質ならば $P(\cdots)$ とか $\mathfrak{A}(\cdots)$ とか書けばよい．また，個物なら a とか b とか書けばよいし，集合なら A とか B とか $\mathfrak{A}$ とか $\mathfrak{B}$ とか書けばよい．また，たとえば，"$(T;\mathfrak{G};\mathfrak{P}(\mathfrak{P}(X)))$ は位相空間である"というのは，$(T;\mathfrak{G};\mathfrak{P}(\mathfrak{P}(X)))$ という広い意味の数学的体系が，"… は位相空間である"という"性質"をもつということである．だから，これは，そのようにいうかわりに

$$\Psi((T;\mathfrak{G};\mathfrak{P}(\mathfrak{P}(X))))$$

とでも書くことにすればよいわけである．さらに，"$\mathfrak{G}$ は位相空間 $\mathfrak{A}$ の位相である"というのは，$\mathfrak{G}$ と $\mathfrak{A}$ とが，"… は位相空間 … の位相である"という"関係"にあるということである．だからこれは，そのようにいうかわりに

$$\Theta(\mathfrak{G}, \mathfrak{A})$$

とでも書くことにすればよいであろう．

ところで，(2)，(3) および (a)，(b)，(c) にぞくするものはすべて記号であった．だから，(4) の論理的な言葉を記号で表わすことができれば，位相空間論に限らず，数学のあらゆる理論にあらわれる議論は，これをすべて記号で表わすことができるという結果になるのである．

ところが，歴史的に，論理的な言葉をすべて記号で表わ

すということがすでに行なわれてきている.次節で,これを簡単に説明することにしよう.

§4. 論理記号

論理的な言葉を表わす記号を**論理記号**という.これらの中には,すでに述べたものもあるが,念のために,以下ではそれらをもふくめて説明することにする.

(ⅰ) **あるいは.** これは ∨ という記号で表わされる.

例3 $(x=1) \vee (x \neq 1)$ は "$x=1$ かあるいは $x \neq 1$ である" ということを表わす.

(ⅱ) **かつ.** これは ∧ という記号で表わされる.

例4 $(x+y=1) \wedge (2x+3y=5)$ は "$x+y=1$ でかつ $2x+3y=5$ である" ということを表わす.

(ⅲ) **ではない.** これは ¬ という記号で表わされる.

例5 $\neg(x=1)$ は "$x \neq 1$" と同じ意味のことを表わす.

(ⅳ) **ならば.** これは ⇒ という記号で表わされる.

例6 $(x=1) \Rightarrow (x^2=1)$ は,"$x=1$ ならば $x^2=1$ である" ということを表わす.

(ⅴ) **同値である.** これは ⇔ という記号で表わされる.

例7 $(x^2=1) \Leftrightarrow \{(x=1) \vee (x=-1)\}$
は,
  "$x^2=1$" ということと "$x=1$ かあるいは $x=-1$" ということとは同値である
ということを表わす.

(ⅵ) **すべての.** これは ∀ という記号で表わされる.

例8 $\forall x(x=x)$ は,"すべての x について,$x=x$ である" ということを表わす.また

$$\forall x(x\in \boldsymbol{R} \Rightarrow x^2 \geqq 0)$$

は

 どんな x も,それが実数ならば,その平方は正か 0 である

ということを表わす.

(vii) **存在する**.これは ∃ という記号で表わされる.

例9 $\exists x(x=1)$ は "$x=1$ であるような x が存在する" ということを表わす.また,

$$\exists x(x\in \boldsymbol{R} \wedge x^2=2)$$

は,

 実数で,かつ $x^2=2$ をみたすような x が存在する

ということを表わす.

(viii) **ひとしい**.これは = という記号で表わされる.この記号については,いまさらとりたてて説明する必要はないであろう.

§5. 命題の記号化

 以上の考察の結果として,数学にあらわれる命題は,これをすべて記号で表わすことができる.少し練習してみよう.

 例10 "群である" ということの定義の記号化.

 まず,例1の $(1)'\sim(5)'$ を記号化する:

$(1)''\quad \forall a \forall b[(a,b) \in G \times G \Rightarrow \exists c[c \in G \wedge ((a,b),c) \in \cdot]]$
$\qquad \wedge \forall a \forall b \forall c \forall d[[(a,b) \in G \times G \wedge c \in G \wedge d \in G$
$\qquad\qquad \wedge ((a,b),c) \in \cdot \wedge ((a,b),d) \in \cdot$
$\qquad\qquad \Rightarrow c=d]$

$(2)''$ $\quad \forall a \forall b \forall c \forall d \forall e \forall f \forall g [[((a,b),d) \in \cdot \wedge ((d,c),e) \in \cdot$
$\qquad \wedge ((b,c),f) \in \cdot \wedge ((a,f),g) \in \cdot] \Rightarrow e=g]$
$(3)''$ $\quad \forall a [a \in G \Rightarrow [((a,1),a) \in \cdot \wedge ((1,a),a) \in \cdot]]$
$(4)''$ $\quad \forall a [a \in G \Rightarrow \exists b [b \in G \wedge (a,b) \in {}^{-1}]]$
$\qquad \wedge \forall a \forall b \forall c [[a \in G \wedge b \in G \wedge c \in G$
$\qquad \wedge (a,b) \in {}^{-1} \wedge (a,c) \in {}^{-1}] \Rightarrow b=c]$
$(5)''$ $\quad \forall a \forall b [[a \in G \wedge b \in G \wedge (a,b) \in {}^{-1}]$
$\qquad \Rightarrow [((a,b),1) \in \cdot \wedge ((b,a),1) \in \cdot]]$

したがって，"広い意味の数学的体系 $(G\,;\,\cdot\,,\,{}^{-1}, 1\,;\,\mathfrak{P}((X \times X) \times X), \mathfrak{P}(X \times X), X)$ が群である" ということを

$$\Phi((G\,;\,\cdot\,,\,{}^{-1}, 1\,;\,\mathfrak{P}((X \times X) \times X), \mathfrak{P}(X \times X), X))$$

と書くことにすれば，

$$\Phi((G\,;\,\cdot\,,\,{}^{-1}, 1\,;\,\mathfrak{P}((X \times X) \times X), \mathfrak{P}(X \times X), X))$$
$$\Leftrightarrow [1]' \wedge [2]' \wedge [3]' \wedge (1)'' \wedge (2)'' \wedge (3)'' \wedge (4)'' \wedge (5)''$$
(5.5)

これが求める定義である．

例 11 "位相空間である" ということの定義の記号化．

まず，例 2 の $(3)', (4)'$ を記号化する：

$(3)''$ $\quad \forall \mathfrak{H} [\mathfrak{H} \subset \mathfrak{G} \Rightarrow \bigcup \mathfrak{H} \in \mathfrak{G}]$
$(4)''$ $\quad \forall A \forall B [A \in \mathfrak{G} \wedge B \in \mathfrak{G} \Rightarrow A \cap B \in \mathfrak{G}]$

($(4)'$ は，"$A_1, A_2, \cdots, A_n \in \mathfrak{G}$ ならば $A_1 \cap A_2 \cap \cdots \cap A_n \in \mathfrak{G}$" というふうに述べられているが，上のように，2 つの開集合の共通部分が開集合であることを保証しさえすれば，あとは数学的帰納法によって，任意有限個の開集合の共通部分が開集合であることを証明することができる．したがって，$(4)''$ で十分である．)

ここで，"広い意味の数学的体系 $(T\,;\,\mathfrak{G}\,;\,\mathfrak{P}(\mathfrak{P}(X)))$ が位相空間である" ということを

$$\Psi((T\,;\,\mathfrak{G}\,;\,\mathfrak{P}(\mathfrak{P}(X))))$$

と書くことにすれば，
$$\Psi((T\,;\,\mathfrak{G}\,;\,\mathfrak{P}(\mathfrak{P}(X)))) \Leftrightarrow [1]' \wedge (1)' \wedge (2)' \wedge (3)'' \wedge (4)'' \tag{5.6}$$

これが求める定義である．

注意1 実をいえば，例10でえた定義 (5.5) はやや略式のものである．正式の定義は，これを括弧でくくり，その前に
$$\forall G \forall \cdot \forall^{-1} \forall 1$$
をつけることによってえられる．というのは，(5.5) における $G, \cdot, {}^{-1}, 1$ は，いろいろのものを代入できる変数だからである．

注意2 これまで，われわれは，構成図式のもとになる文字 $X_1, X_2, \cdots, X_n$ を変数として扱ってきたが，すぐわかるように，(5.5) の X には何物をも代入することができない．別の物を代入すれば，図式がかわってしまったり，図式でなくなってしまったりするからである．したがって，この種の定義にあらわれる文字 $X_1, X_2, \cdots, X_n$ は，"定数" と考えなければならない．これをどのような "もの" と考えるべきかについては，いくらかの議論が必要である．しかし，くわしくは省略する．

注意3 例11でえた定義 (5.6) も，これを括弧でくくり，その前に
$$\forall T \forall \mathfrak{G}$$
をつけなければならない．

第6章 集合と数の基本法則

前章で，われわれは，数学的構造の理論は，
(ⅰ) その構造をもつ広い意味の数学的体系の定義
および
(ⅱ) 集合と数に関する基本法則
をよりどころとし，"論理的推論"によって，次々と新しい定理をみちびいていくものであることを説明した．他方，また，数学の理論にでてくる文は，すべて，記号だけで表現できるものであることをあきらかにした．

本章では，上の (ⅱ) の"集合と数に関する基本法則"には一体どのようなものがあるかということについて，簡単な解説をこころみることにする．

まず，前章で述べた数学の記号化の実態を，もう少々くわしく観察することから話をはじめよう．

§1. 記号の整理

前章で分析したところによれば，数学的構造に関する理論にでてくる記号には，次の7種類がある；

(1) その構造に特有の数学的対象（集合，個物，写像，性質，関係）を表わす記号：たとえば位相空間論

では $T, \mathfrak{G}$；群論では $G, \cdot, {}^{-1}, 1$；等々

(2) 集合に関する記号：$\emptyset, \in, \subset, \mathfrak{P}, \cup, \cdots$

(3) 数に関する記号：$\leqq, +, -, \times, \div; 0, 1, 2, 3, 4, \cdots; \pi, e, i, \cdots$

(4) 論理記号：$\vee, \wedge, \neg, \Rightarrow, \Leftrightarrow, \forall, \exists, =$

(a) 変数：$x, y, z, \cdots; X, Y, Z, \cdots; \cdots$

(b) 区切り符号：コンマ "," ピリオド "." コロン ":", セミコロン ";"

(c) 括弧：( ) | | [ ]

ところで，いま，このうちの (1), (2), (3) をいちおうひとまとめにし，ふたたびそれらを別の見地から分類しなおせば，次のようになるであろう：

(i) "個物" あるいは "集合" を表わす記号：

$$\emptyset, \ 0, \ 1, \ 2, \ \cdots$$

一般に，個物と集合とを総称して**個体**という．そこで，このような特定の個体を表わす記号を**個体記号**とよぶ．

(ii) いくつかの個体から新しい 1 つの個体をつくり出す操作を表わす記号：

$\cup, \cap, \mathfrak{P}, \cdots$ （集合に関するもの）

$+, -, \times, \cdots$ （数に関するもの）

このうち，$+$ や $-$ などは，いわゆる "写像" を表わす記号であるが，$\cup$ や $\mathfrak{P}$ などはそうではない．たとえば，$\mathfrak{P}$ は集合 X からその巾集合 $\mathfrak{P}(X)$ をつくり出す操作を表わすものであるが，これにはその "定義域" というものがない．しいていえば，その定義域は "集合全体の集合" とで

もいうべきものであろうが，実はそのようなものは存在しないことが証明されるのである（後述）．同様の理由から，∪や∩なども写像ではない．しかし，このような違いを無視して，定義域があろうとなかろうと，一般に，いくつかの個体から1つの個体をつくり出す一定の操作を表わす記号を**操作記号**という．ただし，いうまでもないことであるが，これらには，それらがそれぞれ何変数のものであるかを示す1つの自然数が付随している．これをその**次数**という．

（ⅲ） 個体の間の条件を表わす記号：

$$\leqq, \in, \subset, \cdots$$

ただしここで，≦ははっきりした"軌跡"をもっているが，∈や⊂などは，上の∪や∩などの場合と同じ理由から，軌跡をもたない．だから，ここで"条件"というのは，これまでにわれわれがとり扱ってきたふつうの条件よりも，はるかにひろい概念であるわけである．現代数学では，このようなものを一般に**述語**とよぶ．そして，上に並べたような特定の述語を表わす記号を，**述語記号**という．これらにも，それらが何変数のものであるかを示す**次数**がそれぞれ定まっていることはいうまでもない．

ところで，通常われわれが用いる"変数"の動く範囲，すなわち"変域"は，1つの集合であることが多い．しかし，上述のような事情から，"個体全体"を動くような変数をも認めることがのぞましい．

§2. 対象式と論理式

以上の結果により,数学的構造の理論に出てくる文は,すべて,個体記号,操作記号,述語記号,論理記号,変数,区切り符号,括弧の7種でもってすべて書き表わされることがわかった.

ところで,これら7種の記号をいろいろに組み合わせれば,いろいろと多様な表現がえられることはいうまでもない.しかしながら,実は,そのなかにとくに重要なものが2種類ある.それらをそれぞれ"対象式"および"論理式"という.

まず,**対象式**というのは,結果として個体を表わす表現のことである.それは,次のようにして定義される:

(1) 個体記号および変数は対象式である.

(2) F が次数 r の操作記号で,$t_1, t_2, \cdots, t_r$ がすべて対象式ならば,$F(t_1, t_2, \cdots, t_r)$ もまた対象式である.ただし,$+, \cup$ などのように,$+(t_1, t_2), \cup(t_1, t_2)$ のかわりに,$t_1 + t_2, t_1 \cup t_2$ などと書きたいような操作記号の場合には,そのつど,そのむねことわるものとする.

(3) 以上によってできたもののみが対象式である.

もちろん,こうして定義された対象式のなかには,$\mathfrak{P}(\pi)$ や $\emptyset + 6$ や $2 \cup i$ などのように,まったく(といって悪ければ,ほとんど)不必要なものがたくさんある.しかしそれらは,つかわなければそれまでなのであるから,

そのようなものの存在は,結果として何らの障害をももたらさないであろう.

次に,**論理式**というのは,簡単にいえば1つの命題を表わす表現のことである.対象式の場合と同様に,このなかにも不必要なものがたくさんあるが,やはり,それらは何の障害にもならない.

論理式は,次のように定義される:

(1) t_1, t_2 が対象式ならば,$t_1 = t_2$ は論理式である.

(2) P が次数 r の述語記号で,$t_1, t_2, \cdots, t_r$ がすべて対象式ならば,$P(t_1, t_2, \cdots, t_r)$ は論理式である.ただし,$\leqq$ や $/\!/$ などのように,$\leqq(t_1, t_2)$ や $/\!/(t_1, t_2)$ と書くかわりに,$t_1 \leqq t_2$, $t_1 /\!/ t_2$ などと書きたいような述語記号の場合には,そのつど,そのむねことわるものとする.

(3) A が論理式ならば,¬A は論理式である.

(4) A, B が論理式ならば,$A \vee B$, $A \wedge B$, $A \Rightarrow B$, $A \Leftrightarrow B$ はいずれも論理式である.

(5) A が論理式で,x が変数ならば,$\forall x A$, $\exists x A$ はいずれも論理式である.

(6) 以上によってできたもののみが論理式である.

さて,論理式には,一般にいろいろの変数が含まれている.そのなかで,論理記号 $\forall, \exists$ と関連して用いられているものを**束縛変数**といい,そうでないものを**自由変数**という.たとえば,論理式 $\{\forall x \exists y (x^2 = y + z)\} \wedge x = 2$ においては,x^2 の x および y が束縛変数で,z および $x = 2$ の

x が自由変数である.

なお，一般にある考察において，たとえば x という自由変数に注目している場合，これをとくに強調したいときは，対象式 t や論理式 A をまた $t(x), A(x)$ と書くことがある.

$$t(x,y), t(x,y,z), \cdots \; ; \; A(x,y), A(x,y,z), \cdots$$

などの表現についても同様である．ただし，t や A が実際にこれらの自由変数を一部，あるいはまったく含まない場合にも，このように書いてもよいものとする．また，それ以外の自由変数を含むときでも，それらを無視して，上のように書いてもよいものとする．したがって，それ以外の自由変数を含んでいると困るような場合には，一々ことわらなくてはいけない．

§3. 新しい記号の導入法

数学の理論，すなわち数学的構造の理論では，それが展開されるにつれて，いろいろの定義が下される．しかし，ちょっと反省して見ればすぐわかるように，それらはすべて，新しい個体記号，新しい操作記号，新しい述語記号のいずれかを導入する役割を果たすものなのである．

以下に，それらが，具体的にどのような場合にゆるされるかを，おのおのの場合について，簡単に説明しておくことにする．

なお，見やすくするために，自由変数 x を含む論理式 $A(x)$ に対して，論理式

$$\exists x A(x) \wedge \forall x \forall y \{A(x) \wedge A(y) \Rightarrow x = y\}$$
[$A(x)$ をみたすような x がただ 1 つ存在する.]
のことを
$$\exists ! x A(x)$$
と書く.ただし,もちろん,$A(x)$ は x 以外の自由変数を含んでいてもよいものとする.

注意 1　等号 = については
(1)　$\forall x \{x = x\}$
(2)　$\forall x \forall y \{x = y \Rightarrow (A \Leftrightarrow A')\}$
という 2 種の論理式が"論理法則"として許容される(ただし,A は任意の論理式,A′ は,そのなかの自由変数 x のいくつかを y にかえてえられる論理式とする.A が自由変数 x を含まなければ,もちろん A′ は A と同じものである).つまり,これらは,理論の展開の際,無条件に正しいものとしてとり扱われるのである.これらから,
$$\forall x \forall y \{x = y \Rightarrow y = x\}$$
$$\forall x \forall y \forall z \{(x = y \wedge y = z) \Rightarrow x = z\}$$
など,通常用いられる等号の性質は,すべてごく簡単に証明することができる.これらの論理法則については,のちにくわしくふれるが,あらかじめ知っておいていただいた方がいろいろと便利だと思われるので,ここでちょっとことわっておく次第である.

（ⅰ）**個体記号の導入**　自由変数 x を含み,かつそれ以外の自由変数を含まない論理式 $A(x)$ に対して,論理式
$$\exists ! x A(x)$$
が証明されたならば,まったく新しい個体記号 α をもってきて,次のように定義してもよい:

　　定義　$A(x)$ をみたすただ 1 つの x を α と書く.

しかし，数学をすべて記号化するという例の見地からすれば，このような定義をおくということは，

$$A(\alpha)$$

という論理式を，理論の公理系に，新しく追加するということに他ならないであろう．

この方法は，次のように拡張される：

Bを，自由変数を1つも含まない論理式，$A(x)$を，自由変数xを含み，それ以外の自由変数を含まない論理式とする．このとき，論理式

$$B \Rightarrow \exists!xA(x)$$

が証明されたならば，まったく新しい個体記号αをもってきて，次のように定義してもよい：

定義　Bという条件のもとでただ1つ存在することが保証されるところの，$A(x)$をみたすようなxをαと書く．

これは，理論の公理系に，

$$B \Rightarrow A(\alpha)$$

という論理式を新しく追加することに他ならない．

(ⅱ) **操作記号の導入**　自由変数xを含み，$x_1, x_2, \cdots, x_n, x$以外の自由変数を含まない論理式$A(x_1, x_2, \cdots, x_n, x)$に対して，論理式

$$\forall x_1 \forall x_2 \cdots \forall x_n \exists!xA(x_1, x_2, \cdots, x_n, x)$$

［どのような$x_1, x_2, \cdots, x_n$に対しても，$A(x_1, x_2, \cdots, x_n, x)$をみたすような$x$がただ1つ存在する．］

が証明されたならば，新しいn変数の操作記号αをもっ

§3. 新しい記号の導入法

てきて，次のように定義してもよい：

定義 各 $x_1, x_2, \cdots, x_n$ に，$\mathrm{A}(x_1, x_2, \cdots, x_n, x)$ をみたすようなただ1つの x を対応させる操作を α と書く：

$$x = \alpha(x_1, x_2, \cdots, x_n) \Leftrightarrow \mathrm{A}(x_1, x_2, \cdots, x_n, x)$$

いうまでもなく，記号化の見地からは，このような定義をおくことは，

$$\forall x_1 \forall x_2 \cdots \forall x_n \mathrm{A}(x_1, x_2, \cdots, x_n, \alpha(x_1, x_2, \cdots, x_n))$$

なる論理式を，理論の公理系に新しくつけ加えるということに他ならない．

注意2 $\mathrm{A}(x_1, x_2, \cdots, x_n, x)$ は，x は必ず含んでいなければならないが，$x_1, x_2, \cdots, x_n$ のうちのいくつかは含んでいなくてもかまわない．極端な場合には，まったく含んでいなくてもかまわないのである．しかし，$x_1, x_2, \cdots, x_n, x$ 以外の自由変数を含んでいてはいけない．

注意3 $\mathrm{T}(x_1, x_2, \cdots, x_n)$ が $x_1, x_2, \cdots, x_n$ 以外の自由変数を含まない対象式，x が T に含まれない変数のとき，論理式 $x = \mathrm{T}(x_1, x_2, \cdots, x_n)$ を A と考えれば，

$$\mathrm{T}(x_1, x_2, \cdots, x_n) = \mathrm{T}(x_1, x_2, \cdots, x_n)$$

だから，$x = \mathrm{T}(x_1, x_2, \cdots, x_n)$ なる x が存在する．すなわち，$\mathrm{T}(x_1, x_2, \cdots, x_n)$ 自身がそれである．また，

$$x = \mathrm{T}(x_1, x_2, \cdots, x_n), \quad y = \mathrm{T}(x_1, x_2, \cdots, x_n)$$

ならば，当然

$$x = y$$

よって，

$$\forall x_1 \forall x_2 \cdots \forall x_n \exists! x \{x = \mathrm{T}(x_1, x_2, \cdots, x_n)\}$$

すなわち

$$\forall x_1 \forall x_2 \cdots \forall x_n \exists ! x A(x_1, x_2, \cdots, x_n, x)$$

が成立する.したがって,上に述べたところから,新しい操作記号 α をもってきて,

$$\forall x_1 \forall x_2 \cdots \forall x_n [A(x_1, x_2, \cdots, x_n, \alpha(x_1, x_2, \cdots, x_n))]$$

すなわち

$$\forall x_1 \forall x_2 \cdots \forall x_n [\alpha(x_1, x_2, \cdots, x_n) = T(x_1, x_2, \cdots, x_n)]$$

なる定義を下すことができる.

同じ理由と(i)とにより,T が自由変数を1つも含まない対象式ならば,まったく新しい個体記号 α をもってきて

$$\alpha = T$$

という定義を下すことができる.

上の方法は,次のように拡張される.

$B(x_1, x_2, \cdots, x_n)$ を,$x_1, x_2, \cdots, x_n$ 以外の自由変数を含まない論理式,$A(x_1, x_2, \cdots, x_n, x)$ を,自由変数 x を含み,$x_1, x_2, \cdots, x_n, x$ 以外の自由変数を含まない論理式とする.このとき,論理式

$$\forall x_1 \forall x_2 \cdots \forall x_n \{B(x_1, x_2, \cdots, x_n) \Rightarrow \\ \exists ! x A(x_1, x_2, \cdots, x_n, x)\}$$

が証明されたならば,まったく新しい n 変数の操作記号 α をもってきて,次のように定義してもよい:

> 定義 $B(x_1, x_2, \cdots, x_n)$ をみたす各 $x_1, x_2, \cdots, x_n$ に対して,$A(x_1, x_2, \cdots, x_n, x)$ をみたすようなただ1つの x を対応させる操作を α と書く.

いうまでもなく,記号化の見地からは,このような定義をおくことは,

$$\forall x_1 \forall x_2 \cdots \forall x_n \{B(x_1, x_2, \cdots, x_n)$$

$$\Rightarrow \mathrm{A}(x_1, x_2, \cdots, x_n, \alpha(x_1, x_2, \cdots, x_n))\}$$

という論理式を，理論の公理系に新しくつけ加えるということに他ならない．

注意 4 論理式 $\mathrm{A}(x_1, x_2, \cdots, x_n, x)$ については，注意 2 で述べたのと同様のことがいえる．他方，論理式 $\mathrm{B}(x_1, x_2, \cdots, x_n)$ は，$x_1, x_2, \cdots, x_n$ を全部含んでいなければならないわけではない．極端な場合には，まったく含んでいなくてもかまわないのである．しかし，$x_1, x_2, \cdots, x_n$ 以外の自由変数を含んでいてはいけない．

注意 5 (i), (ii) を通じて，新しく導入される記号に，もとになった論理式 A の形を反映させたい場合には，1つの文字 α のかわりに，ある種の複合記号を用いることがある．次節で，その1つの例があらわれるであろう．

(iii) **述語記号の導入** $\mathrm{A}(x_1, x_2, \cdots, x_n)$ が，$x_1, x_2, \cdots, x_n$ 以外の自由変数を含まない論理式のとき，何か新しい n 変数の述語記号 α をもってきて，次のように定義してもよい：

　　定義 $\mathrm{A}(x_1, x_2, \cdots, x_n)$ を $\alpha(x_1, x_2, \cdots, x_n)$ と書く．

いうまでもなく，記号化の見地からは，これは，論理式

$$\forall x_1 \forall x_2 \cdots \forall x_n \{\alpha(x_1, x_2, \cdots, x_n) \Leftrightarrow \mathrm{A}(x_1, x_2, \cdots, x_n)\}$$

を理論の公理系につけ加えるということに他ならない．

§4. 外延性と巾集合

以上で大体準備は終わったから，ここらで，本章の目標である"集合と数に関する基本法則"の解説にうつることにする．

何度も述べるように，これらの諸法則は，どういう数学的構造の理論にも，共通に用いられるものである．したがって，どういう理論をはじめるに当たっても，以下に述べる諸法則を，その理論の公理系につけ加えるという作業が，まず第一になされなくてはならない．

　さて，集合に関する基本法則は，いくつかの定義と，6種の公理とから成り立っている．以下に，これらを順々に述べていくことにしよう．

　ただ，ここでちょっとことわっておきたいことは，現代数学では，"個体"は，すべて例外なくこれを集合と考えるということである．もっとくわしくいえば，次の通りである．たとえば，$0, 1, 2, \cdots; i, \pi$ などというような数は，常識的には"もの（個物）"であって，集合ではないように思える．平面や空間の点などについても同様である．しかしながら，現代数学では，これらも本来は集合なのであるが，ただ，これらについては，その実体が何であるかをわれわれが問題にしないだけなのだと考えるのである．

　もちろん，このような考え方は一見異様なものに思われるかも知れない．しかし，この立場をとることによって，あらゆる議論がきわめてなめらかになるという利点を見逃すことはできない．出発点が"もの"と"集合"の2つであるのと，"集合"だけであるのとでは，たとえば理論を展開して行くのに必要な文（論理式）の長ささえもが随分と違ってくるのである．しかも，他方，さしたる"実害"はない．そこで現代数学では，このような立場をとる

のである．

定義 6.1　$x \subset y \Leftrightarrow \forall z\{z \in x \Rightarrow z \in y\}$

これは，$x \subset y$ という述語の定義である．つまり，別の言葉でいえば，$\subset$ という述語記号の導入である．

公理 1（外延性の公理）

$$\forall x \forall y\{(x \subset y \land y \subset x) \Rightarrow x = y\}$$

これは，互いに他の部分集合になっているような集合 x, y は，互いにひとしいということを述べたものである．

このことから次の事項がみちびかれる．

定理 6.1　論理式 R の中に，y も z も自由変数としては入っていないものとする．このとき，もし2つの論理式

$$\forall x\{(x \in y) \Leftrightarrow R\}, \ \forall x\{(x \in z) \Leftrightarrow R\}$$

が成立するならば，$y = z$ が成立する．

証明　仮定により，どんな x に対しても，$x \in y \Leftrightarrow R \Leftrightarrow x \in z$．よって，$x \in y \Leftrightarrow x \in z$．したがって，どんな x に対しても，$x \in y \Rightarrow x \in z$ かつ $x \in z \Rightarrow x \in y$．ゆえに定義 6.1 により $y \subset z \land z \subset y$．これより，外延性の公理を用いて，$y = z$ がえられる．　　□

定理 6.1 より次のことがわかる：

自由変数 x を含み，それ以外の自由変数を含まない論理式 $R(x)$ に対して

$$\exists y \forall x\{(x \in y) \Leftrightarrow R(x)\} \tag{6.1}$$

が成り立つとしよう．定理 6.1 により

$$\forall y \forall z[[\forall x\{(x \in y) \Leftrightarrow R(x)\}$$

$$\wedge \forall x\{(x \in z) \Leftrightarrow \mathrm{R}(x)\}] \Rightarrow y = z]$$

よって,

$$\exists! y \forall x\{(x \in y) \Leftrightarrow \mathrm{R}(x)\}$$

したがって

$$\forall x\{(x \in \alpha) \Leftrightarrow \mathrm{R}(x)\} \tag{6.2}$$

なる新しい個体記号 α を導入することができる.

一般に,(6.1) が成り立つような論理式 $\mathrm{R}(x)$ は,x について**厳密である**といわれる.このことは,簡単のために $\mathrm{Coll}_x \mathrm{R}(x)$ と略記されることが多い.すなわち

$$\mathrm{Coll}_x \mathrm{R}(x) \Leftrightarrow \exists y \forall x\{(x \in y) \Leftrightarrow \mathrm{R}(x)\}$$

また,自由変数 x を含み,$x_1, x_2, \cdots, x_n, x$ 以外に自由変数を含まない論理式 $\mathrm{A}(x_1, x_2, \cdots, x_n, x)$ に対して

$$\exists y \forall x[(x \in y) \Leftrightarrow \mathrm{R}(x_1, x_2, \cdots, x_n, x)] \tag{6.3}$$

が成り立つとしよう.定理 6.1 により

$$\forall y \forall z[[\forall x\{(x \in y) \Leftrightarrow \mathrm{R}(x_1, x_2, \cdots, x_n, x)\}$$
$$\wedge \forall x\{(x \in z) \Leftrightarrow \mathrm{R}(x_1, x_2, \cdots, x_n, x)\}] \Rightarrow y = z]$$

よって,

$$\exists! y \forall x\{(x \in y) \Leftrightarrow \mathrm{R}(x_1, x_2, \cdots, x_n, x)\}$$

しかるに,$x_1, x_2, \cdots, x_n$ は任意だから

$$\forall x_1 \forall x_2 \cdots \forall x_n \exists! y \forall x\{(x \in y) \\ \Leftrightarrow \mathrm{R}(x_1, x_2, \cdots, x_n, x)\}$$

したがって

$$\forall x_1 \forall x_2 \cdots \forall x_n \forall x\{x \in \alpha(x_1, x_2, \cdots, x_n) \\ \Leftrightarrow \mathrm{R}(x_1, x_2, \cdots, x_n, x)\} \tag{6.4}$$

なる操作記号 α を導入することができる.

一般に，(6.3) が成り立つ論理式 $R(x_1, x_2, \cdots, x_n, x)$ は，x について**厳密**であるといわれる．上の場合と同様に，このことは $\mathrm{Coll}_x R(x_1, x_2, \cdots, x_n, x)$ と略記されることが多い．すなわち

$\mathrm{Coll}_x R(x_1, x_2, \cdots, x_n, x)$
$\Leftrightarrow \exists y \forall x \{(x \in y) \Leftrightarrow R(x_1, x_2, \cdots, x_n, x)\}$

$\mathrm{Coll}_x R(x)$, $\mathrm{Coll}_x R(x_1, x_2, \cdots, x_n, x)$ である場合，(6.2), (6.4) によって導入される個体記号や操作記号のかわりに，R の形を保存する表現

$\{x | R(x)\}$
$\{x | R(x_1, x_2, \cdots, x_n, x)\}$

が用いられることがある（ここにおける x は束縛変数の一種と考える）．

例1　"ラッセル（B. Russell）のパラドックス"というものがある．これは次のようなものである：

いま，自分自身を要素として含むような集合，すなわち $x \in x$ であるような個体 x を第1種の集合，そうでないような集合，すなわち $\neg(x \in x)$ であるような個体 x を第2種の集合ということにする．ここで，第2種の集合全体の集合を a とおく．

このとき，この a は第1種であろうか？　それとも第2種であろうか？

a が第1種ならば，$a \in a$．しかるに，a は第2種の集合全体の集合なのであるから，$a \in a$ ならば，その a の要素であるところの a は第2種でなくてはならないことになる．これは矛盾である．

他方，a が第2種ならば，$\neg(a \in a)$．しかるに，a は第2種の集合全体の集合なのであるから，$\neg(a \in a)$ ということは，a が

"第2種の集合全体の集合"に属さないこと,すなわち第1種であることを意味する.これも矛盾である.

ところが,a は集合である以上,それは第1種であるか第2種であるか,いずれかでなくてはならない.しかるに,これがどちらでもない,ということは救い難い矛盾である.

——このパラドックスは,集合の概念に大きな欠陥のあることを示すものとして,きわめて深刻に受けとめられたものである.

しかし,われわれの立場からすれば,第2種の集合全体の集合 a なるものは存在しない.すなわち,論理式 $R(x)$:

$$\neg(x \in x)$$

は x について厳密ではない.もしこれが厳密ならば,$a = \{x | \neg(x \in x)\}$ なる a があるはずであるが,上とまったく同じ推論によって,$a \in a$ ならば $\neg(a \in a)$,また,$\neg(a \in a)$ ならば $a \in a$ となって矛盾を生じるからである.

したがって,われわれの立場からすれば,ラッセルのパラドックスなるものはそもそもありえないものということになるであろう.

このことから,また,集合全体の集合なるものも存在しないことが知られる.もしそのようなものが存在すれば,あとで述べる"ブルバキの公理"により,第2種の集合全体の集合なるものもまた存在することになるからである.以下の例2を参照.

公理2(巾集合存在の公理)

$$\forall x \operatorname{Coll}_y \{y \subset x\}$$

つまり，$y \subset x$ という論理式は，いかなる x に対しても，y について厳密だというのである．

定義 6.2 $\mathfrak{P}(x) = \{y | y \subset x\}$

これは，$\mathfrak{P}$ という操作記号の導入である（注意3参照）．

§5. 順序づけられた組

公理 3（2要素集合存在の公理）

$$\forall x \forall y \operatorname{Coll}_z \{z = x \lor z = y\}$$

これは，x と y という2つの個体をあたえたとき，ちょうどその2つの個体だけを要素とする集合のあることを主張するものである．

定義 6.3 $\{x, y\} = \{z | z = x \lor z = y\}$

定義 6.4 $\{x\} = \{x, x\}$

定義 6.5 $(x, y) = \{\{x\}, \{x, y\}\}$

これらは，それぞれ $\{\ ,\ \}, \{\ \}, (\ ,\ )$ という操作記号を導入するものである（注意3参照）．

操作記号 "$(\ ,\ )$" の次の性質はきわめて重要である：

定理 6.2 $(x, y) = (x', y') \Leftrightarrow (x = x' \land y = y')$

証明 はじめに，$x = x' \land y = y'$ とする．注意1の (2) において，$(x, y) = (x, y)$ を A とおけば，

$$x = x' \Rightarrow \{(x, y) = (x, y) \Leftrightarrow (x, y) = (x', y')\}$$

しかるに，

$$x = x', \quad (x, y) = (x, y)$$

だから，

$$(x, y) = (x', y) \tag{6.5}$$

次に,ふたたび注意1の (2) において,$(x', y) = (x', y)$ を A とおけば,

$$y = y' \Rightarrow \{(x', y) = (x', y) \Leftrightarrow (x', y) = (x', y')\}$$

しかるに,

$$y = y', \quad (x', y) = (x', y)$$

だから

$$(x', y) = (x', y') \tag{6.6}$$

(6.5), (6.6) より

$$(x, y) = (x', y')$$

がえられる.

次に逆を証明する.いま,$(x, y) = (x', y')$ としよう.場合を2つに分けて考える:

（i） $x = y$ のとき.まず,

$$(x, y) = \{\{x\}, \{x, y\}\} = \{\{x\}, \{x\}\} = \{\{x\}\}$$

しかるに $(x, y) = (x', y')$ だから,(x', y') も1つの要素しかもつことができない.ところが $x' \neq y'$ ならば,

$$(x', y') = \{\{x'\}, \{x', y'\}\}$$

で,$\{x'\} \neq \{x', y'\}$ だから,これは不合理である.よって,$x' = y'$.

したがって,

$$(x', y') = \{\{x'\}, \{x', y'\}\} = \{\{x'\}, \{x'\}\} = \{\{x'\}\}$$

こうして,$(x, y) = (x', y')$ は $\{\{x\}\} = \{\{x'\}\}$ と変形されるが,これより $\{x\} = \{x'\}$,したがって,$x = x'$ がえられる.ゆえに

$$x' = x = y = y'$$

(ii) $x \neq y$ のとき．まず上の議論から，当然
$$x' \neq y'$$
ところが
$$(x, y) = (x', y')$$
は，くわしく書けば
$$\{\{x\}, \{x, y\}\} = \{\{x'\}, \{x', y'\}\}$$
だから，
$$\{x\} \in \{\{x'\}, \{x', y'\}\}$$
よって，$\{x\} = \{x'\}$ あるいは $\{x\} = \{x', y'\}$．しかるに，もし $\{x\} = \{x', y'\}$ ならば，$x' \in \{x\}$, $y' \in \{x\}$ だから，$x' = x = y'$ となって不合理である．よって，
$$\{x\} = \{x'\}$$
すなわち $x = x'$．次に，
$$\{x, y\} \in \{\{x'\}, \{x', y'\}\}$$
であるから，$\{x, y\} = \{x'\}$ あるいは $\{x, y\} = \{x', y'\}$．ところが $\{x, y\} = \{x'\}$ ならば，上と同様にして $x = x' = y$ となって不合理だから，
$$\{x, y\} = \{x', y'\}$$
ところで，これより $y \in \{x', y'\}$ がえられるから，$y = x'$ あるいは $y = y'$．しかるに $y = x'$ ならば，$x = x'$ より $y = x$ となって不合理だから，$y = y'$．こうして，$x = x'$, $y = y'$ がえられた． $\square$

注意 6 定理 6.2 は，(x, y) が "x と y との順序づけられた組" の役割を果たすものであることを示す．

§6. ブルバキの公理

公理4（ブルバキの公理） $R(x, y)$ が，自由変数 z, w を含まない論理式のとき

$$[\forall y \exists z \forall x \{R(x, y) \Rightarrow x \in z\}]$$
$$\Rightarrow [\forall w \text{Coll}_x [\exists y \{(y \in w) \land R(x, y)\}]]$$

論理式 $R(x, y)$ は，ここでは x と y との間の関係（正確には述語）の役割をしている．念のために，この見地に立って，公理を正直に読んで見れば次のごとくである：

いかなる y に対しても，これと $R(x, y)$ なる関係にある x をすべてふくむような集合 z があるならば，y をどんな集合 w のなかでうごかしても，それらと関係 $R(x, y)$ にあるような x の全体から成る集合が存在する．

次の定理 6.3, 6.4, 6.5 はきわめて重要である．

定理6.3 $P(x)$ を論理式，A を対象式とし，x は A に自由変数としては含まれないとする．このとき，論理式 $P(x) \land (x \in A)$ は x について厳密である．

証明 y を，$P(x)$ にも A にも自由変数としては含まれない新しい変数とし，$(y = y) \land P(x) \land (x \in A)$ なる論理式を $R(x, y)$ とおく．すると，$R(x, y)$ が成立すれば当然 $x \in A$ だから，$\forall x \{R(x, y) \Rightarrow (x \in A)\}$．よって，$\exists z \forall x \{R(x, y) \Rightarrow (x \in z)\}$．しかるにこれは，いかなる y についても成立するから

$$\forall y \exists z \forall x \{R(x, y) \Rightarrow (x \in z)\}$$

したがって，ブルバキの公理により，どんな w に対し

ても，$\exists y\{(y \in w) \wedge \mathrm{R}(x, y)\}$ は x について厳密である．ゆえに，ここで w として $\{y\}$ をとれば，論理式 $\exists y\{(y \in \{y\}) \wedge \mathrm{R}(x, y)\}$，すなわち論理式

$$\exists y\{(y \in \{y\}) \wedge (y=y) \wedge \mathrm{P}(x) \wedge (x \in \mathrm{A})\}$$

が x について厳密であることが知られる．しかるに，$\mathrm{P}(x)$ や A に y は自由変数としては含まれず，$y \in \{y\}, y = y$ は正しいから，上の論理式は

$$\exists y\{(y \in \{y\}) \wedge (y=y)\} \wedge \mathrm{P}(x) \wedge (x \in \mathrm{A})$$

と，したがって $\mathrm{P}(x) \wedge (x \in \mathrm{A})$ と同値である．こうして，$\mathrm{P}(x) \wedge (x \in \mathrm{A})$ は x について厳密であることがわかった．

□

この定理を**分出の原理**という．集合 A の要素 x のうち条件 $\mathrm{P}(x)$ をみたすものを"分出"して集合をつくることができることを保証するものなので，この名がある．

例2 $\forall y\{(y \in x) \vee \neg (y \in x)\}$ という論理式が x について厳密でないことを示そう．

いま，この論理式を $\mathrm{R}(x)$ とおけば，これは，すぐわかるように，あらゆる集合 x によってみたされる．いまかりにこれが厳密であるとしてみよう．すると $\mathrm{A} = \{x | \mathrm{R}(x)\}$ は，あらゆる集合から成る集合となっている．ここで，論理式 $\mathrm{P}(x)$ として $\neg(x \in x)$ をとれば，定理 6.3 により，$\neg(x \in x) \wedge x \in \mathrm{A}$ は x について厳密である．しかるに，$x \in \mathrm{A}$ はつねに正しいから，これは $\neg(x \in x)$ と同値となり，したがって $\neg(x \in x)$ が x について厳密だということになる．ところが，例1で示したように $\neg(x \in x)$ は x について厳密ではないから，これは矛盾である．

よって，集合全体から成る集合というものは存在しない．

定理 6.4 $R(x)$ を論理式, A を対象式とし, x は A に自由変数としては含まれないとする. このとき, 論理式 $R(x) \Rightarrow x \in A$ が成立するならば, $R(x)$ は x について厳密である.

証明 あきらかに, $R(x)$ は $R(x) \wedge (x \in A)$ と同値であるから, 定理 6.3 により, 当然これは x について厳密である. □

定理 6.5 $T(x), A$ を対象式とし, x が A に自由変数としては含まれず, y が $T(x)$ にも A にも自由変数としては含まれないとすれば, $\exists x\{x \in A \wedge y = T(x)\}$ は y について厳密である.

証明 $y = T(x)$ を $R(y, x)$ とすれば, $R(y, x) \Rightarrow y \in \{T(x)\}$. よって,

$$\forall y\{R(y, x) \Rightarrow y \in \{T(x)\}\}$$

これより,

$$\exists z \forall y\{R(y, x) \Rightarrow y \in z\}$$

しかるに, x は任意であるから

$$\forall x \exists z \forall y\{R(y, x) \Rightarrow y \in z\}$$

そこで, ここへブルバキの公理を用いれば, どんな w に対しても, $\exists x\{(x \in w) \wedge R(y, x)\}$ は y について厳密であることが知られる. したがって, $\exists x\{(x \in A) \wedge R(y, x)\}$ すなわち $\exists x\{x \in A \wedge y = T(x)\}$ は, y について厳密である. □

この定理を**置換の原理**という. 集合 A の各要素 x をそれぞれ $T(x) = y$ なる y で"置換"したものがまた集合で

あることを主張するものなので，この名がある．

§7. 以上の諸法則からの結論

集合に関する公理はまだ2つある．その他に数に関する基本法則がある．しかし，それらについて述べる前に，これまでの諸法則から結論される事柄をいくつか紹介することにしよう．

例3 A, B を 2 つの対象式とし，以下にあらわれる変数は，すべてこれらに自由変数としては含まれない新しいものばかりであるとする．いま，$x \in y$ を $\mathrm{R}(x, y)$ とおけば，$x \in y \Rightarrow x \in y$ であるから，
$$\forall x[x \in y \Rightarrow x \in y]$$
したがって，
$$\exists z \forall x[x \in y \Rightarrow x \in z]$$
ゆえに，
$$\forall y \exists z \forall x[x \in y \Rightarrow x \in z]$$
すなわち
$$\forall y \exists z \forall x[\mathrm{R}(x, y) \Rightarrow x \in z]$$
そこで，ここでブルバキの公理を用いれば
$$\forall w \mathrm{Coll}_x[\exists y\{(y \in w) \wedge \mathrm{R}(x, y)\}]$$
ゆえに，$w = \{\mathrm{A}, \mathrm{B}\}$ とおけば，
$$\mathrm{Coll}_x[\exists y\{(y \in \{\mathrm{A}, \mathrm{B}\}) \wedge \mathrm{R}(x, y)\}]$$
すなわち
$$\mathrm{Coll}_x[\exists y\{(y \in \{\mathrm{A}, \mathrm{B}\}) \wedge x \in y\}]$$
したがって，集合 $\{x | \exists y\{y \in \{\mathrm{A}, \mathrm{B}\} \wedge x \in y\}\}$，すなわち
$$\{x | \exists y\{x \in y \wedge y \in \{\mathrm{A}, \mathrm{B}\}\}\}$$
が存在する．しかし，よく考えてみれば，これは内容的には，まさしく A と B との和集合に他ならない．そこで，あらためて次

のように定義することができる.

定義 6.6 $A \cup B = \{x | \exists y \{x \in y \land y \in \{A, B\}\}\}$

つまり,このようにして,$A \cup B$ の"存在"が確立されたのである.

例 4 A, B を 2 つの対象式とし,x をこれらに自由変数としては含まれない変数とする.このとき,$x \in A$ を $P(x)$ とおけば,$P(x) \land x \in B$ は定理 6.3 によって x について厳密である.このようにしてえられた集合
$$\{x | P(x) \land x \in B\}$$
すなわち
$$\{x | x \in A \land x \in B\}$$
が,内容的にいって,A と B との共通部分に他ならないことはあきらかであろう.そこで,あらためて,次のように定義することができる:

定義 6.7 $A \cap B = \{x | x \in A \land x \in B\}$.

同様にして,次の定義も可能である:

定義 6.8 $A - B = \{x | x \in A \land \neg(x \in B)\}$

例 5 A, B を 2 つの対象式とし,以下に用いる変数は,すべてこれらに自由変数としては出てこない新しいものばかりであるとする.このとき,$T(x, y) = (x, y)$ とおけば,定理 6.5 により,$\exists x \{u = T(x, y) \land x \in A\}$ は u について厳密である.よって,$\{u | \exists x \{u = T(x, y) \land x \in A\}\}$ なる集合が存在する.いま,論理式
$$z \in \{u | \exists x \{u = T(x, y) \land x \in A\}\}$$
を $R(z, y)$ とおけば,当然
$$\forall z \{R(z, y) \Rightarrow z \in \{u | \exists x \{u = T(x, y) \land x \in A\}\}\}$$
したがって,
$$\exists w \forall z \{R(z, y) \Rightarrow z \in w\}$$

ところがこれは，いかなる y についても成立するから，
$$\forall y \exists w \forall z \{R(z, y) \Rightarrow z \in w\}$$
そこで，ここへブルバキの公理を用いれば，集合
$$\{z | \exists y \{y \in B \land R(z, y)\}\} \tag{6.7}$$
が存在することがわかる．ところが，$R(z, y)$ は $\exists x \{z = T(x, y) \land x \in A\}$ と同値だから，(6.7) は
$$\{z | \exists y \{y \in B \land \exists x \{z = (x, y) \land x \in A\}\}\}$$
すなわち
$$\{z | \exists x \exists y \{z = (x, y) \land x \in A \land y \in B\}\}$$
とひとしい．ところが，これは内容的には，A と B との直積 $A \times B$ に他ならない．よって，あらためて，次のように定義することができる：

定義 6.9

$$A \times B = \{z | \exists x \exists y \{z = (x, y) \land x \in A \land y \in B\}\}$$

一般に，$T(x_1, x_2, \cdots, x_n)$ が対象式，$A(x_1, x_2, \cdots, x_n)$ が論理式のとき，対象式
$$\{z | \exists x_1 \exists x_2 \cdots \exists x_n [z = T(x_1, x_2, \cdots, x_n) \land A(x_1, x_2, \cdots, x_n)]\}$$
を
$$\{T(x_1, x_2, \cdots, x_n) | A(x_1, x_2, \cdots, x_n)\}$$
とも書く．これを用いれば，定義 6.9 は次のようにも書くことができる：
$$A \times B = \{(x, y) | x \in A \land y \in B\}$$

§8. 写 像

定義 6.5 で，われわれは，2 つの個体 x, y の順序づけ

られた組 (x, y) を導入したが,これを利用すれば,3つの個体 x, y, z の順序づけられた組 (x, y, z) を次のように定義することができる:

定義 6.10 $(x, y, z) = ((x, y), z)$

これについては,次の事実が成立する:

定理 6.6
$$(x, y, z) = (x', y', z') \Leftrightarrow x = x' \wedge y = y' \wedge z = z'$$

証明 $(x, y, z) = (x', y', z')$ ならば,$((x, y), z) = ((x', y'), z')$ だから,$(x, y) = (x', y')$ かつ $z = z'$. ところが,$(x, y) = (x', y')$ より,$x = x'$ かつ $y = y'$. よって,
$$x = x', \quad y = y', \quad z = z'$$
逆に,$x = x', y = y', z = z'$ ならば,まず $(x, y) = (x', y')$ であるが,これと $z = z'$ とを合わせれば
$$((x, y), z) = ((x', y'), z')$$
すなわち
$$(x, y, z) = (x', y', z') \qquad \square$$

4つ以上の個体の順序づけられた組
$$(x, y, z, u), (x, y, z, u, v), \cdots$$
も同様にして導入される.

さて,さきにわれわれは,集合 A から集合 B への写像 φ は,そのグラフ,すなわち $A \times B$ の部分集合
$$F = \{(x, y) | y = \varphi(x)\}$$
と同一視することができると述べた.しかしこれは,集合 A, B があらかじめ明確に指定されている場合の話なのであって,そうでないときは,集合 F をあたえただけでは,

写像 φ はただ1つには定まらない.なんとなれば,なるほど F により,その定義域 A は
$$\{x|\exists y[(x,y)\in F]\}$$
としてはっきり定まるけれども,終域は,
$$\{y|\exists x[(x,y)\in F]\}$$
を含む集合なら何でもよい;そのような集合 B を任意にとれば,$F\subset A\times B$ となって,F は A から B へのある写像のグラフとなるからである.つまり,F だけからは,写像は一意的には定まらない.

よって,写像 φ は,そのグラフ F だけとではなく,むしろ,それと φ の終域 B との組 (F,B) と同一視できるといった方が,本当はより正確であるというべきであろう.

そこで,これはいささか無駄なことではあるが,主として美的な理由から,これにさらにその定義域をもつけ加えて,次のように定義する:

定義 6.11 3つの個体の組 $\varphi=(F,A,B)$ は,次の条件をみたすとき,A から B への**写像**であるといわれる:

(ⅰ) $F\subset A\times B$

(ⅱ) $x\in A$ ならば,$(x,y)\in F$ なる B の要素 y が存在する.

(ⅲ) $(x,y),(x,z)\in F$ ならば,$y=z$.

ここで,φ が写像であるということを $M(\varphi)$ と書くことにすれば,この定義は次のように表わすことができる:

$$M(\varphi) \Leftrightarrow \exists F \exists A \exists B [\varphi = (F, A, B) \land F \subset A \times B$$
$$\land \forall x \{x \in A \Rightarrow \exists y \{y \in B \land (x, y) \in F\}\}$$
$$\land \forall x \forall y \forall z \{\{(x, y) \in F \land (x, z) \in F\} \Rightarrow y = z\}] \tag{6.8}$$

注意 7 本当は,さらに (6.8) 全体を括弧でくくり,その前に $\forall \varphi$ をつけるべきなのであるが,繁雑をさけるために,これは省略した.

定義 6.12 $\varphi = (F, A, B)$ が写像のとき,F をその**グラフ**,A をその**定義域**,B をその**終域**といい,それぞれ $G(\varphi), D(\varphi), E(\varphi)$ で表わす:

$$M(\varphi) \Rightarrow \{\varphi = (G(\varphi), D(\varphi), E(\varphi))\} \tag{6.9}$$

注意 8 (6.9) も本当は (6.8) の場合と同様に,これを括弧でくくり,その前に $\forall \varphi$ をつけるべきである.しかし,繁雑をさけるために,これは省略した.以下でも,時おり,このような便法を採用するであろう.

φ が写像で,かつ $x \in D(\varphi)$ ならば,
$$\exists ! y \{(x, y) \in G(\varphi)\}$$
であることがたやすく示される.よって,
$$\{M(\varphi) \land x \in D(\varphi)\} \Rightarrow \exists ! y \{(x, y) \in G(\varphi)\}$$
したがって
$$\forall \varphi \forall x [\{M(\varphi) \land x \in D(\varphi)\} \Rightarrow \exists ! y \{(x, y) \in G(\varphi)\}]$$
ゆえに
$$\forall \varphi \forall x [\{M(\varphi) \land x \in D(\varphi)\} \Rightarrow \{(x, \alpha(\varphi, x)) \in G(\varphi)\}]$$
なる操作記号 α を導入することがゆるされる.対象式 $\alpha(\varphi, x)$ を x の φ による**像**といい $\varphi(x)$ と書く.すなわ

ち,

定義 6.13

$$\forall \varphi \forall x [\{M(\varphi) \wedge x \in D(\varphi)\} \Rightarrow \{(x, \varphi(x)) \in G(\varphi)\}] \tag{6.10}$$

注意 9 (6.8), (6.9) のような省略した書き方を用いれば, (6.10) は次のように書くことができる.

$$\{M(\varphi) \wedge x \in D(\varphi)\} \Rightarrow \{(x, \varphi(x)) \in G(\varphi)\}$$

定義 6.14 写像 $\varphi = (F, A, B)$ は, $x, x' \in A$ かつ $x \neq x'$ ならば必ず $\varphi(x) \neq \varphi(x')$ となるとき, **単射**であるといわれる. すなわち, φ が単射であるということを $I(\varphi)$ と書くことにすれば

$$I(\varphi) \Leftrightarrow M(\varphi) \wedge \forall x \forall x' [\{x \in D(\varphi) \wedge x' \in D(\varphi) \wedge \neg(x=x')\} \Rightarrow \neg\{\varphi(x) = \varphi(x')\}]$$

定義 6.15 写像 $\varphi = (F, A, B)$ は, $y \in B$ なる y に対して, 必ず $\varphi(x) = y$ なる $x \, (\in A)$ があるとき, **全射**であるといわれる. すなわち, φ が全射であるということを $S(\varphi)$ と書くことにすれば,

$$S(\varphi) \Leftrightarrow M(\varphi) \wedge \forall y [y \in E(\varphi) \Rightarrow \exists x \{x \in D(\varphi) \wedge \varphi(x) = y\}]$$

定義 6.16 写像 φ は, 全射でかつ単射のとき, **全単射**または**双射**であるといわれる. すなわち, φ が全単射であるということを $SI(\varphi)$ と書くことにすれば,

$$SI(\varphi) \Leftrightarrow S(\varphi) \wedge I(\varphi)$$

すでに述べたように, $\varphi = (F, A, B)$ が全単射ならば, その逆写像が定義される. もちろん, そのグラフは, F

の要素 (x, y) の順序を逆転させた (y, x) の全体である．以下，これを F^{-1} と書く．すなわち，

定義 6.17 $F^{-1} = \{x | \exists y \exists z [x = (y, z) \land (z, y) \in F]\}$

前節の最後に述べたことにより，これは次のようにも書くことができる：

$$F^{-1} = \{(y, z) | (z, y) \in F\}$$

注意 10 個体 x について $x = (y, z)$ なる y, z があれば，そのような y, z はもちろんそれぞれただ 1 つである．

したがって，

$$\exists y \exists z \{x = (y, z)\} \Rightarrow \exists! y \exists! z \{x = (y, z)\}$$

よって，

$$\exists y \exists z \{x = (y, z)\} \Rightarrow \exists! z \{x = (\mathrm{proj}_1(x), z)\}$$

なる操作記号 proj_1 を導入することができる．すると，また

$$\exists y \exists z \{x = (y, z)\} \Rightarrow \{x = (\mathrm{proj}_1(x), \mathrm{proj}_2(x))\}$$

なる操作記号 proj_2 を導入することができる．ここで，定理 6.5 を用いれば，

$$\mathrm{Coll}_x \exists w [x = \mathrm{proj}_1(w) \land w \in F]$$
$$\mathrm{Coll}_x \exists w [x = \mathrm{proj}_2(w) \land w \in F]$$

そこで，

$$A = \{x | \exists w [x = \mathrm{proj}_1(w) \land w \in F]\}$$
$$B = \{x | \exists w [x = \mathrm{proj}_2(w) \land w \in F]\}$$

とおけば，あきらかに

$$\exists y \exists z [x = (y, z) \land (z, y) \in F] \Rightarrow x \in B \times A$$

したがって，定理 6.4 により

$$\mathrm{Coll}_x \exists y \exists z [x = (y, z) \land (z, y) \in F]$$

ゆえに，たしかに定義 6.17 は合法的である．

定義 6.18 $\varphi = (F, A, B)$ が全単射のとき，$\varphi^{-1} = (F^{-1}, B, A)$ とおき，これを φ の **逆写像** という：

$$SI(\varphi) \Rightarrow \{\varphi^{-1}=(G(\varphi)^{-1}, E(\varphi), D(\varphi))\}$$

証明は省略するが,

定理 6.7　$SI(\varphi) \Rightarrow SI(\varphi^{-1})$

が成立する.

§9. 選択公理とタルスキの公理

ここで, 集合に関する残された公理2つを説明する.

まず, 集合 x が空でないことを $NE(x)$ と書く. すなわち

定義 6.19　$NE(x) \Leftrightarrow \exists y(y \in x)$

注意 11　われわれは, まだ"空集合"が存在するかどうかをたしかめていない. 別に難しいことではないが, その証明は次節にゆずることにする.

空でない集合 x の要素になっている集合がすべて空でないとき, x は"空でない集合から成る空でない集合族"であるといい, このことを $NE^2(x)$ と書く. すなわち

定義 6.20　$NE^2(x) \Leftrightarrow NE(x) \wedge \forall y[y \in x \Rightarrow NE(y)]$

公理 5（選択公理）

$$NE^2(x) \Rightarrow \exists \varphi [M(\varphi) \wedge \{D(\varphi)=x\} \\ \wedge [\forall y \{y \in x \Rightarrow \varphi(y) \in y\}]]$$

つまり, x が"空でない集合から成る空でない集合族"であれば, x の各要素 y にその要素を対応させる写像 φ があるというのである. これは, 空でない集合がいくつかあたえられたとき, それらから"同時に"要素を1つずつ"選択"できることを主張するものである ($\varphi(y)$ が y

から選択された要素である). 選択公理の名はこれに由来するものに他ならない.

この公理は, 現代数学において, きわめて重要な役割を演ずるものなのであるが, 本書の性格にかんがみ, くわしくは省略する.

ところで, われわれはさきに"すべての集合から成る集合"なるものは存在しないことを証明した. 同様にして, "群全体の集合""位相空間全体の集合"などというものも存在しないことが示される. 実は, いかなる構造をあたえても, その構造をもつものの全体は集合とはならないのである.

しかしながら, 数学では, "すべての集合の全体""すべての群の全体""すべての位相空間の全体"などというものを考察したいことが多い. それらを考察の対象にすることができれば, きわめて広い見通しがえられることがあるからである. たとえば, "圏と関手の理論"といわれるものは, 任意の構造に対し, その構造をもつものの全体を考察の対象にすることができれば, 数学全体を格段に見通しのよいものにしてくれることを示している.

そこで, このことを可能にするために, われわれは次の事柄を第6の公理として要請する:

われわれが考察の対象としている個体(集合)の世界は, "宇宙"とよばれる集合をいくつも含んでいる. そして, それらの集合 Ω は, いずれも次の性質をもつ:

(1) Ω の要素の要素はまた Ω の要素である.

(2) 考察の対象を Ω の要素だけに制限しても,集合に関する公理 2〜4 が成り立つ.

いま,Ω をそのような宇宙の 1 つとしよう.すると,Ω の性質により,その要素だけをつかって集合論を展開することができる.したがって,それを利用して構造を定義すれば,当然 Ω の中でその構造の理論を展開できることになる.その際,"数"が必要となれば,数を全部含むような Ω をとればよい(そのようなことも可能なように第 6 の公理を立てるのである).ところで,この場合,もちろん,その構造をもつものの全体は Ω の要素ではないが,1 つの集合にはなる.つまり,宇宙 Ω からははみ出してしまうけれども,集合であることは証明される.したがって,それは十分われわれの考察の対象になりうることになるわけである.

以下に,その公理の正確な形を掲げよう.ただし,簡単のために,任意の対象式 A に対し,

$$\forall x[x \in A \Rightarrow \cdots], \quad \exists x[x \in A \wedge \cdots]$$

という論理式をそれぞれ

$$\forall_A x[\cdots], \quad \exists_A x[\cdots]$$

と書くことにする.

定義 6.21 集合 Ω は,次の条件をみたすとき,**宇宙**であるといわれる:

(1) $\forall_\Omega x \forall y [y \in x \Rightarrow y \in \Omega]$

(2) $\forall_\Omega x [\mathfrak{P}(x) \in \Omega]$

(3) $\forall_\Omega x \forall_\Omega y [\{x, y\} \in \Omega]$

(4) $\forall r[\forall_\Omega y \exists_\Omega z \forall_\Omega x\{(x,y) \in r \Rightarrow x \in z\}$
$\Rightarrow \forall_\Omega u \exists_\Omega v[\exists_\Omega y\{y \in u \land (x,y) \in r\} \Leftrightarrow x \in v]]$

すなわち, Ω が宇宙であることを $U(\Omega)$ と書けば

$$U(\Omega) \Leftrightarrow (1) \land (2) \land (3) \land (4)$$

公理6（タルスキの公理） いかなる集合 x に対しても，それを要素として含むような宇宙 X が存在する：

$$\forall x \exists X[U(X) \land x \in X]$$

注意12 すぐわかるように，宇宙 Ω のなかで数学的構造の理論を展開する場合には，その構造をもつ広い意味の数学的体系の定義にあらわれる $\forall, \exists$ をすべてそれぞれ $\forall_\Omega, \exists_\Omega$ でおきかえればよい．たとえば，位相空間の理論を展開するには，次の定義を採用すればよい（第5章例11（169ページ）を参照）．

$\forall_\Omega T \forall_\Omega \mathfrak{G} [\Psi((T ; \mathfrak{G} ; \mathfrak{P}(\mathfrak{P}(X))))$
$\Leftrightarrow [\mathfrak{G} \in \mathfrak{P}(\mathfrak{P}(T)) \land \phi \in \mathfrak{G} \land T \in \mathfrak{G}$
$\land \forall_\Omega \mathfrak{H}(\mathfrak{H} \subset \mathfrak{G} \Rightarrow \cup \mathfrak{H} \in \mathfrak{G})$
$\land \forall_\Omega A \forall_\Omega B(A \in \mathfrak{G} \land B \in \mathfrak{G} \Rightarrow A \cap B \in \mathfrak{G})]]$

§10. 濃　　度

本節と次節とでは，"数についての基本法則"について述べる．これは，いくつかの定義と2つの公理とから成り立っている．

本節では，第1の公理，ならびにその周辺を解説する．

定義6.22 集合 A, B は，A から B への全単射が少なくとも1つあるとき，**対等**であるといわれ，$A \sim B$ としるされる：

$$A \sim B \Leftrightarrow \exists \varphi[SI(\varphi) \land D(\varphi) = A \land E(\varphi) = B] \qquad (6.11)$$

注意13 もちろん,正式には,(6.11)の外側に $\forall A \forall B$ がつくわけである.

対等の概念は次の法則をみたす:

定理6.8

(ⅰ) $A \sim A$

(ⅱ) $A \sim B \Rightarrow B \sim A$

(ⅲ) $A \sim B \wedge B \sim C \Rightarrow A \sim C$

証明 (ⅲ) の証明だけをかかげておこう.まず,$A \sim B$, $B \sim C$ だから,2つの全単射
$$\varphi = (F, A, B), \quad \psi = (G, B, C)$$
が存在する.いま,論理式
$$\exists y \exists z [x=(y,z) \wedge \exists w \{(y,w) \in F \wedge (w,z) \in G\}]$$
を $\mathrm{R}(x)$ とし,これをみたすような x を考える.すると,$x=(y,z)$ なる y,z があり,かつ
$$(y,w) \in F, \quad (w,z) \in G$$
なる w があるはずである.しかるに,
$$F \subset A \times B, \quad G \subset B \times C$$
だから,$y \in A$, $z \in C$.ゆえに
$$x = (y,z) \in A \times C$$
よって,$\mathrm{R}(x) \Rightarrow x \in A \times C$.したがって,
$$\mathrm{Coll}_x \mathrm{R}(x)$$
そこで,$H = \{x | \mathrm{R}(x)\}$ とおく.

次に,$y \in A$ とし,$\psi(\varphi(y)) = z$ とおけば,
$$(y, \varphi(y)) \in F \text{ かつ } (\varphi(y), z) = (\varphi(y), \psi(\varphi(y))) \in G$$
だから,

$$(y, w) \in F \wedge (w, z) \in G$$
なる w が存在する.したがって,
$$(y, z) \in H$$
また,$(y, z), (y, z') \in H$ ならば,
$$(y, w) \in F, \ (w, z) \in G, \ (y, w') \in F, \ (w', z') \in G$$
なる w, w' があるはずであるが,φ は写像だから,
$$w = \varphi(y) = w'$$
また ψ も写像だから,
$$z = \psi(w) = \psi(w') = z'$$
ゆえに,$\xi = (H, A, C)$ は1つの写像である:$M(\xi)$.

また,以上の推論から,$y \in A$ のとき
$$\xi(y) = \psi(\varphi(y))$$
であることもわかる.

今度は,$y, y' \in A, \ y \neq y'$ とし,
$$\xi(y) = z, \quad \xi(y') = z'$$
とおく.すると,
$$z = \psi(\varphi(y)), \quad z' = \psi(\varphi(y'))$$
であるが,$I(\varphi)$ かつ $y \neq y'$ であるから
$$\varphi(y) \neq \varphi(y')$$
ところが,$I(\psi)$ であるから
$$\psi(\varphi(y)) \neq \psi(\varphi(y'))$$
すなわち
$$z \neq z'$$
よって,ξ は単射である:$I(\xi)$.

最後に,$z \in C$ なる z をとれば,ψ は全射であるから,

$\psi(w) = z$ かつ $w \in B$ なる w がある．ところが，φ も全射であるから，$\varphi(y) = w$ かつ $y \in A$ なる y がある．すると，当然，

$$\psi(\varphi(y)) = z$$

すなわち

$$\xi(y) = z$$

しかしこれは，ξ が全射であることを示すものに他ならない：$S(\xi)$．

ゆえに $SI(\xi)$．したがって，

$$A \sim C \qquad \square$$

公理7 各集合 x には，その**濃度** $\overline{x}$ という個体が付随せしめられ，集合が対等ということと，その濃度がひとしいということとは同値である．

注意14 個体はすべて集合であるから，濃度もまた集合である．しかし，われわれは，それがどういう集合であるかは問題にしない．なお，濃度を示す記号 ¯ はもちろん操作記号である．

いま，z が濃度であるということを $P(z)$ と書くことにすれば，上の公理は次のように表わされる：

$$[P(z) \Leftrightarrow \exists x(\overline{x} = z)] \wedge [\forall x \forall y \{x \sim y \Leftrightarrow \overline{x} = \overline{y}\}]$$

次に，もっとも簡単な濃度である 0 と 1 とを導入する．そのためには，まず"空集合"の存在を確認しておかなくてはならない．

定理6.9

$$\exists! y \forall x \{\neg(x \in y)\}$$

すなわち

$$\{\exists y \forall x\{\neg(x \in y)\}\} \wedge \forall y \forall y'[\{\forall x\{\neg(x \in y)\} \\ \wedge \forall x\{\neg(x \in y')\}\} \Rightarrow y = y']$$

証明 いま，任意の集合を A とし，$y = A - A$ とおく．すると，$x \in y$ ならば，$x \in A$ かつ $x \notin A$ となって矛盾だから，

$$\forall x\{\neg(x \in y)\}$$

次に

$$\forall x\{\neg(x \in y)\},\ \forall x\{\neg(x \in y')\}$$

とすれば，$x \in y$ はいつでも偽であるから，$x \in y \Rightarrow x \in y'$ はつねに真．よって，

$$y \subset y'$$

同様にして，$y' \subset y$．ゆえに外延性の公理により，$y = y'$ である． □

そこで，次のように定義する：

定義 6.23 $\forall x \neg(x \in \emptyset)$

定義 6.24 $\overline{\overline{\emptyset}} = 0$

定義 6.25 $\{\overline{\overline{\emptyset}}\} = 1$

今度は，濃度の和を導入する．そのためには，まず次のことを証明しておかなければならない．

定理 6.10 $A \sim A'$, $B \sim B'$, $A \cap B = \emptyset$, $A' \cap B' = \emptyset$ ならば，

$$A \cup B \sim A' \cup B'$$

証明 $A \sim A'$, $B \sim B'$ より全単射

$$\varphi = (F, A, A'), \quad \psi = (G, B, B')$$

が存在する．ここで，

$$H = F \cup G, \quad A'' = A \cup A', \quad B'' = B \cup B'$$
$$\xi = (H, A'', B'')$$
とおいて，ξ が全単射であることを示そう．

まず，$x \in A''$ ならば，$x \in A$ かあるいは $x \in A'$．よって，$(x, y) \in F$ かつ $y \in B$ なる y か，あるいは $(x, y) \in G$ かつ $y \in B'$ なる y かがあるはずである．したがって，いずれにしても，$(x, y) \in H$ かつ $y \in B''$ なる y があることになる．

次に，$(x, y) \in H$，$(x, y') \in H$ とする．このとき，$(x, y) \in F$ ならば，$x \in A$ だから，$(x, y') \in F$．よって，
$$y = \varphi(x) = y'$$
同様にして，$(x, y) \in G$ としても，
$$y = \psi(x) = y'$$
したがって，いずれにしても
$$y = y'$$
ゆえに $M(\xi)$ である．

今度は，$x, x' \in A''$，$x \neq x'$ とする．このとき，$x, x' \in A$ ならば，
$$\xi(x) = \varphi(x), \quad \xi(x') = \varphi(x')$$
だから，$x \neq x'$ より，
$$\xi(x) \neq \xi(x')$$
$x, x' \in A'$ のときも同様である．また，$x \in A$，$x' \in A'$ ならば，
$$\xi(x) \in B, \quad \xi(x') \in B', \quad B \cap B' = \varnothing$$
だから，

$$\xi(x) \neq \xi(x')$$

$x' \in A$, $x \in A$ のときも同様である.ゆえに $I(\xi)$.

最後に,$y \in B'' = B \cup B'$ とする.このとき,もし $y \in B$ ならば,$\varphi(x) = y$, $x \in A$ なる x があるから,$x \in A \cup A'$ かつ $\xi(x) = y$ なる x がある.$y \in B'$ のときも同様である.よって,$S(\xi)$.したがって,$SI(\xi)$.こうして,
$$A \cup B \sim A' \cup B'$$
であることがわかった. □

この定理は,
$$\overline{\overline{A}} = \overline{\overline{A'}}, \quad \overline{\overline{B}} = \overline{\overline{B'}}, \quad A \cap B = A' \cap B' = \emptyset$$
ならば
$$\overline{\overline{A \cup B}} = \overline{\overline{A' \cup B'}}$$
であることを示している.これは

$P(x) \wedge P(y)$
$\Rightarrow \exists!z[P(z) \wedge \forall A \forall B \{x = \overline{\overline{A}} \wedge y = \overline{\overline{B}} \wedge A \cap B = \emptyset$
$\qquad\qquad\qquad \Rightarrow z = \overline{\overline{A \cup B}}\}]$

ということに他ならない.

そこで,次のように定義することができる:

定義 6.26

$P(x) \wedge P(y)$
$\Rightarrow [P(x+y) \wedge \forall A \forall B \{x = \overline{\overline{A}} \wedge y = \overline{\overline{B}} \wedge A \cap B = \emptyset$
$\qquad\qquad\qquad \Rightarrow x+y = \overline{\overline{A \cup B}}\}]$

注意 15 もちろん,正式には,この前に $\forall x \forall y$ がつくわけである.

注意 16 濃度 x, y に対して必ず

$$\overline{\overline{A}} = x, \ \overline{\overline{B}} = y, \ A \cap B = \varnothing$$

なる A, B のあることは，次のようにして知られる：まず，$\overline{\overline{A}} = x$，$\overline{\overline{B}} = y$ なる A, B のあることは当然であるが，もし

$$A \cap B \neq \varnothing$$

ならば，

$$A' = \{0\} \times A, \ B' = \{1\} \times B$$

とおくとき，

$$A \sim A', \ B \sim B'$$

で，かつ

$$A' \cap B' = \varnothing$$

よって，このときは，A, B のかわりにこの A', B' をとればよい．

次の定理はあきらかであろう：

定理 6.11 $P(x), P(y), P(z)$ ならば，次の事柄が成り立つ：

(1) $x + y = y + x$

(2) $(x + y) + z = x + (y + z)$

(3) $x + 0 = x$

定義 6.27

$P(x) \wedge P(y)$
$\Rightarrow [x \leq y \Leftrightarrow \exists A \exists B \{\overline{\overline{A}} = x \wedge \overline{\overline{B}} = y \wedge A \subset B\}]$

定義 6.28

$P(x) \wedge P(y) \Rightarrow [x < y \Leftrightarrow [x \leq y \wedge \neg \{(x = y)\}]]$

定理 6.12 次の事柄が成り立つ：

(1) $0 < 1$

(2) $P(x) \Rightarrow 0 \leq x$

(3) $P(x) \Rightarrow x \leq x$
(4) $P(x) \land P(y) \land P(z) \Rightarrow [\{x \leq y \land y \leq z\} \Rightarrow x \leq z]$
(5) $P(x) \land P(y) \land P(z) \Rightarrow \{x \leq y \Rightarrow x+z \leq y+z\}$

§11. 自 然 数

今度は，第2の公理の導入にうつる．しかし，そのためには，1つの集合の上の"関係"の概念をよりはっきりさせておくことが必要なので，それの説明からはじめよう．まず，写像の場合と同様の思想にもとづいて，次のように定義する：

定義6.29 r が（1つの集合の上の）関係であるというのは，それが，ある集合 A とそれ自身との直積 $A \times A$ の部分集合 R と A との組 (R, A) にひとしいことをさす．すなわち，r が関係であるということを $Rel(r)$ と書くことにすれば，

$$Rel(r) \Leftrightarrow \exists R \exists A \{r=(R, A) \land R \subset A \times A\}$$

r が (R, A) という形の関係であるとき，r は **A の上の関係**であるともいう．

定義6.30 $r = (R, A)$ が関係のとき，R をその**グラフ**，A をその**変域**といい，それぞれ $G(r), V(r)$ で表わす：

$$Rel(r) \Rightarrow \{r=(G(r), V(r))\}$$

定義6.31 $r = (R, A)$ が関係のとき，A の2つの要素 a, b が $(a, b) \in R$ をみたすことを arb と書く：

$$arb \Leftrightarrow \{Rel(r) \land (a, b) \in G(r)\}$$

注意 17 もちろん，正式には，この前に，$\forall r \forall a \forall b$ がつくわけである．

$r = (R, A)$ が関係ならば，(R^{-1}, A) がまた関係であることはいうまでもない．これを r の**逆関係**または**双対関係**といい，r^{-1} で表わす：

定義 6.32 $Rel(r) \Rightarrow \{r^{-1} = (G(r)^{-1}, V(r))\}$

注意 18 関係 r のグラフ R に対する R^{-1} は，全単射のグラフ F に対する F^{-1} と同様にして定義するものとする．定義 6.17 を参照．

関係のうち，われわれにとってもっとも重要なのは，"同値関係" と "順序関係" の2つである．まず，同値関係から説明しよう：

定義 6.33 **同値関係**とは，次の3つの条件をみたす関係 $r = (R, A)$ をいう：

(i) $x \in A \Rightarrow xrx$

(ii) $xry \Rightarrow yrx$

(iii) $xry \land yrz \Rightarrow xrz$

すなわち，r が同値関係であることを $IR(r)$ と書くことにすれば

$$IR(r) \Leftrightarrow Rel(r) \land \forall x \{x \in V(r) \Rightarrow xrx\}$$
$$\land \forall x \forall y \{xry \Rightarrow yrx\}$$
$$\land \forall x \forall y \forall z [\{xry \land yrz\} \Rightarrow xrz]$$

同値関係は $\equiv$ と書かれることが多い．

さて，集合 A の上に同値関係 $\equiv$ が定義されたならば，A の任意の要素 a に対して，$a \equiv x$ なる x を全部あつめる

ことによって，1つの集合がえられる．これを $C^{(\equiv)}(a)$ あるいは $C(a)$ で表わす．すなわち

定義 6.34 $IR(\equiv) \Rightarrow$
$$\forall x \forall y[x = C^{(\equiv)}(y) \Leftrightarrow \{y \in V(\equiv) \wedge x = \{z|y \equiv z\}\}]$$

定理 6.13 $C(a) \neq C(b) \Rightarrow C(a) \cap C(b) = \emptyset$

証明 対偶を証明する．$C(a) \cap C(b) \neq \emptyset$ とし，$c \in C(a) \cap C(b)$ なる c をとれば，$a \equiv c$, $b \equiv c$ より，
$$a \equiv c, \ c \equiv b$$
したがって，
$$a \equiv b$$
これより，$b \equiv x$ ならば必ず $x \in C(a)$ であることがわかる．よって，
$$C(b) \subset C(a)$$
同様にして，
$$C(a) \subset C(b)$$
ゆえに
$$C(a) = C(b) \qquad \square$$

定義 6.35 $\equiv (=(R, A))$ が同値関係のとき，A の部分集合 B は，ある $C^{(\equiv)}(a)$ と一致するとき，$\equiv$ による**同値類**といわれる．すなわち，B が $\equiv$ による同値類であることを $Cl^{(\equiv)}(B)$ と書くことにすれば
$$IR(\equiv) \Rightarrow \forall B[Cl^{(\equiv)}(B) \Leftrightarrow \exists a\{C^{(\equiv)}(a) = B\}]$$

定義 6.36 $\equiv (=(R, A))$ が同値関係のとき，$\equiv$ による同値類の全体から成る集合を，A の $\equiv$ による**商空間**といい，$A/\equiv$ で表わす：

$$IR(\equiv) \Rightarrow [V(\equiv)/\equiv\, = \{B|Cl^{(\equiv)}(B)\}]$$

次に,順序関係にうつる.

定義 6.37 関係 $r=(R,A)$ が順序(関係)であるというのは,次の3つの条件がみたされることである:

(ⅰ) $x\in A \Rightarrow xrx$

(ⅱ) $xry \wedge yrx \Rightarrow x=y$

(ⅲ) $xry \wedge yrz \Rightarrow xrz$

すなわち,いま,r が順序であることを $O(r)$ と書くことにすれば,

$$O(r) \Leftrightarrow Rel(r) \wedge \forall x\{x\in V(r) \Rightarrow xrx\}$$
$$\wedge \forall x \forall y[\{xry \wedge yrx\} \Rightarrow x=y]$$
$$\wedge \forall x \forall y \forall z[\{xry \wedge yrz\} \Rightarrow xrz]$$

一般に,順序はこれを $\leq$ で表わすことが多い.

次の定義は周知のものである:

定義 6.38

$$O(\leq) \Rightarrow \forall x \forall y[x<y \Leftrightarrow \{x\leq y \wedge \neg(x=y)\}]$$

$\leq$ の双対順序 $\leq^{-1}$ は $\geq$ と書かれることが多い.このとき,次の定理はあきらかであろう:

定理 6.14

(1) $O(\leq) \Rightarrow O(\geq)$

(2) $O(\leq) \Rightarrow \{G(\leq)^{-1}=G(\geq) \wedge V(\leq)=V(\geq)\}$

定義 6.39 $\leq(=(R,A))$ が順序のとき,A のいかなる2つの要素 x,y に対しても,$x\leq y$ か $y\leq x$ かのいずれかが成立するならば,$\leq$ は(A の上の)**線形順序**であるといわれる.すなわち,$\leq$ が線形順序であることを

$LO(\leqq)$ と書くことにすれば
$$LO(\leqq) \Leftrightarrow O(\leqq) \wedge \forall x \forall y[\{x \in V(\leqq) \wedge y \in V(\leqq)\}$$
$$\Rightarrow \{x \leqq y \vee y \leqq x\}]$$

定義 6.40 $\leqq (= (R, A))$ が順序のとき,A の空でないいかなる部分集合 B に対しても,"最小元" x,すなわち $x \in B \wedge \forall y\{y \in B \Rightarrow x \leqq y\}$ なる x があるならば,$\leqq$ は(A の上の) **整列順序** であるといわれる.すなわち,$\leqq$ が整列順序であることを $WO(\leqq)$ と書くことにすれば

$$WO(\leqq) \Leftrightarrow O(\leqq) \wedge \forall B[\{B \subset V(\leqq) \wedge B \neq \emptyset\} \Rightarrow$$
$$\exists x\{x \in B \wedge \forall y(y \in B \Rightarrow x \leqq y)\}]$$

定理 6.15 $WO(\leqq) \Rightarrow LO(\leqq)$

証明 $x, y \in V(\leqq)$ とし,$B = \{x, y\}$ とおく.すると,B は最小元をもつから,それを z とおけば,$z \leqq x, z \leqq y$.しかるに,$z = x$ か $z = y$ なのであるから,$y \leqq x$ か $x \leqq y$.これは $LO(\leqq)$ であることを示すものに他ならない. □

定義 6.41 $\leqq$ も $\geqq (= \leqq^{-1})$ も整列順序のとき,$\leqq$ を **双整列順序** という.すなわち,$\leqq$ が双整列順序であることを $DWO(\leqq)$ と書けば

$$DWO(\leqq) \Leftrightarrow WO(\leqq) \wedge WO(\geqq)$$

さて,周知のように,"有限集合" の規定の仕方にはいろいろのものがある.ある自然数 n 以下の自然数の全体 $\{1, 2, \cdots, n\}$ と対等であるような集合とか,そのいかなる真部分集合とも対等ではないような集合とかは,その例で

ある．しかし，現在のわれわれにとってもっとも都合のよいのは，これを"双整列順序の定義できるような集合"と規定するやり方である．この規定にあてはまる集合が，たしかにわれわれの有限集合のイメージに一致することは，たやすく了解せられるであろう．

定義6.42 集合 A は，$V(\leqq)=A$ なる双整列順序 $\leqq$ があるとき，**有限集合**であるといわれる．すなわち，A が有限集合であることを $F(A)$ と書くことにすれば，

$$F(A) \Leftrightarrow \exists r\{DWO(r) \wedge V(r)=A\}$$

定理6.16 $F(\emptyset)$

証明 $r=(\emptyset,\emptyset)$ とおけば，これはたやすく知られるように，$\emptyset$ の上の双整列順序である． □

定理6.17 $F(\{\emptyset\})$

証明 $r=(\{(\emptyset,\emptyset)\},\{\emptyset\})$ とおけば，たやすく知られるように，これは $\{\emptyset\}$ の上の双整列順序である． □

定理6.18 $\{F(A) \wedge B \subset A\} \Rightarrow F(B)$

証明 $\leqq (=(R,A))$ を A の上の双整列順序とし，$\leqq' = (R \cap (B \times B), B)$ とおけば，あきらかにこれは B の上の双整列順序である． □

さて，以上の事柄を準備しておけば，第2の公理を導入することができる．これは，有限集合の濃度が，1つの集合を形づくることを主張するものに他ならない．**N**（という個体記号で示されるもの）がその集合である：

公理8 $x \in \mathbf{N} \Leftrightarrow \exists A\{x = \overline{\overline{A}} \wedge F(A)\}$

N の要素を**自然数**という．

定理 6.19 0, 1 は自然数である.

注意 19 これまでは, 0 を自然数に入れないできたが, 以下ではこれも自然数としてとり扱う.

以上が"数に関する基本法則"である.

§ 12. 自然数の性質

以下に, これまでに述べてきた基本法則から, 数学の理論に必要な自然数の諸性質が, すべてでてくることを説明することにする.

定理 6.20 $m \in \mathbf{N} \wedge n \in \mathbf{N} \Rightarrow m+n \in \mathbf{N}$

証明 $m = \overline{\overline{A}}$, $n = \overline{\overline{B}}$, $A \cap B = \emptyset$ なる有限集合 A, B をとり, $\leqq_1$, $\leqq_2$ をそれぞれ A, B の上の双整列順序とする. ここで, $C = A \cup B$ とおき, 次のように定義しよう:

$$R = \{x | \exists y \exists z [x = (y, z)$$
$$\wedge \{y \leqq_1 z \vee y \leqq_2 z \vee (y \in A \wedge z \in B)\}]\}$$
$$r = (R, C)$$

すると, これは, A, B のなかではそれぞれ $\leqq_1$, $\leqq_2$ と一致し, さらに A の要素は B の要素よりもつねに"小さい"とした, C の上の 1 つの順序である. 以下, これを $\leqq$ と書くことにしよう. いま, E を C の任意の空でない部分集合とする. このとき, もし $E \subset A$ ならば, E は $\leqq_1$ について最小元をもつから, $\leqq$ についても最小元をもつ. $E \subset B$ のときも同様である. それ以外のときは, $E \cap A$ の $\leqq_1$ についての最小元をとれば, それが E の $\leqq$ に

ついての最小元になっている.よって $WO(\leqq)$.同様にして,$WO(\geqq)$.ゆえに,$DWO(\leqq)$.したがって,$C = A \cup B$ は有限集合である.しかるに,$\overline{\overline{C}} = \overline{\overline{A \cup B}} = m+n$ だから,

$$m+n \in \mathbf{N} \qquad \square$$

定理 6.21 M を $\mathbf{N}$ の部分集合とし,次の条件がみたされるとする:

(ⅰ) $0 \in M$

(ⅱ) $n \in M \Rightarrow n+1 \in M$

このとき,$M = \mathbf{N}$ が成立する.

証明 $m \in \mathbf{N}$ とし,$m \in M$ を示す.そのために,$m = \overline{\overline{A}}$ なる有限集合 A をとり,その上の双整列順序を $\leqq$ とする.いま,A の任意の要素 α に対して

$$A(\alpha) = \{\xi | \xi \leqq \alpha \wedge \xi \in A\}$$

とおこう.ここで,A の最小元を α_* とすれば,$A(\alpha_*) = \{\alpha_*\}$ で,かつ $\{\alpha_*\} \sim \{\varnothing\}$ だから,

$$\overline{\overline{A(\alpha_*)}} = 1 = 0+1$$

しかるに,(ⅰ) により $0 \in M$ だから,(ⅱ) により $\overline{\overline{A(\alpha_*)}} \in M$.そこで,$\overline{\overline{A(\alpha)}} \in M$ なる α のうち最大のものを β とする.このとき,もし β が A の最大元 α^* ならば,$A(\alpha^*) = A$ で,かつ $m = \overline{\overline{A}} = \overline{\overline{A(\alpha^*)}} \in M$ だから,証明はおわりである.そこで,$\beta < \alpha^*$ とする.このとき,$\beta < \xi \wedge \xi \in A$ なる ξ の最小のものを γ とおけば,$A(\gamma) = A(\beta) \cup \{\gamma\}$ だから,

$$\overline{\overline{A(\gamma)}} = \overline{\overline{A(\beta)}} + \overline{\overline{\{\gamma\}}} = \overline{\overline{A(\beta)}} + 1$$

しかるに，$\overline{\overline{A(\beta)}} \in M$ だから，(ii) により，$\overline{\overline{A(\gamma)}} \in M$.
しかし，これは矛盾である．よって，このような場合はおこらない．ゆえに，$m \in M$． □

注意 20 この定理が，**N** で数学的帰納法がつかえることを保証するものであることは，あきらかであろう．

定理 6.22 $m \in \mathbf{N} \wedge n \in \mathbf{N} \Rightarrow m \leq n \vee n \leq m$.

証明 n についての帰納法によって，いかなる m についても，$m \leq n$ あるいは $n \leq m$ であることを証明する．

i) $n = 0$ のとき．いかなる $m\ (\in \mathbf{N})$ についても，$n = 0 \leq m$ だから，命題は正しい．

ii) n のとき正しいとし，m を任意の自然数とする．$m \leq n+1$ か $n+1 \leq m$ かのいずれかが成り立つことをいえばよい．もし $m \leq n$ ならば，$0 < 1$ より $n + 0 \leq n + 1$ すなわち $n \leq n+1$ だから，$m \leq n+1$. また $m \nleq n$ ならば $n < m$ だから，
$$n = \overline{\overline{A}},\ m = \overline{\overline{B}},\ A \subsetneq B$$
なる有限集合 A, B がある．すると当然 $B - A \neq \emptyset$ だから，その 1 つの要素 a をとれば，
$$A \cup \{a\} \subset B$$
したがって，
$$\overline{\overline{A \cup \{a\}}} \leq \overline{\overline{B}}$$
つまり
$$n+1 \leq m$$
こうして，定理は正しいことがたしかめられた． □

§12. 自然数の性質

定理 6.23　$l \in \mathbf{N} \land m \in \mathbf{N} \land n \in \mathbf{N}$
$$\Rightarrow \{l+m = l+n \Rightarrow m = n\}$$

証明　l についての帰納法による.まず $l=0$ ならば,定理はあきらかである.いま,l について定理は正しいものとしよう.すなわち,いかなる $m, n \ (\in \mathbf{N})$ についても,$l+m=l+n \Rightarrow m=n$ が成立するものとしよう.このとき,$(l+1)+m = (l+1)+n$ ならば,$l+(m+1) = l+(n+1)$ だから,
$$m+1 = n+1$$
そこで,$m = \overline{\overline{A}}$, $n = \overline{\overline{B}}$, $a \notin A$, $b \notin B$ なる A, B, a, b をとれば,
$$\overline{\overline{A \cup \{a\}}} = m+1, \quad \overline{\overline{B \cup \{b\}}} = n+1$$
他方,$m+1 = n+1$ だから
$$A \cup \{a\} \sim B \cup \{b\}$$
よって,$A \cup \{a\}$ から $B \cup \{b\}$ への全単射 φ が存在する.このとき,もし $\varphi(a) = b$ ならば,φ の定義域を A に制限したものは A から B への全単射である.またもし $\varphi(a) \neq b$ ならば(図 6.1 参照),$\varphi(a) \in B$, $\varphi^{-1}(b) \in A$ だから,各 $x \in A$ に対して
$$\xi(x) = \begin{cases} \varphi(x) & (x \neq \varphi^{-1}(b)) \\ \varphi(a) & (x = \varphi^{-1}(b)) \end{cases}$$
とおけば,これはやはり A から B への全単射である.よって,いずれにしても $A \sim B$.ゆえに,$m = n$.　□

定理 6.24　$m \in \mathbf{N} \land n \in \mathbf{N} \land m \leqq n$
$$\Rightarrow \exists l \{l \in \mathbf{N} \land m+l = n\}$$

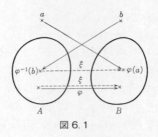

図 6.1

証明 $m = \overline{\overline{A}}$, $n = \overline{\overline{B}}$, $A \subset B$ とし, $B - A = C$ とおけば, C も有限集合で,

$$A \cup C = B, \quad A \cap C = \varnothing$$

よって, $l = \overline{\overline{C}}$ とおけば, $l \in \mathbf{N}$ かつ $m + l = n$. □

さて, $m \in \mathbf{N}, n \in \mathbf{N}, m \leqq n$ ならば, 定理 6.23, 6.24 によって, $m + l = n$ なる $\mathbf{N}$ の要素 l がただ 1 つ存在する. これを n から m を引いた差といい, $n - m$ と書く:

定義 6.43 $m \in \mathbf{N} \wedge n \in \mathbf{N} \wedge m \leqq n$

$$\Rightarrow m + (n - m) = n$$

逆に, $m + l = n$ なる l があれば, $0 \leqq l$ より, $m = m + 0 \leqq m + l = n$; すなわち $m \leqq n$ である.

以上で自然数の概念が確立した. もっとも, まだ乗法や巾などはないが, これらは濃度の方から定義することもできるし, また"帰納法による関数の定義の可能性"をたしかめておけば, それによってこれらを順々に定義し, その性質をみちびいていくこともできるであろう. 次の注意

21, 22 を参照.

注意21 A, B, C, D が集合のとき,$A \sim C, B \sim D$ ならば,$A \times B \sim C \times D$,$\mathfrak{F}(A, B) \sim \mathfrak{F}(C, D)$ であることがたしかめられる. したがって, 2つの濃度 x, y に対し, $x = \overline{\overline{A}}, y = \overline{\overline{B}}$ なる集合 A, B をとれば,濃度 $\overline{\overline{A \times B}}$, $\overline{\overline{\mathfrak{F}(A, B)}}$ は,A, B のとり方に依存しない. そこで, x, y に対し, $x \times y = \overline{\overline{A \times B}}, x^y = \overline{\overline{\mathfrak{F}(A, B)}}$ と定義する.

他方, A, B が有限集合ならば, $A \times B$ も $\mathfrak{F}(A, B)$ も有限集合であることが示される. したがって, x, y が自然数ならば, 上に注意した $x \times y$ も x^y も自然数なのである.

以上にもとづいて, 自然数の乗法, 巾の理論を展開することができる.

注意22 M を任意の集合,a をその任意の要素,ψ を $\mathbf{N} \times M$ から M への任意の写像とする. このとき, 次のような写像 $\varphi : \mathbf{N} \to M$ がただ1つ存在する:

(1) $\varphi(0) = a$

(2) $\varphi(n+1) = \psi(n, \varphi(n))$ (n は任意の自然数)

また,ξ を $\mathbf{N}^k (= \overbrace{\mathbf{N} \times \mathbf{N} \times \cdots \times \mathbf{N}}^{k})$ から集合 M への写像,η を $\mathbf{N}^{k+1} \times M$ から M への写像とすれば, 次のような写像 $\varphi : \mathbf{N}^k \to M$ がただ1つ存在する. ただし, $m_1, m_2, \cdots, m_k$ は任意の自然数とする:

(1) $\varphi(0, m_1, m_2, \cdots, m_k) = \xi(m_1, m_2, \cdots, m_k)$

(2) $\varphi(n+1, m_1, m_2, \cdots, m_k) = \eta(n, m_1, m_2, \cdots, m_k, \varphi(n, m_1, m_2, \cdots, m_k))$ (n は任意の自然数)

これら2つの定理を利用すれば,すでに定義された写像 ψ, あるいは ξ, η から, 新しい写像 φ を定義することができる. このような方法による新しい写像の定義を**帰納法による定義**という.

自然数の乗法 $\varphi_1(n,m) = m \times n$, 巾 $\varphi_2(n,m) = m^n$ は次のように順々に帰納法によって定義される：
$$\begin{cases} \varphi_1(0,m) = 0 \\ \varphi_1(n+1,m) = \varphi_1(n,m) + m \end{cases}$$
$$\begin{cases} \varphi_2(0,m) = 1 \\ \varphi_2(n+1,m) = \varphi_2(n,m) \times m \end{cases}$$

読者は，上の2つの定理の証明を考えてみられたい．数学的帰納法をうまく利用すればよいのである．

§13. 数の拡張

さて，自然数の概念が確立すれば，それから有理整数の概念を構成することができる．それには，概略次のようにすればよい．まず，次のようにおく：

定義 6.44 $X = \mathbf{N} \times \mathbf{N}$

そして，X の要素 $\alpha = (m,n), \beta = (m',n')$ に対して，$m+n' = m'+n$ が成立するとき，$\alpha r \beta$ と定義する．すなわち，もっと正確には，次のようにするわけである：

定義 6.45 $R = \{x | \exists \alpha \exists \beta \exists m \exists n \exists m' \exists n' [x = (\alpha, \beta)$
$\land m \in \mathbf{N} \land n \in \mathbf{N} \land m' \in \mathbf{N} \land n' \in \mathbf{N}$
$\land \alpha = (m,n) \land \beta = (m',n') \land m+n'$
$= m'+n]\}$

定義 6.46 $r = (R, X)$

すると，たやすくたしかめられるように，この r は1つの同値関係である．そこで，次のように定義する：

定義 6.47 X の r による商空間 X/r を $\mathbf{Z}'$ とおく．

この $\mathbf{Z}'$ の上には，$\mathbf{N}$ の大小関係を利用して，大小関係を定義することができる．その方法は次の通りである：

$\mathbf{Z}'$ の 2 つの要素 x, y に対して，
$$x \ni \alpha = (m, n), \quad y \ni \beta = (m', n')$$
なる α, β をとり，$m + n' \leqq m' + n$ のとき，およびそのときに限って $x \leqq y$ とおく．これは，α, β のとり方に依存しないことが示される．

また，この $\mathbf{Z}'$ の上には，$\mathbf{N}$ の上の加法，乗法を利用して，加減乗の 3 則を定義することができる．その方法は次の通りである：

$\mathbf{Z}'$ の 2 つの要素 x, y に対して，
$$x \ni \alpha = (m, n), \quad y \ni \beta = (m', n')$$
なる α, β をとり，
$$\gamma = (m + m', n + n'), \quad \delta = (m + n', m' + n),$$
$$\varepsilon = (mm' + nn', mn' + m'n)$$
なる $\gamma, \delta, \varepsilon$ を構成する．すると，これらを含む $\mathbf{Z}'$ の要素 u, v, w は，α, β のとり方にかかわらず一意に定まることが示される．そこで，これらをそれぞれ $x + y, x - y, xy$ とおく．

さて，ここで，$\mathbf{N}$ の各要素 n に対して，$(n, 0)$ なる X の要素を含む $\mathbf{Z}'$ の要素を $x(n)$ とおく：
$$x(n) = \{(m', n') | (m', n') r (n, 0)\}$$
すると，次のことがたやすく示される：

(1) $m = n \Leftrightarrow x(m) = x(n)$
(2) $m \leqq n \Leftrightarrow x(m) \leqq x(n)$

(3)　$x(m)+x(n)=x(m+n)$
(4)　$m \geqq n$ ならば，$x(m)-x(n)=x(m-n)$
(5)　$x(m)x(n)=x(mn)$
(6)　$x \ni (m,n)$ ならば，$x=x(m)-x(n)$

ここで，$x(n)$ という形の $\mathbf{Z}'$ の要素全体の集合を $\mathbf{N}'$ とおく．すると，$\mathbf{N}$ の要素 n に $\mathbf{N}'$ の要素 $x(n)$ を対応させる写像は全単射で，これにより，$\mathbf{N}, \mathbf{N}'$ の大小関係，加法，減法，乗法は，完全に対応し合うことになる．また，(6) により，$\mathbf{Z}'$ の要素はすべて $\mathbf{N}'$ の要素の差として表わされる．

したがって，$\mathbf{N}'$ の要素 $x(n)$ を $\mathbf{N}$ の要素 n と "同一視" することができれば，$\mathbf{Z}'$ はたしかに "有理整数" の全体としてはたらいてくれることになるはずである．

では，$\mathbf{N}'$ の要素 $x(n)$ を $\mathbf{N}$ の要素 n と "同一視" するのにはどうしたらよいか．無雑作に $x(n)=n$ とおいてしまうのはよろしくない．$x(n)$ と n とがひとしい保証はどこにもないからである．また，$\mathbf{N}$ の要素のかわりに $\mathbf{N}'$ の要素を自然数とよぶことにするのもよろしくない．自然数が濃度でなくなってしまうからである．

——すぐ思いつく方法は，$\mathbf{Z}'$ から $\mathbf{N}'$ をとり去り，そのかわりに $\mathbf{N}$ をうめ込むことである．つまり，$x(n)$ という形のものを，それぞれすべて n でおきかえてしまうことである（図 6.2 参照）．

だが，これは危険である．というのは，集合 $\mathbf{N}$ と，$\mathbf{Z}'$ から $\mathbf{N}'$ を引いた残り $\mathbf{Z}'-\mathbf{N}'$ とが共通の要素をもたない

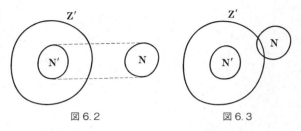

図6.2　　　　　　　　図6.3

という保証はどこにもない．**N**の要素は濃度であり，われわれはその実体を何も知らない．正体不明なのである．したがって，そのうちのあるものが，$\mathbf{Z}'-\mathbf{N}'$ のなかにないとは決して言い切れない．

ところで，もしそのようなものがあるとすれば（図6.3参照），$x(n)$ と n とを入れかえてできる新しい集合 $\mathbf{Z}''$ のなかでは，収拾のつかない混乱がおきてしまう結果となる：

$\mathbf{Z}'-\mathbf{N}'$ の要素 x が X の要素 (m,n) を含めば，$x = x(m) - x(n)$ であるが，x が $\mathbf{N}'$ に属さないことから，$m < n$（$m \geqq n$ ならば，$x = x(m-n) \in \mathbf{N}'$ となってしまう）．ここで，もし x が **N** の要素 l にひとしいとすれば，

$$l = x(m) - x(n)$$

したがって，$x(m), x(n)$ をそれぞれ m, n でおきかえたとすれば，

$$l = m - n$$

しかし，これは $m < n$ と矛盾する．

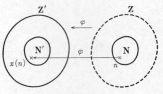

図 6.4

——ではどうしたらよいか.

以下に,岩村聯氏による方法を紹介しよう.

これは,$\mathbf{Z}'$ の中の $\mathbf{N}'$ を $\mathbf{N}$ でおきかえるかわりに,$\mathbf{N}$ を拡大して $\mathbf{Z}'$ と同じ内部構造をもつものをつくる,というやり方である.それには,次のような集合 $\mathbf{Z}$ をつくればよい:

(1) $\mathbf{N} \subset \mathbf{Z}$

(2) $\mathbf{Z}$ から $\mathbf{Z}'$ への次のような全単射がある:
$$n \in \mathbf{N} \Rightarrow \varphi(n) = x(n)$$

というのは,もしこのような集合 $\mathbf{Z}$ がつくれれば,$\mathbf{Z}'$ の上の大小関係や加法・減法・乗法を φ^{-1} によって $\mathbf{Z}$ へ移せばよいからである(図 6.4 参照).

まず,次のように定める:

定義 6.48 集合 A に対して
$$\iota(A) = \{x | x \in A \wedge \exists y \exists z [x = (y, z) \wedge \neg (x \in z)]\}$$
をその ι 集合という.

すると,次の定理が成立する:

定理 6.25(岩村の補題) X, A がどのような集合であっても

$$[X \times \{\iota(A)\}] \cap A = \emptyset$$

証明 $[X \times \{\iota(A)\}] \cap A \neq \emptyset$ とし,$[X \times \{\iota(A)\}] \cap A$ の要素を u とする.このとき,$u \in X \times \{\iota(A)\}$ であるから

$$u = (v, \iota(A)), \quad v \in X$$

なる v がある.他方

$$u \in A$$

もちろん,$u \in \iota(A)$ であるか,$\neg u \in \iota(A)$ であるかいずれかである.

$u \in \iota(A)$ とすれば,$\iota(A)$ の定義により

$$u = (y, z), \quad \neg u \in z$$

なる y, z がある.しかるに,$(y, z) = u = (v, \iota(A))$ であるから,$z = \iota(A)$.したがって,($\neg u \in z$ より)$\neg u \in \iota(A)$.これは矛盾である.

また,$\neg u \in \iota(A)$ とすれば,$u = (v, \iota(A))$ なのであるから,$\iota(A)$ の定義により,$u \in \iota(A)$.これも矛盾である.

こうして,いずれにしても矛盾を生じるから

$$X \times \{\iota(A)\} \cap A = \emptyset \qquad \square$$

この定理を用いれば,次のように操作を進めていくことができる:

(i) $\mathbf{Z}' \times \{\iota(\mathbf{N})\} = \mathbf{Z}''$ とおく.すると,$\mathbf{Z}'' \cap \mathbf{N} = \emptyset$ である.

(ii) $\mathbf{Z}''$ の中には $\mathbf{N}'' = \mathbf{N}' \times \{\iota(\mathbf{N})\}$ という部分集合がある.これを $\mathbf{N}$ ととりかえたものを $\mathbf{Z}$ とおく:

$$\mathbf{Z} = (\mathbf{Z}'' - \mathbf{N}'') \cup \mathbf{N}$$

もちろん，$\mathbf{N} \subset \mathbf{Z}$．また，（ⅰ）により，$\mathbf{Z}'' \cap \mathbf{N} = \emptyset$ であるから，

$$(\mathbf{Z}'' - \mathbf{N}'') \cap \mathbf{N} = \emptyset$$

（ⅲ）　次のようにして，$\mathbf{Z}$ から $\mathbf{Z}'$ への全単射 φ を定める：

$\mathbf{Z}$ の要素のうち，$\mathbf{Z}'' - \mathbf{N}''$ に属するもの $(x, \iota(A))$ には x，$\mathbf{N}$ に属するもの n には $x(n)$ を対応させる．すると，これは全単射で，もちろん

$$n \in \mathbf{N} \Rightarrow \varphi(n) = x(n)$$

こうして，**有理整数**全体の集合 $\mathbf{Z}$ がえられた．

有理整数から有理数，有理数から実数，実数から複素数をつくる仕方はもはやあきらかであろう．すなわち，これらを行なうために通常採用される操作を行なったのち，岩村の補題をつかって，上と同じ手つづきをふめばよいのである．

定義 6.49　$\overline{\overline{\mathbf{N}}}$ を $\aleph_0$（アレフ・ゼロ）とかく：$\overline{\overline{\mathbf{N}}} = \aleph_0$．

定義 6.50　$\overline{\overline{A}} = \aleph_0$ のとき，A は**可算**である．または**可算集合**であるという．

定義 6.51　実数全体の集合 $\mathbf{R}$ の濃度 $\overline{\overline{\mathbf{R}}}$ を $\aleph$（アレフ）とかく：$\overline{\overline{\mathbf{R}}} = \aleph$

定義 6.52　$\overline{\overline{A}} = \aleph$ のとき，A は**連続（体）**の濃度をもつという．

注意 23　われわれは，公理 7, 8 を数の基本法則の中心にすえたが，実はこの他にもいろいろの流儀がある．もっとも有名なのは次の 2 つである：

(I) 次の公理を中心にすえる方法.

公理 7′（無限公理） 次のような集合 A が少なくとも 1 つ存在する:
(1) $\emptyset \in A$
(2) $X \in A \Rightarrow X \cup \{X\} \in A$

(II) 次の公理を中心にすえる方法. ただし, $\mathbf{N}, 0$ は新しい個体記号, ′ は新しい操作記号である:

公理 7″（ペアノの公理）
(1) $0 \in \mathbf{N}$
(2) $x \in \mathbf{N} \Rightarrow x' \in \mathbf{N}$
(3) $x \in \mathbf{N} \wedge y \in \mathbf{N} \wedge x' = y' \Rightarrow x = y$
(4) $\forall M [M \subset \mathbf{N} \wedge 0 \in M \wedge \forall x \{x \in M \Rightarrow x' \in M\} \Rightarrow M = \mathbf{N}]$

これらの方法は, いずれも, われわれが採用した方法とまったく同等のものであることが知られている. しかし, くわしいことははぶくが, われわれは, "数学概論" にとって一番ふさわしいのは本章で述べたような方法であろうとの立場から, これを採用した.

第7章 論理の法則

何度も述べるように，数学の各理論の研究対象は，何らかの数学的構造である．そしてそこでは，

(1) 対象となった数学的構造をもつ広い意味の数学的体系の定義

および

(2) 集合と数とに関する基本法則

を出発点として，

(3) 正しい論理法則

にしたがいながら，次々と新しい定理をみちびくという仕事が行なわれる．

ところでわれわれは，すでに前章までに，(1), (2) についての解説をほぼ終わったから，今度は，(3) について若干の説明をすることにしよう．

§1. 推件式

数学の定理は，よく知られているように，いわゆる**仮設**（仮定）と**終結**（結論）とから成り立っている．そして，ちょっと反省してみられればすぐ了解されることと思うが，

"$A_1, A_2, \cdots, A_m$ のすべてが成り立てば,$B_1, B_2, \cdots,$
B_n のうちの少なくとも1つが成り立つ"

というのがそのもっとも一般的な形式である.ここで,各仮設 $A_1, A_2, \cdots, A_m$ および各終結 $B_1, B_2, \cdots, B_n$ が,いずれもその理論における"論理式"であることはいうまでもない.

以下,簡単のために,このような形の文を,記号的に

$$A_1, A_2, \cdots, A_m \to B_1, B_2, \cdots, B_n$$

と表わし,これを**推件式**ということにしよう.つまり,この言葉を用いれば,数学の理論における定理とは推件式の一種に他ならないわけである.なお,"推件式が正しい"ということ,つまり,それが"定理である"ということは,$A_1, A_2, \cdots, A_m$ の"すべて"が成り立てば,$B_1, B_2, \cdots, B_n$ のうちの"少なくとも1つ"が成り立つという意味であることを,十分に注意しておいていただきたい.

また,以下便宜のため,推件式

$$A_1, A_2, \cdots, A_m \to B_1, B_2, \cdots, B_n$$

のなかに,$m=0$ や $n=0$ のもの,すなわち

(a) $\to B_1, B_2, \cdots, B_n$

(b) $A_1, A_2, \cdots, A_m \to$

(c) $\to$

のようなものも含めることに規約する.

(a) は,もちろん"無条件で $B_1, B_2, \cdots, B_n$ のうちの少なくとも1つが成り立つ"という意味のものである.ま

た，(b), (c) は，それぞれ "$A_1, A_2, \cdots, A_m$ という仮設は矛盾する"，"矛盾する" という意味のものであると約束する．

§2. 推論規則

さて，上の考察によれば，数学の理論における定理とは，正しい推件式のことである．したがって，正しい論理法則とは，すでに正しいと知られたいくつかの推件式から，新しい1つの正しい推件式をつくり出す"変形規則"のことに他ならない．

それでは，そのような規則には，一体どのようなものが，一体いくつ位あるのであろうか？

——これについては，経験上次のようなことが知られている：

(1) ごく基本的な"変形規則"が19種ある．

そして

(2) それ以外の変形規則は，それらを適当に組み合わせることによって，すべてつくり出すことができる．

そこで，以下，まずそのごく基本的な19種の変形規則を，1つ1つ説明を加えながら枚挙し，つづいて，いくつかのよく知られた論理法則をあげ，それらがたしかにこれらを適当に組み合わせて得られることを示すことにしよう．

以下簡単のために，いくつかの論理式の列 $C_1, C_2, \cdots, C_l$ を，ギリシャ大文字

$$\Gamma,\ \Delta,\ \Theta, \cdots$$

でもって示すことにする.ただし,この場合,空の列,すなわち $l=0$ の場合をもゆるすことにした方がいろいろと便利である.たとえば,そうすれば,上に定義した推件式は,今後,統一的に,すべて

$$\Gamma \to \Delta$$

というしごく簡単な形に書くことができるであろう.

ところで,前にもいったように,論理法則は,いくつかの正しい推件式から,新しい1つの正しい推件式をつくり出す変形規則である.そこで,今後

$$\Gamma_1 \to \Theta_1,\ \Gamma_2 \to \Theta_2,\ \cdots,\ \Gamma_n \to \Theta_n$$

という推件式から,

$$\Gamma \to \Theta$$

という推件式をつくり出す論理法則を,見易いために

$$\frac{\Gamma_1 \to \Theta_1 \quad \Gamma_2 \to \Theta_2 \ \cdots\ \Gamma_n \to \Theta_n}{\Gamma \to \Theta}$$

と書くことにする.

ただし,これから述べていこうとしている19個の基礎的な論理法則の場合には,n は1か2かのいずれかである.なお,基礎的な論理法則の場合には,それが基礎的なものであることをあきらかにするために,横線を一本省略することにする.また,これはどうでもよいことのようではあるが,今後,論理法則のことを**推論規則**とよぶことに規約する.その方が,その性格によりマッチしていると思われるからである.

§3. 基礎的な推論規則

基礎的な推論規則の枚挙をはじめよう．ただし，以下 $A, B, \cdots$; $A_1, A_2, \cdots$; $B_1, B_2, \cdots$ は，すべて論理式をあらわすものとする．

（I） 互　　換

$$\frac{\Gamma, A, B, \Delta \to \Theta}{\Gamma, B, A, \Delta \to \Theta} \qquad \frac{\Gamma \to \Delta, A, B, \Theta}{\Gamma \to \Delta, B, A, \Theta}$$

仮設や終結の論理式の順序をかえたところで，定理の本質的な意味に変化がおこるはずがない．よって，上の規則の正しいことは当然である．

以上では，暗黙のうちに Γ, Δ, Θ は空でないとしたが，それらのうちに空のものがあれば，この規則は

$$\frac{A, B, \Delta \to \Theta}{B, A, \Delta \to \Theta} \quad (\Delta, \Theta \text{ は空でない})$$

$$\frac{\Gamma, A, B \to \Theta}{\Gamma, B, A \to \Theta} \quad (\Gamma, \Theta \text{ は空でない})$$

$$\frac{A, B \to \Theta}{B, A \to \Theta} \quad (\Theta \text{ は空でない})$$

$$\frac{A, B \to}{B, A \to}$$

という形となる．はじめの3つが正しいことは上と同様である．最後は，"A, B という仮設は矛盾する" ということから "B, A という仮設は矛盾する" ということをみちびくものであるが，これも正しいことはいうまでもない．

"A, B という仮説が矛盾する"ことが正しければ"B, A という仮説が矛盾する"こともまた正しいからである.

また，右の推論規則は，終結の論理式の順序の変更であるが，これについても事情はまったく同様である.

注意1 以下では，かかげる推論規則が正しいことを確認する際，便宜上，Γ, Δ などが空でない場合だけを考えることにする. そうでない場合もほぼ同様であるから，読者は自らたしかめてみられたい.

(II) 増　　加

$$\frac{\Gamma \to \Delta}{A, \Gamma \to \Delta} \qquad \frac{\Gamma \to \Delta}{\Gamma \to \Delta, A}$$

いま，Γ を $A_1, A_2, \cdots, A_m$; Δ を $B_1, B_2, \cdots, B_n$ とおく. このとき，推件式 $\Gamma \to \Delta$ が正しいとすれば，その意味によって，論理式 $A_1, A_2, \cdots, A_m$ のすべてが成立するとき，論理式 $B_1, B_2, \cdots, B_n$ のうちの少なくとも1つが成立する. そうすれば，論理式 $A, A_1, A_2, \cdots, A_m$ のすべてが成立するとき，まったく当然のこととして，$A_1, A_2, \cdots, A_m$ のすべてが成立するわけだから，$B_1, B_2, \cdots, B_n$ のうちのどれか1つが出てくるに違いない. したがって左の推論規則はたしかに正しいものであることがわかる.

また，推件式 $\Gamma \to \Delta$ が正しければ，$A_1, A_2, \cdots, A_m$ のすべてが成立するとき，$B_1, B_2, \cdots, B_n$ のどれか1つが出てくるはずである. そうすれば，まったく当然のことながら，$B_1, B_2, \cdots, B_n$ および B のうちのどれか1つが出てく

るといってよいであろう．したがって，右の推論規則もやはりたしかに正しいものであることがわかる．

ただし，いずれにしても，これらの推論規則を用いて出てくる定理は，もとの定理よりも，一方では仮設がふえ，他方では終結の可能性が多くなっているわけだから，定理として，もとの定理よりも弱いものであることは否定できない．この推論規則が"増加"と名づけられるゆえんである．

（Ⅲ）減　少

$$\frac{A, A, \Gamma \to \Delta}{A, \Gamma \to \Delta} \qquad \frac{\Gamma \to \Delta, A, A}{\Gamma \to \Delta, A}$$

今後，Γ, Δ は，（Ⅱ）の場合のように，それぞれ $A_1, A_2, \cdots, A_m$；$B_1, B_2, \cdots, B_n$ という論理式の列を表わすものと規約する．

さて，いま，$A, A, \Gamma \to \Theta$ という推件式が正しいものとすれば，論理式 $A, A, A_1, A_2, \cdots, A_m$ のすべてが成立するとき，論理式 $B_1, B_2, \cdots, B_n$ のうちの少なくとも 1 つが成立する．そうすれば，このとき，重複した仮設を 1 つにまとめて，

"$A, A_1, A_2, \cdots, A_m$ のすべてが成立すれば，$B_1, B_2, \cdots, B_n$ のうちのどれか 1 つが成立する"

といっても，定理の意味には何らの変化もないであろう．つまり，$A, \Gamma \to \Delta$ という推件式も正しいのである．

まったく同様にして，

"$A_1, A_2, \cdots, A_m$ が正しければ，$B_1, B_2, \cdots, B_n, B, B$

のうちのどれか1つが成り立つ"

という定理が正しければ,重複した終結を1つにちぢめて,

"$A_1, A_2, \cdots, A_m$ が正しければ,$B_1, B_2, \cdots, B_n, B$ のうちのどれか1つが成り立つ"

といっても,やはり正しいことはあきらかである.

よって,上の2つの推論規則は,いずれも正しいものであることがわかる.

(IV) カット

$$\frac{\Gamma \to \Delta, A \quad A, \Gamma \to \Delta}{\Gamma \to \Delta}$$

しだいにわかるように,これはきわめて強力な推論規則である.これが正しいことは次のようにして知られる.

まず,あたえられた推件式 $\Gamma \to \Delta, A$ および $A, \Gamma \to \Delta$ は,それぞれ次のようなものである:

(1) $A_1, A_2, \cdots, A_m$ のすべてが成り立てば,$B_1, B_2, \cdots, B_n, A$ のうちの少なくとも1つが成り立つ.

(2) $A, A_1, A_2, \cdots, A_m$ のすべてが成り立てば,$B_1, B_2, \cdots, B_n$ のうちの少なくとも1つが成り立つ.

さて,いま,この2つが正しいものとし,かつ下の推件式の仮設 $A_1, A_2, \cdots, A_m$ がすべて正しいものとしてみよう.便宜のために,ここで場合を2つに分ける:

(イ) Aが正しい場合.このときは,$A, A_1, A_2, \cdots, A_m$ がすべて正しいことになるから,(2)によって,$B_1, B_2, \cdots, B_n$ のうちの少なくとも1つが成り立つことになる.

よって，推件式 $\Gamma \to \Delta$ は正しい．

（ロ）Aが正しくない場合．いずれにしても，$A_1, A_2, \cdots, A_m$ はすべて正しいのであるから，(1) によって，$B_1, B_2, \cdots, B_n$, A のうちのどれかが正しいはずであるが，いまはAが正しくないとしているのであるから，正しいものは，$B_1, B_2, \cdots, B_n$，すなわち Δ のなかにあることになる．よって，この場合も，推件式 $\Gamma \to \Delta$ はやはり正しい．

こうして，推論規則カットは，たしかに正しいものであることがたしかめられた．

（V）"⇒"の推論規則

$$\frac{\Gamma \to \Delta, A \quad B, \Gamma \to \Delta}{A \Rightarrow B, \Gamma \to \Delta} \qquad \frac{A, \Gamma \to \Delta, B}{\Gamma \to \Delta, A \Rightarrow B}$$

はじめに，左の推論規則を考える．いま，上の2つの推件式 $\Gamma \to \Delta, A$ および $B, \Gamma \to \Delta$ がいずれも正しいものとし，かつ論理式 $A \Rightarrow B, A_1, A_2, \cdots, A_m$ がすべて正しいものとしてみる．このとき，$A_1, A_2, \cdots, A_m$ が正しいことと，推件式 $\Gamma \to \Delta, A$ が正しいこととから，論理式 $B_1, B_2, \cdots, B_n$, A のうちの少なくとも1つが正しいことになる．したがって，それがもし $B_1, B_2, \cdots, B_n$ のなかにあれば，当然，推件式

$$A \Rightarrow B, \Gamma \to \Delta$$

は正しい．そこで，そうではなくて，$B_1, B_2, \cdots, B_n$ のどれもが正しくない場合，すなわち A が正しい場合を考えてみる．このときは，$A \Rightarrow B$ の正しいことから，B は当

然正しい.すると,B, $\Gamma \to \Delta$ の正しいことから,論理式 $B_1, B_2, \cdots, B_n$ のうちの少なくとも1つが正しいということになり,仮定に反する.よって,こういう場合はおこらない.したがって,左の推論規則は,たしかに正しいことがわかった.

次に,右の方の規則を考える.いま,上の推件式 A, $\Gamma \to \Delta$, B が正しいものとし,かつ論理式 $A_1, A_2, \cdots, A_m$ のすべてが正しいものとしてみよう.このとき,もし $B_1, B_2, \cdots, B_n$ のうちの少なくとも1つが正しければ,当然下の推件式

$$\Gamma \to \Delta, A \Rightarrow B$$

は正しい.そこで,$B_1, B_2, \cdots, B_n$ がすべて正しくないものとしてみる.すると,もし A が正しければ,A, $A_1, A_2, \cdots, A_m$ がすべて正しいということになるが,ここへ推件式 A, $\Gamma \to \Delta$, B が正しいということを用いれば,$B_1, B_2, \cdots, B_n$, B のなかに,少なくとも1つは正しいものがなければならないということになる.しかし,$B_1, B_2, \cdots, B_n$ はすべて正しくないのであるから,正しいのは当然 B だけである.しかし,これは,結局,論理式 $A \Rightarrow B$ が正しいということに他ならない.つまり,この場合も,推件式

$$\Gamma \to \Delta, A \Rightarrow B$$

は正しいのである.こうして,右の推論規則も正しいことがたしかめられた.

（Ⅵ）"¬" の推論規則

$$\frac{\Gamma \to \Delta, A}{\neg A, \Gamma \to \Delta} \qquad \frac{A, \Gamma \to \Delta}{\Gamma \to \Delta, \neg A}$$

まず，左の方を考える．いま，推件式 $\Gamma \to \Delta, A$ が正しいものとし，かつ論理式 $\neg A, A_1, A_2, \cdots, A_m$ がすべて正しいものとする．このとき，推件式 $\Gamma \to \Delta, A$ および論理式 $A_1, A_2, \cdots, A_m$ がすべて正しいことから，$B_1, B_2, \cdots, B_n, A$ のどれかが正しいわけであるが，$\neg A$ は正しいのであるから，$B_1, B_2, \cdots, B_n, A$ のうちで正しいのは $B_1, B_2, \cdots, B_n$ のどれかである．よって推件式

$$\neg A, \Gamma \to \Delta$$

は正しい．

次に，右の規則を考える．いま，推件式 $A, \Gamma \to \Delta$ が正しいものとし，かつ論理式 $A_1, A_2, \cdots, A_m$ がすべて正しいものとする．このとき，もし A が正しければ，$A, \Gamma \to \Delta$ が正しいことから，$B_1, B_2, \cdots, B_n$ のうちの少なくとも 1 つが正しいことになる．よって，$\Gamma \to \Delta, \neg A$ は正しい．他方，もし A が正しくなければ，$\neg A$ が正しいことになるから，$\Gamma \to \Delta, \neg A$ はやはり正しい．ゆえに，いずれにしても，右の推論規則は正しいものであることがわかった．

（Ⅶ）"∨" の推論規則

$$\frac{A, \Gamma \to \Delta \quad B, \Gamma \to \Delta}{A \lor B, \Gamma \to \Delta} \qquad \frac{\Gamma \to \Delta, A, B}{\Gamma \to \Delta, A \lor B}$$

左：$A, \Gamma \to \Delta$ および $B, \Gamma \to \Delta$ が正しいとし，かつ論

理式 $A \vee B, A_1, A_2, \cdots, A_m$ が正しいものとする．このとき，もし A が正しければ，$A, \Gamma \to \Delta$ が正しいことから，Δ すなわち $B_1, B_2, \cdots, B_n$ のうちの少なくとも 1 つが正しいことになる．よって，この場合

$$A \vee B, \Gamma \to \Delta$$

は正しい．次に，A が正しくなければ，$A \vee B$ の正しいことから B が正しいということになるが，このときは，$B, \Gamma \to \Delta$ が正しいことから，Δ すなわち $B_1, B_2, \cdots, B_n$ のうちの少なくとも 1 つが正しいことになる．したがって，

$$A \vee B, \Gamma \to \Delta$$

は正しい．こうして，いずれにしても

$$A \vee B, \Gamma \to \Delta$$

は正しいことがたしかめられた．

右：$\Gamma \to \Delta, A, B$ が正しいとし，かつ Γ すなわち $A_1, A_2, \cdots, A_m$ のすべてが正しいとする．このとき，Δ すなわち $B_1, B_2, \cdots, B_n$ のうちの少なくとも 1 つが正しければ，推件式

$$\Gamma \to \Delta, A \vee B$$

は正しい．また，$B_1, B_2, \cdots, B_n$ のどれもが正しくなければ，A, B のうちの少なくとも 1 つが正しいことになるが，これは $A \vee B$ が正しいということに他ならない．よって，推件式

$$\Gamma \to \Delta, A \vee B$$

はやはり正しい．こうして，この推論規則も正しいことが

わかった．

(Ⅷ) "∧" の推論規則

$$\frac{A, B, \Gamma \to \Delta}{A \land B, \Gamma \to \Delta} \quad \frac{\Gamma \to \Delta, A \quad \Gamma \to \Delta, B}{\Gamma \to \Delta, A \land B}$$

左：推件式 $A, B, \Gamma \to \Delta$ が正しいとし，かつ論理式 $A \land B, A_1, A_2, \cdots, A_m$ がすべて正しいとしよう．すると，$A, B, A_1, A_2, \cdots, A_m$ はすべて正しいから，推件式 $A, B, \Gamma \to \Delta$ が正しいという仮定によって，$B_1, B_2, \cdots, B_n$ のうち少なくとも1つが正しいことになる．よって，推件式

$$A \land B, \Gamma \to \Delta$$

は正しい．つまり，この推論規則は正しいものであることがわかる．

右：推件式 $\Gamma \to \Delta, A$ および $\Gamma \to \Delta, B$ がいずれも正しいものとし，かつ Γ すなわち $A_1, A_2, \cdots, A_m$ がすべて正しいものとする．このとき，$B_1, B_2, \cdots, B_n$ のうちの少なくとも1つが正しければ

$$\Gamma \to \Delta, A \land B$$

は当然正しい．また，$B_1, B_2, \cdots, B_n$ のどれもが正しくなければ，$\Gamma \to \Delta, A$ および $\Gamma \to \Delta, B$ が正しいことから，AもBも正しく，したがって $A \land B$ が正しいことになる．したがって，このときもやはり

$$\Gamma \to \Delta, A \land B$$

は正しい．こうして，この推論規則はつねに正しいものであることがわかった．

(Ⅸ) "∀" の推論規則

いろいろの考察において,論理式 A のなかに含まれる,ある自由変数 a のいくつかに注目しなければならないことがある.以下,このような場合,このことを強調するために,論理式 A を A(a) と書くことにしよう.

ただし,この際,便宜上,特別な場合として,A のなかに a が全然入っていない場合や,入っていても,その全部にではなく,一部だけに注目する場合もゆるすことにする.もちろん,表現 A(a) の a は,その注目されている a を示すものと考えるわけである.

ところで,そのような論理式 A(a),および 1 つの対象式 t があたえられたとき,その A(a) のなかの注目されているすべての a に対象式 t を代入すれば,あきらかに 1 つの論理式がえられるが,これを A(t) と表わすことにする.また,$\forall x A(x)$ および $\exists x A(x)$ という表現は,A(a) の a をすべて x にかえ,その前に $\forall x$ あるいは $\exists x$ という記号をつけたものを表わすことに規約する.

さて,以上の約束の下に,次の推論規則が成立する:

$$\frac{A(t), \Gamma \to \Delta}{\forall x A(x), \Gamma \to \Delta} \qquad \frac{\Gamma \to \Delta, A(a)}{\Gamma \to \Delta, \forall x A(x)}$$

(t は任意の対象式)　　(下の推件式には a は入っていないとする)

左:いま,推件式 $A(t), \Gamma \to \Delta$ が正しいものとし,かつ論理式 $\forall x A(x), A_1, A_2, \cdots, A_m$ がすべて正しいものとする.このとき,$\forall x A(x)$ は正しいから,どんな x に対し

ても，A(x) は正しい．よって，とくに x のかわりに対象式 t を代入した A(t) も正しい．これより，A(t), A_1, A_2, $\cdots$, A_m のすべてが正しいことになるが，ここで推件式
$$A(t), \Gamma \to \Delta$$
が正しいことを用いれば，Δ すなわち B_1, B_2, $\cdots$, B_n のうちの少なくとも 1 つが正しいことになる．よって，この推論規則は正しい．

右：いま，推件式 $\Gamma \to \Delta$, A(a) が正しいものとし，かつ，Γ すなわち論理式 A_1, A_2, $\cdots$, A_m がすべて正しいものとする．このとき，B_1, B_2, $\cdots$, B_n, A(a) のうちの少なくとも 1 つが正しいことはいうまでもない．ここで，もし B_1, B_2, $\cdots$, B_n の少なくとも 1 つが正しければ，推件式
$$\Gamma \to \Delta, \forall x A(x)$$
は当然正しい．他方，もし B_1, B_2, $\cdots$, B_n がすべて正しくなければ，A(a) が正しいことになるが，a は任意のものを表わすから，どんな x に対しても A(x) は正しい．したがって，論理式 $\forall x A(x)$ は正しい．こうして，推件式
$$\Gamma \to \Delta, \forall x A(x)$$
は正しいことがたしかめられた．

このことは，次のようにしてもわかる：問題になっている推件式
$$\Gamma \to \Delta, A(a)$$
が正しいということは，これが，ある推論の連鎖によってみちびき出されるということである：

$$\overline{\Gamma \to \Delta, \mathrm{A}(a)}$$

いま，この推論の連鎖にあらわれる a をすべて任意の対象式 t でおきかえれば，その結果はまた推論の1つの連鎖であって

$$\overline{\Gamma \to \Delta, \mathrm{A}(\mathrm{t})}$$

となる．というのは，推論規則の下に書かれたただし書によって，推件式

$$\Gamma \to \Delta, \mathrm{A}(a)$$

にあらわれる a をすべて対象式 t でおきかえたものは

$$\Gamma \to \Delta, \mathrm{A}(\mathrm{t})$$

だからである．よって，$\Gamma \to \Delta, \mathrm{A}(\mathrm{t})$ は正しい．すなわち，どんな t をとってきても，推件式

$$\Gamma \to \Delta, \mathrm{A}(\mathrm{t})$$

は正しいのである．

さて，このことをふまえた上で，推件式

$$\Gamma \to \Delta, \mathrm{A}(a)$$

が正しいとしてみる．Γ すなわち $\mathrm{A}_1, \mathrm{A}_2, \cdots, \mathrm{A}_m$ がすべ

て正しいとき，Δ すなわち $B_1, B_2, \cdots, B_n$ のうちに正しいものがあれば，もちろん推件式
$$\Gamma \to \Delta, \forall x A(x)$$
は正しい．もし，$B_1, B_2, \cdots, B_n$ のうちに正しいものがなければ，t のいかんにかかわらず
$$\Gamma \to \Delta, A(t)$$
が正しいことから，t のいかんにかかわらず $A(t)$ が正しい．よって，$\forall x A(x)$ が正しい．したがって，この場合も，推件式
$$\Gamma \to \Delta, \forall x A(x)$$
は正しいのである．

 (Ⅹ) "∃" の推論規則

$A(a), A(t), \exists x A(x)$ の意味を上に述べた通りとすると，次の規則が成立する：

$$\frac{A(a), \Gamma \to \Delta}{\exists x A(x), \Gamma \to \Delta} \qquad \frac{\Gamma \to \Delta, A(t)}{\Gamma \to \Delta, \exists x A(x)}$$

（下の推件式には a は　　（t は任意の対象式）
入っていないとする）

左：推件式 $A(a), \Gamma \to \Delta$ が正しいとし，かつ論理式 $\exists x A(x), A_1, A_2, \cdots, A_m$ がすべて正しいとする．このとき，規則の下に書かれたただし書によって，どのような対象式 t に対しても，推件式
$$A(t), A_1, A_2, \cdots, A_m \to B_1, B_2, \cdots, B_n$$
は正しい（(Ⅸ)のあとの部分を参照）．よって，いま，論理式 $\exists x A(x)$ が正しいことによって存在の保証された

$A(x)$ をみたす x を t とおけば,$A(t), A_1, A_2, \cdots, A_m$ のすべてが正しくなるから,$B_1, B_2, \cdots, B_n$ のうちの少なくとも 1 つが正しいということになる.すなわち,推件式

$$\exists x A(x), \Gamma \to \Delta$$

は正しい.こうして,この規則の正しいことがたしかめられた.

右:推件式 $\Gamma \to \Delta, A(t)$ が正しいものとし,かつ Γ すなわち $A_1, A_2, \cdots, A_m$ がすべて正しいとする.このとき,当然,$B_1, B_2, \cdots, B_n, A(t)$ のうちの少なくとも 1 つが正しいわけであるが,$B_1, B_2, \cdots, B_n$ のうちのどれかが正しければ,

$$\Gamma \to \Delta, \exists x A(x)$$

は正しい.これに反し,$B_1, B_2, \cdots, B_n$ が全部間違っていれば,$A(t)$ が正しいことになるが,そうすれば,条件 $A(x)$ をみたすような x,すなわち t が実際に存在することになる.つまり,論理式 $\exists x A(x)$ は正しいわけである.よって,この場合も推件式

$$\Gamma \to \Delta, \exists x A(x)$$

は正しい.こうして,この規則は正しいことがたしかめられた.

注意 2 以上,われわれは合計 19 個の推論規則をかかげ,それらが正しいことをたしかめたのであるが,それらはあくまでも "たしかめ" であって,正しいことの "証明" ではないことに注意していただきたい.論理で論理の正しさを証明することは循環

論法だからである.そこで,われわれは,以後,これらの推論規則を"天降り"に正しいものとみなすことにする.

§4. 出発点となる推件式

さて,以上が基本的な推論規則であるが,それでは,これらを用いて定理を次々とみちびいていく場合,一体,一番最初の出発点となる定理としては,どういうものをとったらよいのであろうか.

それには,もちろん,何らの操作もいまだほどこされていないまったく自明なものをとらなければならないことは当然である.

しかしながら,よく考えてみれば,少なくとも次のようなものがその条件にかなうであろうことは,ほぼ異論のないところであろう.

(1) $A \to A$ という形の推件式
(2) $\to A$ という形の推件式.ただし,A は次のいずれかとする:
   (a) 理論の研究対象となる数学的構造をもつ広い意味の数学的体系の定義,およびそれに関連する新しい概念の定義
   (b) 集合の基本法則(公理・定義)
   (c) 数の基本法則(公理・定義)
(3) 等号に関する推件式
   (a) $\to a = a$
   (b) $a = b \to A(a) \Leftrightarrow A(b)$

注意3 一般に，$A \Leftrightarrow B$ は，$(A \Rightarrow B) \wedge (B \Rightarrow A)$ の略と考える．

ところが，実は幸いなことに，経験上，数学のあらゆる証明は，すべて，このようなものを出発点とし，上の19個の推論規則だけを用いた証明の形に，すべて書き直しうるものであることが知られているのである．

(1) を**論理的始推件式**；(2) を**数学的始推件式**；(3) を**等号に関する始推件式**という．

§5. 若干の推論規則

以下，通常よく用いられる2, 3の推論の規則が，上の19個の規則を適当に組み合わせることにより，たしかにえられることを示そう．まず，次の補助定理を準備する：

補助定理 $\Gamma_1 \to \Delta_1$, $\Gamma_2 \to \Delta_2$ が推件式で，Γ_1, Δ_1 に含まれる論理式が，それぞれすべて Γ_2, Δ_2 に含まれるならば，

$$\frac{\Gamma_1 \to \Delta_1}{\Gamma_2 \to \Delta_2}$$

は1つの正しい推論規則である．

証明 $\Gamma_1 \to \Delta_1$ に互換，増加，減少を何回か用いれば $\Gamma_2 \to \Delta_2$ が得られるから，定理はあきらかである． □

さて，目的の作業にとりかかろう．

(1) 背理法

これは，次のような推論規則である：

$$\frac{A, \Gamma \to B \wedge \neg B}{\Gamma \to \neg A}$$

これは，次のようにして構成される：

$$\cfrac{A, \Gamma \to B \wedge \neg B \quad \cfrac{\cfrac{\cfrac{\cfrac{B \to B}{\neg B, B \to}\neg\,(左)}{B, \neg B \to}互換}{B \wedge \neg B \to}\wedge\,(左)}{B \wedge \neg B, A, \Gamma \to}補助定理}{\cfrac{A, \Gamma \to}{\Gamma \to \neg A}\neg\,(右)}カット$$

(2) 対偶法

これは，次のような推論規則である：

$$\frac{\neg B, \Gamma \to \neg A}{A, \Gamma \to B}$$

これは，次のようにして構成される：

$$\cfrac{\cfrac{\cfrac{B \to B}{\to B, \neg B}\neg\,(右)}{A, \Gamma \to B, \neg B}補助定理 \quad \cfrac{\cfrac{\neg B, \Gamma \to \neg A}{\neg B, A, \Gamma \to \neg A}補助定理 \quad \cfrac{\cfrac{A \to A}{\neg A, A \to}\neg\,(左)}{\neg A, \neg B, A, \Gamma \to}補助定理}{\cfrac{\neg B, A, \Gamma \to}{\neg B, A, \Gamma \to B}補助定理}カット}{A, \Gamma \to B}カット$$

(3) 転換法

これは，次のような推論規則である：

$$\frac{A, \Gamma \to B \quad C, \Gamma \to D \quad \Gamma \to \neg(B \wedge D) \quad \Gamma \to A \vee C}{B, \Gamma \to A}$$

$$\frac{A, \Gamma \to B \quad C, \Gamma \to D \quad \Gamma \to \neg(B \wedge D) \quad \Gamma \to A \vee C}{D, \Gamma \to C}$$

§5. 若干の推論規則　　253

　これらは，次のようにして構成される．ただし，いずれでも同様だから，第1の場合についてのみ考察することにする．

　まず，いくつかの小さな証明を準備する．

証明 (1)

$$\cfrac{\cfrac{\Gamma \to \neg(B \wedge D)}{B \wedge D, \Gamma \to \neg(B \wedge D)} \text{補助定理} \quad \cfrac{\cfrac{B \wedge D \to B \wedge D}{\neg(B \wedge D), B \wedge D \to} \neg (\text{左})}{\neg(B \wedge D), B \wedge D, \Gamma \to} \text{補助定理}}{\cfrac{\cfrac{B \wedge D, \Gamma \to}{B \wedge D, D, B, \Gamma \to} \text{補助定理}}{}} \text{カット}$$

証明 (2)

$$\cfrac{\cfrac{\cfrac{B \to B}{B, D \to B} \text{補助定理} \quad \cfrac{D \to D}{B, D \to D} \text{増加}}{B, D \to B \wedge D} \wedge (\text{右})}{D, B, \Gamma \to B \wedge D} \text{補助定理}$$

証明 (3)

$$\cfrac{\cfrac{\cfrac{\Gamma \to A \vee C}{\Gamma \to A, C, A \vee C} \text{補助定理} \quad \cfrac{\cfrac{A \to A}{A \to A, C} \text{増加} \quad \cfrac{C \to C}{C \to A, C} \text{補助定理}}{\cfrac{A \vee C \to A, C}{A \vee C, \Gamma \to A, C} \text{補助定理}} \vee (\text{左})}{\cfrac{\cfrac{\Gamma \to A, C}{\Gamma \to A, D, C} \text{補助定理} \quad \cfrac{C, \Gamma \to D}{C, \Gamma \to A, D} \text{補助定理}}{\cfrac{\Gamma \to A, D}{B, \Gamma \to A, D} \text{増加}} \text{カット}} \text{カット}$$

そして，これらを次のように組み合わせればよい．

$$\cfrac{\cfrac{(2) \quad (1)}{D, B, \Gamma \to} \text{カット}}{\cfrac{(3) \quad \cfrac{}{D, B, \Gamma \to A} \text{増加}}{B, \Gamma \to A} \text{カット}}$$

注意 4 上の証明からもわかるように，転換法の第 1 の規則では，上側の $A, \Gamma \to B$ という推件式は不要である．また，第 2 の規則では，$C, \Gamma \to D$ が不要であることが知られる．しかし，通常，転換法といえば，

$A, \Gamma \to B$ $C, \Gamma \to D$ $\Gamma \to \neg(B \land D)$ $\Gamma \to A \lor C$

という 4 つの推件式から

$$B, \Gamma \to A \quad D, \Gamma \to C$$

という 2 つの推件式をみちびく論法をさすので，あえて上のように定式化した次第である．

 さて，以上で数学の推論規則の何たるかは，ほぼおわかりいただけたのではないかと思う．

第8章 トートロジー

 前章では，数学で用いられている論理が，どういうものであるかということについて，その概略を説明した.
 本章と次の章とでは，この論理がもっている，もっとも基本的な性質をいくつか紹介する．本章は，そのうち，"トートロジー"とよばれる特別な定理をめぐる事柄の考察である．

§1. 証明図と超定理
 前章で述べたように，数学の理論では，次の3種のいずれかに該当するいくつかの推件式を出発点とし，例の19個の推論規則を次々と用いて，いろいろと新しい推件式を導いていくという作業が行なわれる：
 （1） 論理的な始推件式
$$A \to A$$
ここに，Aは任意の論理式である．
 （2） 数学的な始推件式
$$\to A$$
ここに，Aは次のいずれかである：
　　（a） 研究対象となっている数学的構造をもつ広い意

味の数学的体系の定義を表わす論理式，ないしは新しい概念の定義を示す論理式

(b)　集合や数に関する基本法則（公理あるいは定義）

(3)　等号に関する始推件式

(a)　$\to a = a$ という形の推件式

(b)　$a = b \to \mathrm{A}(a) \Leftrightarrow \mathrm{A}(b)$ という形の推件式

ただし，$\mathrm{A}(a)$ は，任意の論理式 A において，それに含まれている自由変数 a のうちのいくつかを，とくに指定したもの；$\mathrm{A}(b)$ はその指定された a を b にかえてえられる論理式である．

さて，上のような作業によって，いろいろの推件式 $\Gamma \to \Delta$ がみちびかれていくわけであるが，それらがすなわちその理論における定理に他ならない．そして，その作業の過程，いいかえれば，その推件式 $\Gamma \to \Delta$ を一番下に

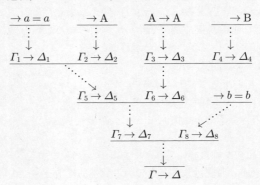

もつ，図のような推論のつみ重ねが，とりもなおさず，その定理の証明だというわけである．

ところで，これからわれわれが展開していこうとしているのは，このような証明や定理についての考察である．そして，その考察によって，いろいろの事柄があきらかとなるわけであるが，それらはやはり厳密な"証明"によってえられる"定理"である．しかし，それらは，上のような**記号化された定理や証明についての**定理や証明なのであって，これら両者の間には，きわめてはっきりとした質的な違いがある．そこで，われわれは，その間の混乱をふせぐために，対象となる記号化された証明および定理を，それぞれ**証明図**および**定理**，それらを対象とする考察における証明および定理を，それぞれ**証明**および**超定理**とよんで，これらをはっきりと区別することにしよう．

§2. 証明図の次数

定義 8.1 1つの証明図 P があたえられたとき，その1つの始推件式から，その下の推件式，そのまた下の推件式，…と順々に下へたどり，1番下の推件式までいけば，いくつかの推件式の列：

$$\Gamma_1 \to \Delta_1, \ \Gamma_2 \to \Delta_2, \ \cdots, \ \Gamma_n \to \Delta_n \quad (8.1)$$

($\Gamma_1 \to \Delta_1$ が出発点の始推件式；$\Gamma_n \to \Delta_n$
が証明された定理)

が得られるが，その項の数 n を，その始推件式の**次数**という．また，証明図 P におけるあらゆる始推件式の次数

の最大値を，証明図 P の次数とよぶ．

例1 $b=a$ という論理式において，その自由変数 a を指定したものを A(a) とすれば，A(b) は $b=b$ という論理式となるから，

$$a=b \ \to\ b=a \Leftrightarrow b=b$$

すなわち

$$a=b \ \to\ (b=a \Rightarrow b=b) \land (b=b \Rightarrow b=a)$$

は1つの等号に関する始推件式である．ここで，次のような3つの証明図を構成する：

証明図 (1)

$$\frac{a=b \to (b=a \Rightarrow b=b) \land (b=b \Rightarrow b=a)}{\frac{a=b \to (b=a \Rightarrow b=b) \land (b=b \Rightarrow b=a), b=b \Rightarrow b=a}{\frac{a=b \to b=b \Rightarrow b=a, (b=a \Rightarrow b=b) \land (b=b \Rightarrow b=a)}{\frac{a=b \to b=b \Rightarrow b=a, (b=a \Rightarrow b=b) \land (b=b \Rightarrow b=a), b=a}{\frac{a=b \to b=b, b=b \Rightarrow b=a, (b=a \Rightarrow b=b) \land (b=b \Rightarrow b=a)}{a=b \to b=a, b=b \Rightarrow b=a, (b=a \Rightarrow b=b) \land (b=b \Rightarrow b=a)}\text{互換（右）}}\text{増加（右）}}\text{互換（右）}}\text{増加（右）}}\text{互換（右）}}\text{増加（右）}$$

証明図 (2)

$$\frac{\frac{\frac{\frac{\frac{\frac{b=b \Rightarrow b=a \to b=b \Rightarrow b=a}{b=a \Rightarrow b=b,\ b=b \Rightarrow b=a \to b=b \Rightarrow b=a}\text{増加（左）}}{(b=a \Rightarrow b=b) \land (b=b \Rightarrow b=a) \to b=b \Rightarrow b=a}\land\text{（左）}}{a=b, (b=a \Rightarrow b=b) \land (b=b \Rightarrow b=a) \to b=b \Rightarrow b=a}\text{増加（左）}}{(b=a \Rightarrow b=b) \land (b=b \Rightarrow b=a), a=b \to b=b \Rightarrow b=a}\text{互換（左）}}{(b=a \Rightarrow b=b) \land (b=b \Rightarrow b=a), a=b \to b=b \Rightarrow b=a, b=b \Rightarrow b=a}\text{増加（右）}}{(b=a \Rightarrow b=b) \land (b=b \Rightarrow b=a), a=b \to b=a, b=b \Rightarrow b=a}\text{互換（右）}$$

証明図 (3)

$$\frac{\frac{\frac{\frac{\frac{\to b=b}{\to b=b, b=a}\text{増加（右）}}{\to b=a, b=b}\text{互換（右）}\quad b=a \to b=a}{b=b \Rightarrow b=a \to b=a}\Rightarrow\text{（左）}}{a=b, b=b \Rightarrow b=a \to b=a}\text{増加（左）}}{b=b \Rightarrow b=a, a=b \to b=a}\text{互換（左）}$$

そして，これらを下図のように組み合わせれば，かなり大きな1

つの証明図がえられる：

$$\frac{\overline{(1) \quad\quad (2)}\text{カット}}{a=b \to b=a,\ b=b \Rightarrow b=a} \quad (3)\text{カット}$$
$$a=b \to b=a$$

これより，推件式

$$a = b \to b = a$$

は，1つの定理であることが知られる．

ところで，この証明図には，次のような4つの始推件式がある：

(i) $a=b \to (b=a \Rightarrow b=b) \wedge (b=b \Rightarrow b=a)$
(ii) $b=b \Rightarrow b=a \to b=b \Rightarrow b=a$
(iii) $\to b=b$
(iv) $b=a \to b=a$

このうち，(i), (iii) が等号に関する始推件式であり，(ii), (iv) が論理的な始推件式であることはいうまでもない．そして，たとえば (iv) から下へ順々にたどって，上の (8.1) のような推件式の列をつくっていけば，

$\Gamma_1 \to \Delta_1 : b=a \to b=a$
$\Gamma_2 \to \Delta_2 : b=b \Rightarrow b=a \to b=a$
$\Gamma_3 \to \Delta_3 : a=b,\ b=b \Rightarrow b=a \to b=a$
$\Gamma_4 \to \Delta_4 : b=b \Rightarrow b=a,\ a=b \to b=a$
$\Gamma_5 \to \Delta_5 : a=b \to b=a$

でおわりとなる．したがって，(iv) の次数は5なのである．同様にして，(i), (ii), (iii) の次数は，それぞれ8, 9, 7であることがたしかめられる．よって，この証明図の次数は9にひとしい．

§3. トートロジー

定義8.2 始推件式として論理的な始推件式しか用いない証明図を**論理的な証明図**といい,論理的な証明図によって得られる定理 $\Gamma \to \Delta$ を**トートロジー**という.

例2 あきらかに

$$\frac{\dfrac{A \to A}{\to A, \neg A}\neg\,(右)}{\to A \vee (\neg A)}\vee\,(右)$$

は論理的な証明図である.したがって,推件式
$$\to A \vee (\neg A)$$
はトートロジーであることがわかる.これを**排中律**という.

同様にして,推件式
$$A \wedge (\neg A) \to$$
もトートロジーであることがたしかめられる(読者は証明図をつくってみられたい).これを**矛盾律**という.

例3

$$\frac{\dfrac{A(a) \to A(a)}{\forall x A(x) \to A(a)}\forall\,(左)}{\forall x A(x) \to \exists x A(x)}\exists\,(右)$$

は論理的な証明図である.したがって,推件式
$$\forall x A(x) \to \exists x A(x)$$
はトートロジーである.

例4 まず,次のような証明図を2つ構成する:

証明図 (1)

$$
\cfrac{
  \cfrac{
    \cfrac{
      \cfrac{
        \cfrac{
          \cfrac{
            \cfrac{A \to A}{A \to A, B}\text{増加 (右)}
          }{A \to A \lor B}\lor\text{ (右)}
        }{\neg(A \lor B), A \to}\neg\text{ (左)}
      }{A, \neg(A \lor B) \to}\text{互換 (左)}
    }{\neg(A \lor B) \to \neg A}\neg\text{ (右)}
    \qquad
    \cfrac{
      \cfrac{
        \cfrac{
          \cfrac{
            \cfrac{
              \cfrac{B \to B}{B \to B, A}\text{増加 (右)}
            }{B \to A, B}\text{互換 (右)}
          }{B \to A \lor B}\lor\text{ (右)}
        }{\neg(A \lor B), B \to}\neg\text{ (左)}
      }{B, \neg(A \lor B) \to}\text{互換 (左)}
    }{\neg(A \lor B) \to \neg B}\neg\text{ (右)}
  }{\neg(A \lor B) \to (\neg A) \land (\neg B)}\land\text{ (右)}
}{\to \neg(A \lor B) \Rightarrow (\neg A) \land (\neg B)}\Rightarrow\text{ (右)}
$$

証明図 (2)

$$
\cfrac{
  \cfrac{
    \cfrac{
      \cfrac{
        \cfrac{
          \cfrac{
            \cfrac{
              \cfrac{A \to A}{A \to A, B}\text{増加 (右)}
              \qquad
              \cfrac{
                \cfrac{B \to B}{B \to B, A}\text{増加 (右)}
              }{B \to A, B}\text{互換 (右)}
            }{A \lor B \to A, B}\lor\text{ (左)}
          }{\to A, B, \neg(A \lor B)}\neg\text{ (右)}
        }{\to A, \neg(A \lor B), B}\text{互換 (右)}
      }{\to \neg(A \lor B), A, B}\text{互換 (右)}
    }{\neg B \to \neg(A \lor B), A}\neg\text{ (左)}
  }{\neg A, \neg B \to \neg(A \lor B)}\neg\text{ (左)}
  }{(\neg A) \land (\neg B) \to \neg(A \lor B)}\land\text{ (左)}
}{\to (\neg A) \land (\neg B) \Rightarrow \neg(A \lor B)}\Rightarrow\text{ (右)}
$$

そして,これらを次のように組み合わせる:

$$
\cfrac{(1) \qquad\qquad (2)}{\to \neg(A \lor B) \Leftrightarrow (\neg A) \land (\neg B)}\land\text{ (右)}
$$

これは,たしかに論理的な証明図であるから,当然

$$\to \neg(A \lor B) \Leftrightarrow (\neg A) \land (\neg B) \tag{8.2}$$

はトートロジーである.

同様にして

$$\to \neg(A \land B) \Leftrightarrow (\neg A) \lor (\neg B) \tag{8.3}$$

もトートロジーであることがたしかめられるのであるが,その確認は,読者の演習問題とすることにしよう.

(8.2),(8.3)は,合わせて,論理におけるド・モルガンの法則といわれる.

§4. 理論の定理とトートロジー

以下,一般の定理とトートロジーとの間に,どのような関係があるかをしらべることにする.そのため,数学の理論を1つ固定し,これをかりに $\mathfrak{T}$ とよぶことにしよう.

定義8.3 論理式の列
$$C_1, C_2, \cdots, C_l$$
は,それを構成する各論理式 C_i が,すべて次のいずれかに該当するとき,理論 $\mathfrak{T}$ の公準であるといわれる:

(Ⅰ) $\mathfrak{T}$ の対象となっている数学的構造をもつ広い意味の数学的体系,およびそれをめぐる概念の定義を表わす論理式

(Ⅱ) 集合や数に関する基本法則(公理・定義)

(Ⅲ) $\forall x(x=x)$ という形の論理式

(Ⅳ) $\forall x \forall y[x=y \Rightarrow \{A(x) \Leftrightarrow A(y)\}]$ という形の論理式(ただし,$A(x)$ のなかには,y や,指定された x 以外の x が入っていてもよい.$A(y)$ は,$A(x)$ のなかの指定された x を y にかえて得られる論理式を表わす.)

注意1 (Ⅲ),(Ⅳ)という形の論理式は,合わせて等号に関する公理群といわれる.なお,(Ⅲ),(Ⅳ)の形の論理式は,いずれも無限に多くあることに注意する.
$$\forall x(x=x), \ \forall y(y=y), \ \cdots$$

§4. 理論の定理とトートロジー

はいずれも違った論理式である.また,$A(x)$のとり方も無限に多くある.

注意2 $\mathfrak{T}$の公準は,(Ⅰ),(Ⅱ),(Ⅲ),(Ⅳ)に該当するものを任意に有限個並べたものなのであるから,そのえらび方もやはり無限に多くあることに注意する.

さて,次の超定理が成立する.

超定理8.1 推件式$\varGamma \to \varDelta$が$\mathfrak{T}$の定理であれば,$\mathfrak{T}$の公準$\varGamma_0$を適当にとることにより,$\varGamma, \varGamma_0 \to \varDelta$がトートロジーであるようにすることができる.

証明 推件式$\varGamma \to \varDelta$が$\mathfrak{T}$の定理のとき,推件式$\varGamma, \varGamma_0 \to \varDelta$がトートロジーとなるように,$\mathfrak{T}$の公準$\varGamma_0$がえらべることを証明する.そのためには,$\varGamma \to \varDelta$に対する証明図Pを変形して,論理的証明図P'をつくり,その一番下の推件式が,$\varGamma, \varGamma_0 \to \varDelta$($\varGamma_0$は$\mathfrak{T}$の公準)という形になるようにできることがいえればよい.$\varGamma \to \varDelta$の証明図の次数に関する帰納法で証明しよう:

(ⅰ) 次数が1のとき.このときは,証明図は始推件式ただ1つだけであり,その推件式が$\varGamma \to \varDelta$自身である.そこで,始推件式の種類によって場合を分けて考える.

(a) $\varGamma \to \varDelta$が論理的な始推件式の場合.このとき,$\varGamma \to \varDelta$は$A \to A$という形をしているから,$\varGamma_0$を空とすれば,$\varGamma, \varGamma_0 \to \varDelta$はやはり論理的な始推件式$A \to A$である.したがって,$\varGamma, \varGamma_0 \to \varDelta$は次数1の論理的証明図によってえられるから,当然トートロジーである.

(b) $\Gamma \to \Delta$ が数学的な始推件式の場合.このとき,$\Gamma \to \Delta$ は $\to$ A という形であり,A は,上の(I)か(II)のいずれかに該当する論理式である.そこで,A 自身を Γ_0 とおけば,これは $\mathfrak{T}$ の公準であって,$\Gamma_0 \to$ A は論理的な始推件式に他ならない.したがって,これは次数 1 の論理的証明図で得られるから,トートロジーである.

(c) $\Gamma \to \Delta$ が等号に関する始推件式の場合.

(イ) $\Gamma \to \Delta$ が $\to a=a$ という形のものであるとき.

$$\frac{a=a \to a=a}{\forall x(x=x) \to a=a}\forall\,(左)$$

なる論理的証明図を考える.すると,論理式 $\forall x(x=x)$ は(III)に該当しているから,これを Γ_0 とおけば,これは $\mathfrak{T}$ の公準であって,$\Gamma, \Gamma_0 \to \Delta$ すなわち $\Gamma_0 \to a=a$ は,次数 2 の論理的証明図で得られるから,当然トートロジーである.

(ロ) $\Gamma \to \Delta$ が $a=b \to \mathrm{A}(a) \Leftrightarrow \mathrm{A}(b)$ という形をしているとき.

論理式 $\mathrm{A}(a)$ のなかには,指定されていない a もあり,さらにまた b も入っているかもしれない.そこで,$\mathrm{A}(a)$ をさらにくわしく $\mathrm{A}(a, a, b)$ と書き,括弧のなかの第 1 の a,第 2 の a,および b を,それぞれ指定された a,指定されないすべての a,およびすべての b を表わすものと考えることにする.この記法を用いれば,$\Gamma \to \Delta$ は,

$$a=b \to A(a,a,b) \Leftrightarrow A(b,a,b)$$

と書くことができるわけである．なお，論理式

$$\forall x \forall y [x=y \Rightarrow \{A(x,x,y) \Leftrightarrow A(y,x,y)\}]$$

は，(Ⅳ)に該当していることに注意しよう((Ⅳ)の説明の括弧のなかを参照)．以下，簡単のために，これを Γ_0 と書くことにする．

さて，ここで，次ページのような2つの証明図を構成する：

そして，これらを次のように組み合わせる：

$$\frac{\qquad (1) \qquad\qquad (2) \qquad}{a=b, \Gamma_0 \to A(a,a,b) \Leftrightarrow A(b,a,b)} \text{カット}$$

しかるに，これは論理的な証明図であるから，

$$a=b, \Gamma_0 \to A(a,a,b) \Leftrightarrow A(b,a,b)$$

すなわち $\Gamma, \Gamma_0 \to \Delta$ はトートロジーである．

こうして，次数1の場合は，たしかに超定理は成立することがわかった．

(ⅱ) 次に，定理 $\Gamma \to \Delta$ の証明図の次数が k よりも小さいとき超定理は正しいとして，それが k のときにも正しいことをたしかめる．そのためには，$\Gamma \to \Delta$ に対する証明図の一番最後の段階で行なわれた推論が，どの推論規則によっているかによって場合を分けて考えるのが便利である．しかし，いずれの場合もほぼ同様であるから，ここでは，増加(左)，カット，∀(右)の場合についてのみ考察し，あとは読者の演習問題とすることにしよう．

(イ) 増加(左)の場合：証明図は267ページの一番

第8章 トートロジー

証明図 (1)

$$\cfrac{\cfrac{a=b \Rightarrow \{A(a,a,b) \Leftrightarrow A(b,a,b)\} \to a=b \Rightarrow \{A(a,a,b) \Leftrightarrow A(b,a,b)\}}{\bigwedge_y \{a=y \Rightarrow \{A(a,a,y) \Leftrightarrow A(y,a,y)\}\} \to a=b \Rightarrow \{A(a,a,b) \Leftrightarrow A(b,a,b)\}} (左)}{\cfrac{\Gamma_0 \to a=b \Rightarrow \{A(a,a,b) \Leftrightarrow A(b,a,b)\}}{a=b, \Gamma_0 \to A(a,a,b) \Rightarrow A(b,a,b), a=b \Rightarrow \{A(a,a,b) \Leftrightarrow A(b,a,b)\}}\text{補助定理}}$$

証明図 (2)

$$\cfrac{\cfrac{a=b \to a=b}{a=b \to A(a,a,b) \Leftrightarrow A(b,a,b), a=b}\text{補助定理} \quad \cfrac{\cfrac{A(a,a,b) \Leftrightarrow A(b,a,b) \to A(a,a,b) \to A(b,a,b)}{A(a,a,b) \Leftrightarrow A(b,a,b), a=b \to A(a,a,b) \Leftrightarrow A(b,a,b)}\text{補助定理}}{A(a,a,b) \Leftrightarrow A(b,a,b), a=b \to A(a,a,b) \Leftrightarrow A(b,a,b)} \Rightarrow (左)}{\cfrac{a=b \to \{A(a,a,b) \Leftrightarrow A(b,a,b)\}, a=b \to A(a,a,b) \Leftrightarrow A(b,a,b)}{a=b \Rightarrow \{A(a,a,b) \Leftrightarrow A(b,a,b)\}, a=b, \Gamma_0 \to A(a,a,b) \Leftrightarrow A(b,a,b)}\text{補助定理}}$$

上の図のようになっている：

$$\frac{\begin{array}{c}\vdots\\ \Gamma' \to \Delta\end{array}}{A, \Gamma' \to \Delta}\text{増加（左）}$$

もちろん，A, Γ' が Γ である．ところが，ここで，この証明図の $\Gamma' \to \Delta$ 以上の部分に注目すると，これは次数が $k-1$ の証明図になっており，したがって帰納法の仮定により，$\mathfrak{T}$ の適当な公準 Γ_0 をえらんで，$\Gamma', \Gamma_0 \to \Delta$ がトートロジーになるようにすることができる．そこで，それに対する論理的証明図を

$$\frac{\vdots}{\Gamma', \Gamma_0 \to \Delta}$$

としよう．そして，この下へ

$$\frac{\Gamma', \Gamma_0 \to \Delta}{A, \Gamma', \Gamma_0 \to \Delta}$$

なる増加（左）の推論をつけ加えて

$$\frac{\begin{array}{c}\vdots\\ \Gamma', \Gamma_0 \to \Delta\end{array}}{A, \Gamma', \Gamma_0 \to \Delta}$$

とすれば，これはあきらかに $A, \Gamma', \Gamma_0 \to \Delta$ すなわち $\Gamma, \Gamma_0 \to \Delta$ に対する論理的な証明図になっている．したがって，$\Gamma, \Gamma_0 \to \Delta$ はトートロジーである．

(ロ) カットの場合：$\Gamma \to \Delta$ に対する証明図は

$$\frac{\begin{array}{c}\vdots\\ \Gamma\to\Delta,A\end{array}\quad\begin{array}{c}\vdots\\ A,\Gamma\to\Delta\end{array}}{\Gamma\to\Delta}\text{カット}$$

という形であるが，$\Gamma\to\Delta, A$ 以上の部分，および，$A,\Gamma\to\Delta$ 以上の部分は，それぞれ次数が $k-1$ 以下の証明図になっている．したがって，帰納法の仮定により，適当に $\mathfrak{S}$ の公準 Γ_1, Γ_2 を見出して，$\Gamma, \Gamma_1 \to \Delta, A$ および $A, \Gamma, \Gamma_2 \to \Delta$ がトートロジーであるようにすることができる．そこで，これらに対する論理的証明図を左右に並べ，その下に次のようないくつかの推論をつけ加えてみよう：

$$\frac{\dfrac{\begin{array}{c}\vdots\\ \Gamma, \Gamma_1 \to \Delta, A\end{array}}{\Gamma, \Gamma_1, \Gamma_2 \to \Delta, A}\text{補助定理}\quad \dfrac{\begin{array}{c}\vdots\\ A, \Gamma, \Gamma_2 \to \Delta\end{array}}{A, \Gamma, \Gamma_1, \Gamma_2 \to \Delta}\text{補助定理}}{\Gamma, \Gamma_1, \Gamma_2 \to \Delta}\text{カット}$$

すると，Γ_1, Γ_2 はいずれも公準だから，これらをまとめて Γ_0 とすれば，これもあきらかに公準である．したがって，$\Gamma \to \Delta$ に対しては，この Γ_0 をもってきて $\Gamma, \Gamma_0 \to \Delta$ とすれば，たしかにトートロジーとなることがわかった．

(ハ) $\forall$ (右) の場合：$\Gamma \to \Delta$ の証明図は

$$\frac{\begin{array}{c}\vdots\\ \Gamma \to \Delta', A(a)\end{array}}{\Gamma \to \Delta', \forall x A(x)}\cdots\cdots(\text{ここには } a \text{ はあらわれない})$$

という形である．$\Delta', \forall x A(x)$ が Δ であることはい

うまでもない。しかるに、この証明図の $\Gamma \to \Delta'$, $A(a)$ 以上の部分に注目すれば、これは次数が $k-1$ の証明図である。よって、帰納法の仮定により、適当に $\mathfrak{T}$ の公準 Γ_0 をえらんで、$\Gamma, \Gamma_0 \to \Delta', A(a)$ がトートロジーであるようにすることができる。したがって、当然、これに対する論理的証明図がなくてはならない。ところで、Γ_0 の各論理式は、すべて自由変数を1つも含まないから

$$\frac{\Gamma, \Gamma_0 \to \Delta', A(a)}{\Gamma, \Gamma_0 \to \Delta', \forall x A(x)}$$

はたしかに正しい "∀(右)の推論" である。ゆえに、これを推件式 $\Gamma, \Gamma_0 \to \Delta', A(a)$ に対する論理的証明図の下につけ加えれば、その結果は、あきらかに推件式 $\Gamma, \Gamma_0 \to \Delta', \forall x A(x)$ に対する論理的証明図である。ゆえに推件式 $\Gamma, \Gamma_0 \to \Delta', \forall x A(x)$ すなわち $\Gamma, \Gamma_0 \to \Delta$ はトートロジーであることがわかった。□

注意3 一般に、理論 $\mathfrak{T}$ の公準を構成する (I), (II), (III), (IV) に該当する論理式は、その意味から考えて、$\mathfrak{T}$ の定理の仮設として自由に用いてよいものである。

したがって、$\mathfrak{T}$ のいかなる定理 $\Gamma \to \Delta$ に対しても、公準 Γ_0 があって、$\Gamma, \Gamma_0 \to \Delta$ がトートロジーとなるということは、始推件式として、本質的に論理的な始推件式しか必要がないこと、いいかえれば、証明図として論理的証明図しか必要がないことを意味するものに他ならない。

超定理 8.1 の逆、すなわち次の超定理も成立する：

超定理 8.2 Γ_0 が $\mathfrak{T}$ の公準であるとき、$\Gamma, \Gamma_0 \to \Delta$ が

トートロジーであれば,$\Gamma \to \Delta$ は $\mathfrak{T}$ の定理である.

しかし,ここでは,紙数の関係上,その証明は省略することにしよう.読者は,その証明をこころみてみられたい.

§5. 初等的な数学的体系

前節までに述べた事柄を,別の観点から見直してみよう.1つの注意からはじめる.

理論 $\mathfrak{T}$ の証明図の始推件式には

(1) 論理的な始推件式
(2) 数学的な始推件式
(3) 等号に関する始推件式

の3通りがあったが,(3) のうちの

$$\to a=a \tag{8.4}$$

という形のものは,

$$\to \forall x(x=x) \tag{8.5}$$

という形のものでおきかえることができる.その理由は,次のようにして,後者と論理的な始推件式とから前者がみちびかれるからである:

$$\frac{\to \forall x(x=x) \quad \dfrac{a=a \to a=a}{\forall x(x=x) \to a=a}\forall\,(左)}{\to a=a}\text{カット}$$

また,同じく (3) のうちの

$$a=b \to \mathrm{A}(a) \Leftrightarrow \mathrm{A}(b) \tag{8.6}$$

という形のものは,

$$\to \forall x \forall y [x=y \Rightarrow \{A(a) \Leftrightarrow A(b)\}] \tag{8.7}$$

という形のものでおきかえることができる．

その証明：まず，次のような証明図を2つ構成する．簡単のために，(8.7) の右辺の論理式を B と書くことにしよう：

証明図 (1)

$$\cfrac{\cfrac{\cfrac{\cfrac{a=b \Rightarrow \{A(a) \Leftrightarrow A(b)\} \to a=b \Rightarrow \{A(a) \Leftrightarrow A(b)\}}{\forall y[a=y \Rightarrow \{A(a) \Leftrightarrow A(y)\}] \to a=b \Rightarrow \{A(a) \Leftrightarrow A(b)\}}\forall \text{(左)}}{\to B \qquad B \to a=b \Rightarrow \{A(a) \Leftrightarrow A(b)\}}\forall \text{(左)}}{\to a=b \Rightarrow \{A(a) \Leftrightarrow A(b)\}}\text{カット}}{a=b \to A(a) \Leftrightarrow A(b), a=b \Rightarrow \{A(a) \Leftrightarrow A(b)\}}\text{補助定理}$$

証明図 (2)

$$\cfrac{\cfrac{a=b \to a=b}{a=b \to A(a) \Leftrightarrow A(b), a=b}\text{補助定理} \quad \cfrac{A(a) \Leftrightarrow A(b) \to A(a) \Leftrightarrow A(b)}{A(a) \Leftrightarrow A(b), a=b \to A(a) \Leftrightarrow A(b)}\text{補助定理}}{a=b \Rightarrow \{A(a) \Leftrightarrow A(b)\}, a=b \to A(a) \Leftrightarrow A(b)}\Rightarrow \text{(左)}$$

そして，これらを次のように組み合わせる：

$$\cfrac{(1) \qquad (2)}{a=b \to A(a) \Leftrightarrow A(b)}\text{カット}$$

そうすれば，これはたしかに (8.7) と論理的な始推件式とから (8.6) をみちびくものである．

そこで，以下，等号に関する始推件式は，次の2つの形のものであるとすることにしよう：

$$\to \forall x (x=x)$$

$$\to \forall x \forall y [x=y \Rightarrow \{A(x) \Leftrightarrow A(y)\}]$$

この約束の結果として，理論 $\mathfrak{T}$ の証明図における

$$\to \mathrm{A}$$

という形の始推件式における論理式 A は,すべて前節の (Ⅰ),(Ⅱ),(Ⅲ),(Ⅳ) のどれかに該当するものとなるわけである.

ところで,$\mathfrak{T}$ の証明図は,いうまでもなくいくつかの推件式から成る.また,推件式はいくつかの論理式から成る.論理式は"対象式"を利用して定義される.

"対象式"は次のように定義された:
 (i) 個体記号や自由変数は対象式である.
 (ⅱ) f を n 変数の操作記号,$t_1, t_2, \cdots, t_n$ を対象式とすれば,$f(t_1, t_2, \cdots, t_n)$ もまた対象式である.
 (ⅲ) 以上によってできたもののみが対象式である.

また,論理式の定義は次のようであった:
 (i) s, t が対象式ならば,s = t は論理式である.
 (ⅱ) P が n 変数の述語記号で,$t_1, t_2, \cdots, t_n$ が対象式ならば,$P(t_1, t_2, \cdots, t_n)$ は論理式である.
 (ⅲ) A が論理式ならば,¬A はまた論理式である.
 (ⅳ) A, B が論理式ならば,A∨B, A∧B, A⇒B はまた論理式である.(A⇔B は (A⇒B)∧(B⇒A) の略と考える.)
 (ⅴ) A のなかの自由変数 a のいくつかに注目したとき,この事情を強調するために A を A(a) で表わす.このとき,これらの指定された a を x にかえて A(x) とし,その前に ∀x あるいは ∃x をつけたもの:∀xA(x), ∃xA(x) はいずれも論理式である.

（vi） 以上によってできたもののみが論理式である．

論理式は，もちろん，理論 $\mathfrak{T}$ の対象となっている数学的構造をもつ広い意味の数学的体系や集合や数などについて，何事かを物語るものである．また，個々の個体記号や操作記号や述語記号は，いずれも，その数学的構造や集合や数をめぐる何らかの概念を表わすものである．しかし，ここでわれわれは，——ちょっとむずかしいことではあるが——これらの記号の意味をいっさい忘れてしまうことにしよう．そして，あらためてこれらを次のような仕方で，解釈しなおすことにする．

1° 1つの普遍集合 M があるものと考える．

2° 変数の変域は，すべて M であると考える．

3° 理論 $\mathfrak{T}$ に出てくる個体記号を全部並べて
$$c_1, c_2, \cdots, c_r$$
とし，これらはすべて M のある特定の要素を表わすものと考える．もちろん，c_i のなかには，∅ や 0 や 1 や **N** などのようなものも全部含めるわけである．

4° 理論 $\mathfrak{T}$ に出てくる操作記号を全部並べて
$$f_1{}^{(m_1)}, f_2{}^{(m_2)}, \cdots, f_s{}^{(m_s)} \quad (m_i は変数の個数)$$
とし，$f_i{}^{(m_i)}$ は，それぞれ集合
$$\overbrace{M \times M \times \cdots \times M}^{m_i}$$
から集合 M へのある写像を表わすものと考える．もちろん，$f_i{}^{(m_i)}$ のなかには，∩，∪，^{c}，$\mathfrak{P}$ などのようなものも全部含めるわけである．

5° 理論 $\mathfrak{T}$ に出てくる述語記号を全部並べて
$$P_1^{(n_1)}, P_2^{(n_2)}, \cdots, P_t^{(n_t)} \quad (n_j \text{ は変数の個数})$$
とし,$P_j^{(n_j)}$ は,それぞれ集合
$$\overbrace{M \times M \times \cdots \times M}^{n_j}$$
の要素 $(a_1, a_2, \cdots, a_{n_j})$ についてのある条件を表わすものと考える.ただし,$P_j^{(n_j)}$ のなかには,$\in$ や $\subset$ などはもとより,等号 $=$ も含めるものとする.

さて,このようにすれば,理論 $\mathfrak{T}$ に出てくる論理式は,すべて,次のような形の数学的体系について何がしかのことを物語るものとなる:

$$(M; c_1, \cdots, c_r, f_1^{(m_1)}, \cdots, f_s^{(m_s)}, P_1^{(n_1)}, \cdots, P_t^{(n_t)};$$
$$T^1{}_1, T^1{}_2, \cdots, T^1{}_r, T^2{}_1, T^2{}_2, \cdots, T^2{}_s, T^3{}_1, T^3{}_2, \cdots, T^3{}_t)$$
(8.8)

$$T^1{}_i = X \quad (i = 1, 2, \cdots, r)$$
$$T^2{}_j = \mathfrak{F}(\overbrace{X \times X \times \cdots \times X}^{m_j}, X) \quad (j = 1, 2, \cdots, s)$$
$$T^3{}_k = \mathfrak{P}(\overbrace{X \times X \times \cdots \times X}^{n_k}) \quad (k = 1, 2, \cdots, t)$$

一般に,このような形の数学的体系は**初等的**であるという(第4章の注意 20,p. 145 を参照).その意味は,基礎集合がたった 1 つで,しかも,その基本概念のなかに,巾集合の巾集合の要素とか,巾集合の巾集合の巾集合の要素とかいうような,いわば"高度"の概念がいっさい含まれず,それらはもっぱら

$$X, \ \mathfrak{F}(X \times X \times \cdots \times X, X), \ \mathfrak{P}(X \times X \times \cdots \times X)$$

というごく簡単な3つのタイプの集合の要素に限られるということである．

なお，初等的な数学的体系 (8.8) では，

$$m_1, m_2, \cdots, m_s ; n_1, n_2, \cdots, n_t$$

という自然数さえ明確にしておけば，構成図式 $T^i{}_j$ を全部省略して，単に

$$(M ; c_1, \cdots, c_r ; f_1{}^{(m_1)}, \cdots, f_s{}^{(m_s)} ; P_1{}^{(n_1)}, \cdots, P_t{}^{(n_t)})$$

と書いても，誤解はまったくおこらないことに注意しよう．$f_i{}^{(m_i)}, P_j{}^{(n_j)}$ の性格は，m_i, n_j からあきらかだからである．

そこで，初等的な数学的体系の場合には，組

$$(r, s, t ; m_1, \cdots, m_s ; n_1, \cdots, n_t)$$

をその**型**とよぶことが多い．

ところで，理論 $\mathfrak{T}$ の証明図を (8.8) のような初等的な体系についての議論を表わすものと考えてみると，次のことがわかる：

(i) それらの議論の対象となる世界は集合 M であって，どのような個体もすべて M の要素である．もちろん "$\forall x$" の x も，"$\exists x$" の x も M の要素である．

(ii) M 自身は姿をあらわさない．

(iii) それらの議論には，集合の概念も数の概念もあらわれない．それらもまたすべて M の要素なのである．

(iv) それらの議論には，具体的な個体としては c_1,

$c_2, \cdots, c_r$ の表わすもの,具体的な操作としては $f_1{}^{(m_1)}, f_2{}^{(m_2)}, \cdots, f_s{}^{(m_s)}$ の表わすもの,具体的な述語としては $P_1{}^{(n_1)}, P_2{}^{(n_2)}, \cdots, P_t{}^{(n_t)}$ の表わすものしかあらわれない.

(v) 証明図の出発点となる始推件式のうち,論理的な始推件式

$$A \to A$$

は別に何事をも語らないが(それは"AならばA"というだけのことである),

$$\to A$$

という形の始推件式,すなわち数学的な始推件式と等号に関する始推件式とは,体系 (8.8) がみたしているある条件を語ると解される.証明図の出発点とするからには"正しい"ものでなければならないからである.したがって,$\mathfrak{T}$ の証明図は,そのような始推件式の右辺の論理式 A をすべてみたすような初等的体系 (8.8) についての議論を表わすと考えられる.

§6. 初等的構造

一般に,
個体記号 $\alpha_1, \alpha_2, \cdots, \alpha_r$
操作記号 $\beta_1{}^{(m_1)}, \beta_2{}^{(m_2)}, \cdots, \beta_s{}^{(m_s)}$ (m_i は変数の個数)
述語記号 $\gamma_1{}^{(n_1)}, \gamma_2{}^{(n_2)}, \cdots, \gamma_t{}^{(n_t)}$ (n_j は変数の個数)
があたえられたとき,それ以外の個体記号,操作記号,述語記号を含まない論理式を

$(\alpha_1, \cdots, \alpha_r\,;\,\beta_1{}^{(m_1)}, \cdots, \beta_s{}^{(m_s)}\,;\,\gamma_1{}^{(n_1)}, \cdots, \gamma_t{}^{(n_t)})$-論理式という.

次のように定義する.

定義 8.4

個体記号 $\alpha_1, \alpha_2, \cdots, \alpha_r$

操作記号 $\beta_1{}^{(m_1)}, \beta_2{}^{(m_2)}, \cdots, \beta_s{}^{(m_s)}$ (m_i は変数の個数)

述語記号 $\gamma_1{}^{(n_1)}, \gamma_2{}^{(n_2)}, \cdots, \gamma_t{}^{(n_t)}$ (n_j は変数の個数)

と,いくつかの $(\alpha_1, \cdots, \alpha_r\,;\,\beta_1{}^{(m_1)}, \cdots, \beta_s{}^{(m_s)}\,;\,\gamma_1{}^{(n_1)}, \cdots, \gamma_t{}^{(n_t)})$-論理式の集合 $\mathfrak{A}$ との組

$$(\alpha_1, \cdots, \alpha_r\,;\,\beta_1{}^{(m_1)}, \cdots, \beta_s{}^{(m_s)}\,;\,\gamma_1{}^{(n_1)}, \cdots, \gamma_t{}^{(n_t)}\,;\,\mathfrak{A}) \tag{8.9}$$

を**初等的な(数学的)構造**,$\mathfrak{A}$ をその**公理系**,$\mathfrak{A}$ の要素である論理式をその**公理**という.公理系 $\mathfrak{A}$ は無限集合でも,空集合でもかまわない.

また,有限個の公理の列

$$C_1, C_2, \cdots, C_l$$

をその初等的構造の**公準**とよぶ.

さらに,組

$$(r, s, t\,;\,m_1, \cdots, m_s\,;\,n_1, \cdots, n_t)$$

をその初等的構造の**型**と称する.

定義 8.5 初等的な数学的体系

$(M\,;\,c_1, \cdots, c_u\,;\,f_1{}^{(p_1)}, \cdots, f_v{}^{(p_v)}\,;\,P_1{}^{(q_1)}, \cdots, P_w{}^{(q_w)})$

が,初等的構造 (8.9) をもつ,あるいは初等的構造 (8.9) の**モデル**であるとは,次の2つの条件がみたされることをいう:

(i) 型が同じである.すなわち
$$r = u, \quad s = v, \quad t = w$$
$$m_i = p_i \quad (i = 1, 2, \cdots, s)$$
$$n_j = q_j \quad (j = 1, 2, \cdots, t)$$

(ii) (8.9) の公理,すなわち $\mathfrak{A}$ の要素である論理式にあらわれる $\alpha_i, \beta_j{}^{(m_j)}, \gamma_k{}^{(n_k)}$ をそれぞれ $c_i, f_j{}^{(m_j)}, P_k{}^{(n_k)}$ でおきかえて読んでえられる命題はすべて正しい.

さて,次のような証明図によって定理を生産していく理論を初等的な構造 (8.9) の**理論**という:

(i) 証明図にあらわれるあらゆる論理式は,すべて $(\alpha_1, \cdots, \alpha_r; \beta_1{}^{(m_1)}, \cdots, \beta_s{}^{(m_s)}; \gamma_1{}^{(n_1)}, \cdots, \gamma_t{}^{(n_t)})$-論理式である.

(ii) 始推件式は次の 2 通りのものに限る.

(a) $A \to A$ という形のもの.これを**論理的始推件式**という.

(b) (8.9) の公理 A を右辺にもつ $\to A$ という形のもの.これを**数学的始推件式**という.

そして,数学的始推件式を用いないで得られる定理を,通常の数学的理論におけると同様, (8.9) の理論の**トートロジー**と称する.

さて,推件式
$$\Gamma \to \Delta$$
を,初等的構造 (8.9) の理論の定理とし,

$$(M\ ;\ c_1,\cdots,c_r\ ;\ f_1{}^{(m_1)},\cdots,f_s{}^{(m_s)}\ ;\ P_1{}^{(n_1)},\cdots,P_t{}^{(n_t)}) \tag{8.10}$$

を,構造 (8.9) をもつ任意の初等的体系とする.このとき, $\Gamma \to \Delta$ にあらわれる $\alpha_i, \beta_j{}^{(m_j)}, \gamma_k{}^{(n_k)}$ を,それぞれ $c_i, f_j{}^{(m_j)}, P_k{}^{(n_k)}$ でおきかえて読んでえられる命題は,直観的に,(8.10) において正しいことが予想されるであろう.これは,実際その通りであることが示される(これの厳密な証明の仕方については,次章を参照されたい).

つまり,初等的構造についての理論は,それをもつすべての初等的体系に対して,つねに妥当するのである.

一般に,ある初等的構造についての理論を**初等的理論**という.

前々節におけるとまったく同様にして,次の2つの超定理が証明される:

超定理 8.3 推件式 $\Gamma \to \Delta$ がある初等的理論 $\mathfrak{T}$ の定理ならば,理論 $\mathfrak{T}$ の対象となっている初等的構造の公準 Γ_0 を適当にえらんで,

$$\Gamma, \Gamma_0 \to \Delta$$

がトートロジーであるようにできる.

超定理 8.4 Γ_0 がある初等的理論の対象となっている構造の公準であるとき,

$$\Gamma, \Gamma_0 \to \Delta$$

が $\mathfrak{T}$ のトートロジーならば,$\Gamma \to \Delta$ は $\mathfrak{T}$ の定理である.

証明は,読者自ら考えてみられたい.

超定理 8.3 により,いかなる初等的構造についての理

論も，公理を1つももたないある初等的構造についての理論と本質的に同じものであることがわかる．

公理を1つももたない初等的構造
$(\alpha_1, \cdots, \alpha_r ; \beta_1^{(m_1)}, \cdots, \beta_s^{(m_s)} ; \gamma_1^{(n_1)}, \cdots, \gamma_t^{(n_t)} ; \varnothing)$
を，**初等的素構造**といい，
$$(\alpha_1, \cdots, \alpha_r ; \beta_1^{(m_1)}, \cdots, \beta_s^{(m_s)} ; \gamma_1^{(n_1)}, \cdots, \gamma_t^{(n_t)}) \tag{8.11}$$
のように書く．

あきらかに，初等的体系
$(M ; c_1, \cdots, c_u ; f_1^{(p_1)}, \cdots, f_v^{(p_v)} ; P_1^{(q_1)}, \cdots, P_w^{(q_w)})$
が初等的素構造（8.11）をもつための必要十分条件は，それらの型が一致することである：
$$r = u, \ s = v, \ t = w$$
$$m_i = p_i \quad (i = 1, 2, \cdots, s)$$
$$n_j = q_j \quad (j = 1, 2, \cdots, t)$$

ところで，前節の議論によって，いかなる数学的構造の理論も，ある初等的理論と解釈することができる．したがって，いかなる数学的構造の理論も，すべて，ある初等的素構造の理論とみなすことができるわけである．

注意4 初等的素構造（8.11）についての理論のことを**述語論理**ともいう．この場合，$\alpha_i, \beta_j^{(m_j)}, \gamma_k^{(n_k)}$ をそれぞれその個体記号，操作記号，述語記号という．

この言葉を用いれば，いかなる数学的構造の理論も，すべてある述語論理とみなすことができるといえるわけである．

注意5 初等的構造（8.9）や初等的素構造（8.11）における

r や s は 0 であってもよいが，t は 1 以上でなくてはならない．というのは，t が 0 であると，論理式が 1 つもつくれず，したがってまた理論もつくれないからである．

第9章 論理の完全性

前章では、われわれは、いかなる数学的構造についての理論も、すべて、ある初等的素構造

$$(\alpha_1, \cdots, \alpha_r\,;\, \beta_1{}^{(m_1)}, \cdots, \beta_s{}^{(m_s)}\,;\, \gamma_1{}^{(n_1)}, \cdots, \gamma_t{}^{(n_t)})$$

についての理論とみることができることを知った。

初等的素構造の理論では、数学的な始推件式は1つもないから、始推件式はすべて論理的な始推件式である。したがって、このような理論では、"定理"の概念と"トートロジー"の概念とはまったく一致する。

本章では、このことを利用して、われわれの論理のもつ、もっとも重要な性質の1つを紹介することにしよう。

§1. 対象式・論理式・推件式

はじめに、初等的素構造

$$(\alpha_1, \cdots, \alpha_r\,;\, \beta_1{}^{(m_1)}, \cdots, \beta_s{}^{(m_s)}\,;\, \gamma_1{}^{(n_1)}, \cdots, \gamma_t{}^{(n_t)})$$

を1つ固定し、それについての理論 $\mathfrak{T}$ の対象式、論理式、および推件式の概念をざっとまとめておく。

対象式:

(i) $\alpha_1, \alpha_2, \cdots, \alpha_r$；および自由変数 $a, b, \cdots$ はすべて対象式である。

(ii) $t_1, t_2, \cdots, t_{m_j}$ が対象式ならば，$\beta_j{}^{(m_j)}(t_1, t_2, \cdots, t_{m_j})$ はまた対象式である $(j=1, 2, \cdots, s)$.

(iii) 以上によってできたもののみが対象式である．

論理式：

(1) $t_1, t_2, \cdots, t_{n_k}$ が対象式ならば，$\gamma_k{}^{(n_k)}(t_1, t_2, \cdots, t_{n_k})$ は論理式である $(k=1, 2, \cdots, t)$.

(2) A が論理式ならば，$\neg A$ はまた論理式である．

(3) A, B が論理式ならば，$A \vee B$, $A \wedge B$, $A \Rightarrow B$ はまたいずれも論理式である．

(4) ある自由変数 a を1つ固定し，論理式 A に含まれている a のいくつかを指定したとする．このような場合，このことを強調するために，A を $A(a)$ と書き，この括弧のなかの a でもって，指定された a を表わすことに規約する．このとき，これらの a をある束縛変数 x にかえて $A(x)$ なる表現をつくり，その前に $\forall x$ あるいは $\exists x$ をつけたもの $\forall x A(x), \exists x A(x)$ はまた論理式である．ただし，この場合，A のなかに a が1つも含まれていなくてもよいし，たとえ含まれていても，1つも指定されない：つまり指定される a が0個であってもよいものとする．反対に，指定されるものが全部であっても，もちろんかまわない．$A(a, b)$, $A(a_1, a_2, \cdots, a_n)$ などの表現についても同様である．

なお，一般に，自由変数を1つも含まない対象式および論理式を，それぞれ**閉じた対象式**，および**閉じた論理式**

とよぶことにする.

推件式:

論理式の有限列 Γ, Δ からつくられた
$$\Gamma \to \Delta$$
という形の表現を推件式という. ただし, Γ, Δ は空であってもよい.

§2. 対象式と論理式の解釈

初等的素構造
$$(\alpha_1, \alpha_2, \cdots, \alpha_r ; \beta_1^{(m_1)}, \beta_2^{(m_2)}, \cdots, \beta_s^{(m_s)} ;$$
$$\gamma_1^{(n_1)}, \gamma_2^{(n_2)}, \cdots, \gamma_t^{(n_t)}) \tag{9.1}$$
を1つ固定し, それと同じ型をもつ初等的な数学的体系
$$(M ; c_1, c_2, \cdots, c_r ; f_1^{(m_1)}, f_2^{(m_2)}, \cdots, f_s^{(m_s)} ;$$
$$P_1^{(n_1)}, P_2^{(n_2)}, \cdots, P_t^{(n_t)}) \tag{9.2}$$
を考える.

もちろん, c_i は M の要素, $f_j^{(m_j)}$ は $\overbrace{M \times M \times \cdots \times M}^{m_j}$ から M への写像, $P_k^{(n_k)}$ は $\overbrace{M \times M \times \cdots \times M}^{n_k}$ の要素 $(a_1, a_2, \cdots, a_{n_k})$ についてのある条件である.

ここで, いま, (9.1) の理論 $\mathfrak{T}$ にあらわれるすべての対象式や論理式のなかの記号 α_i $(i=1,2,\cdots,r)$, $\beta_j^{(m_j)}$ $(j=1,2,\cdots,s)$, $\gamma_k^{(n_k)}$ $(k=1,2,\cdots,t)$ を, それぞれ c_i $(i=1,2,\cdots,r)$, $f_j^{(m_j)}$ $(j=1,2,\cdots,s)$, $P_k^{(n_k)}$ $(k=1,2,\cdots,t)$ を表わすものと解釈することにしよう.

すると, 閉じた対象式はすべて M のある要素を表わす

ものとなる.たとえば,いまかりに $r \geq 5$, $m_1 = 2$, $m_2 = 3$ とすれば

$\beta_1{}^{(2)}(\beta_2{}^{(3)}(\alpha_3, \alpha_3, \alpha_1), \alpha_5)$

$\beta_2{}^{(3)}(\alpha_2, \beta_1{}^{(2)}(\beta_2{}^{(3)}(\alpha_1, \alpha_4, \alpha_2), \alpha_4, \beta_1{}^{(2)}(\alpha_5, \alpha_2)), \alpha_1)$

はいずれも閉じた対象式であるが,これらは,上の解釈によると,それぞれ

$f_1{}^{(2)}(f_2{}^{(3)}(c_3, c_3, c_1), c_5)$

$f_2{}^{(3)}(c_2, f_1{}^{(2)}(f_2{}^{(3)}(c_1, c_4, c_2), c_4, f_1{}^{(2)}(c_5, c_2)), c_1)$

を表わすものとなり,いずれも M の要素である.

また,同様に,この解釈により,閉じた論理式は,すべて M に関するある命題を表わすものとなり,したがって,それは正しいか正しくないかいずれかである.

たとえば, $m_1 = 2$, $n_1 = 2$, $n_2 = 1$ とすれば,

$\forall x [\{\exists y \gamma_1{}^{(2)}(\beta_1{}^{(2)}(x, y), y)\} \vee \gamma_2{}^{(1)}(\beta_1{}^{(2)}(x, x))]$

は,あきらかに1つの閉じた論理式である.いま,これを上のように解釈したとすると,

$\forall x [\{\exists y P_1{}^{(2)}(f_1{}^{(2)}(x, y), y)\} \vee P_2{}^{(1)}(f_1{}^{(2)}(x, x))]$

となるが, P や f は M に関連して具体的にあたえられているのであるから,これは M についての1つのはっきりとした命題を表わしている.

しかし,対象式が閉じていない場合には,いくつかの自由変数 $a, b, \cdots$ を含むから,それらが具体的に M のどの要素を表わすのかがわからなければ,その対象式自身も M のどの要素を表わすのかわからない.閉じていない論理式についても事情は同様である.つまり,それに含まれ

ている自由変数 $a, b, \cdots$ が M のどの要素を表わすのかがわからなければ，その真偽が決定されないわけである．

しかし，A が閉じていない論理式であるとき，それに含まれている自由変数を全部枚挙して

$$a_1, a_2, \cdots, a_n$$

としよう．そして，それらを全部指定して $A(a_1, a_2, \cdots, a_n)$ を考え，

$$\forall x_1 \forall x_2 \cdots \forall x_n A(x_1, x_2, \cdots, x_n) \tag{9.3}$$

をつくれば，これは閉じた論理式である．したがって，これを上のような仕方で解釈すれば，M に関する1つのはっきりとした命題となり，その真偽が確定する．

(9.3) のことを A の閉包といい，$\overline{A}$ で表わす．また，統一をたもつために，閉じた論理式 A については，その閉包 $\overline{A}$ は A 自身にひとしいと規約することにする．

一般に，初等的素構造 (9.1) をもつ初等的な数学的体系 (9.2) があたえられたとき，(9.1) の理論 $\mathfrak{T}$ にあらわれる対象式 t や論理式 A において

α_i を c_i に　$(i=1, 2, \cdots, r)$
$\beta_j{}^{(m_j)}$ を $f_j{}^{(m_j)}$ に　$(j=1, 2, \cdots, s)$
$\gamma_k{}^{(n_k)}$ を $P_k{}^{(n_k)}$ に　$(k=1, 2, \cdots, t)$

それぞれおきかえてえられる表現を，それぞれ $\langle \mathrm{t} \rangle$, $\langle \mathrm{A} \rangle$ で表わす．これに関して，次のことが成り立つことはあきらかであろう：

(1) 　$\langle \alpha_i \rangle = c_i$　$(i=1, 2, \cdots, r)$
(2) 　$\langle \beta_j{}^{(m_j)}(\mathrm{t}_1, \mathrm{t}_2, \cdots, \mathrm{t}_{m_j}) \rangle = f_j{}^{(m_j)}(\langle \mathrm{t}_1 \rangle, \langle \mathrm{t}_2 \rangle, \cdots,$

$\langle t_{m_j}\rangle)$ $(j=1, 2, \cdots, s)$

(3)　$\langle \gamma_k{}^{(n_k)}(t_1, t_2, \cdots, t_{n_k})\rangle = P_k{}^{(n_k)}(\langle t_1\rangle, \langle t_2\rangle, \cdots,$
$\langle t_{n_k}\rangle)$ $(k=1, 2, \cdots, t)$

(1)′　$\langle \neg A\rangle = \neg \langle A\rangle$

(2)′　$\langle A \vee B\rangle = \langle A\rangle \vee \langle B\rangle$

(3)′　$\langle A \wedge B\rangle = \langle A\rangle \wedge \langle B\rangle$

(4)′　$\langle A \Rightarrow B\rangle = \langle A\rangle \Rightarrow \langle B\rangle$

(5)′　$\langle \forall x A(x)\rangle = \forall x\{\langle A\rangle(x)\}$

(6)′　$\langle \exists x A(x)\rangle = \exists x\{\langle A\rangle(x)\}$

注意 1　論理式というのは,解釈してはじめて意味をもつものであり,それ自身としては単なる記号の列にしかすぎない.したがって,(1)′〜(6)′の左辺の論理記号は,論理式を構成するための単なる記号である.ところが,右辺の論理記号は,実際に,"ではない","あるいは","かつ",…というような具体的な意味をもった記号なのであるから,本来は,前者とはっきり区別すべきものである.しかし,繁雑をさけるために,上述のようなことは念頭におくにとどめ,実際には同じ記号を用いていくことにしよう.

注意 2　A が論理式のとき,それに含まれている自由変数が $a_1, a_2, \cdots, a_n$ だけであっても,それらと異なる自由変数 $a_1', a_2', \cdots, a_r'$ をもってきて,A のことを
$$A(a_1, a_2, \cdots, a_n, a_1', a_2', \cdots, a_r')$$
と書いてもよい.というのは:A を上述のように解釈した場合,$\langle A\rangle(a_1, a_2, \cdots, a_n, a_1', a_2', \cdots, a_r')$ を実際に書いてみれば,$a_1', a_2', \cdots, a_r'$ は含まれていないのであるから,$\langle A\rangle(a_1, a_2,$ $\cdots, a_n)$ とまったく同じものとなる.したがって,$a_1, a_2, \cdots, a_n,$ $a_1', a_2', \cdots, a_r'$ の値として,M の具体的な要素 $c_1, c_2, \cdots, c_n,$

$c_1', c_2', \cdots, c_r'$ をあたえたとしても, $c_1', c_2', \cdots, c_r'$ はまったく役に立たず, $\langle A \rangle$ の真偽には影響がないからである. このことから, A, B が論理式で, A に含まれる自由変数が $a_1, a_2, \cdots, a_m$; B に含まれる自由変数が $a_1', a_2', \cdots, a_n'$ であるとき, それらの自由変数を全部あつめて $a_1'', a_2'', \cdots, a_l''$ とし, A, B をそれぞれ $A(a_1'', a_2'', \cdots, a_l'')$, $B(a_1'', a_2'', \cdots, a_l'')$ と書いたとしても, 何らの支障もないことがわかる. 論理式がもっと多い場合も同様である.

注意 3 A が閉じた論理式であるというのは, それに含まれる自由変数が 0 個ということであるから, ある意味では閉じていない論理式の特別な場合と考えることができる. また, これは, 上の注意 2 の立場からみても, 妥当な考え方である. よって, 今後いろいろな議論をする際, これを論理式が閉じている場合と閉じていない場合とに分けることをさけ, 閉じていない論理式だけを問題にすることにする. ただし, その議論を, 自由変数が 0 個の場合に制限すれば, 自然に閉じた論理式の場合の議論がえられるようにすすめていくことはいうまでもない.

§ 3. 恒真の概念

以下, 初等的素構造 (9.1) を 1 つ固定する.

ここで, 次の定義をおく.

定義 9.1 論理式 A は, 初等的素構造 (9.1) をもついかなる初等的な数学的体系 (9.2) をもってきても, その閉包 $\overline{A}$ を解釈して得られる命題 $\langle \overline{A} \rangle$ がつねに正しいとき, **恒真**であるといわれる.

次に, 推件式

$$A_1, A_2, \cdots, A_m \to B_1, B_2, \cdots, B_n \tag{9.4}$$

を考え，これに関して次のように定義する：

定義 9.2 (1) $m>0$, $n>0$ の場合．

$$(\neg A_1) \vee (\neg A_2) \vee \cdots \vee (\neg A_m) \vee B_1 \vee B_2 \vee \cdots \vee B_n$$

が恒真であるとき，およびそのときに限って，(9.4) は恒真であるという．

(2) $m>0$, $n=0$ の場合．

$$(\neg A_1) \vee (\neg A_2) \vee \cdots \vee (\neg A_m)$$

が恒真であるとき，およびそのときに限って，(9.4) は恒真であるという．

(3) $m=0$, $n>0$ の場合．

$$B_1 \vee B_2 \vee \cdots \vee B_n$$

が恒真であるとき，およびそのときに限って，(9.4) は恒真であるという．

(4) $m=0$, $n=0$ のとき．(9.4) は恒真ではないと規約する．

§4. トートロジーの恒真性

次の超定理が成立する：

超定理 9.1 トートロジーはすべて恒真である．

推件式 $\Gamma \to \Delta$ がトートロジーであれば，必ずこれが上の定義にてらして恒真であるというのがこの超定理の意味である．ところで，トートロジーというのは，ある証明図の一番下にくることのできる推件式のことであった．以下，簡単のために，その証明図のことを，"そのトートロジーの証明図" ということにしよう．

超定理 9.1 の証明 トートロジー $\Gamma \to \Delta$ の証明図の次数についての数学的帰納法を用いる.

（ i ） 次数が1のとき. この場合, 証明図は始推件式ただ1つだけであるから, $A \to A$ という形であり, これがまた, それ自身, 問題になっているトートロジー $\Gamma \to \Delta$ である. しかるにこれは, 上の定義9.2の (1) の場合に該当しているから, $\neg A \lor A$ が恒真であることがいえればよい. いま, その閉包を

$$B = \forall x_1 \forall x_2 \cdots \forall x_n [\neg A(x_1, x_2, \cdots, x_n) \lor A(x_1, x_2, \cdots, x_n)]$$

とし, 素構造 (9.1) をもつ任意の体系 (9.2) をとって $\langle B \rangle$ をつくれば

$$\forall x_1 \forall x_2 \cdots \forall x_n [\{\neg \langle A \rangle(x_1, x_2, \cdots, x_n)\} \lor \{\langle A \rangle(x_1, x_2, \cdots, x_n)\}] \quad (9.5)$$

ところで, ここで, M の要素 $c_1, c_2, \cdots, c_n$ を任意にえらべば, いわゆる "排中律" によって, $\langle A \rangle(c_1, c_2, \cdots, c_n)$ は正しいか正しくないかいずれかである. よって

$$\{\neg \langle A \rangle(c_1, c_2, \cdots, c_n)\} \lor \{\langle A \rangle(c_1, c_2, \cdots, c_n)\}$$

は正しい. しかるに, $c_1, c_2, \cdots, c_n$ は任意であったから, これは M に関する命題 (9.5) が正しいということに他ならない. よって, $\neg A \lor A$ は恒真である.

（ ii ） 次数が k よりも小さいとき超定理は正しいとして, k の場合を考える.

そのためには, トートロジー $\Gamma \to \Delta$ の証明図の最後の推論が, どの推論規則にしたがっているかによって, 場合

を分けた方が便利である.ただし,そのうちのいくつかの場合について,証明の仕方を説明すれば,あとはほとんど同様だから,ここでは増加(左),カット,∀(左),∃(左)の4つの場合だけを取り上げ,あとは読者の演習問題とすることにしよう.

(a) 増加(左)の場合.証明図は次のようになっている:

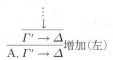

もちろん,A, Γ' が Γ である.いま,Γ', Δ をそれぞれ $A_1, A_2, \cdots, A_m$; $B_1, B_2, \cdots, B_n$ としよう.ここで,m, n が 0 であるかないかによって,さらに場合を分ける:

(a-1) $m>0, n>0$ の場合.$A_1, A_2, \cdots, A_m, B_1, B_2, \cdots, B_n$ に含まれている自由変数を全部あつめて,それらを一列に並べ,それを $a_1, a_2, \cdots, a_l$ とする.

いま,上の証明図の $\Gamma' \to \Delta$ 以上の部分を考えれば,これは次数が $k-1$ の証明図であるから,帰納法の仮定によって,$\Gamma' \to \Delta$ は恒真である.よって,初等的体系 (9.2) をいかにとっても,$(\neg A_1) \vee \cdots \vee (\neg A_m) \vee B_1 \vee \cdots \vee B_n$ の閉包を解釈した命題

$$\forall x_1 \forall x_2 \cdots \forall x_l [\{\neg\langle A_1\rangle(x_1, x_2, \cdots, x_l)\} \vee \cdots$$
$$\vee \{\neg\langle A_m\rangle(x_1, x_2, \cdots, x_l)\}$$
$$\vee \{\langle B_1\rangle(x_1, x_2, \cdots, x_l)\} \vee \cdots$$
$$\vee \{\langle B_n\rangle(x_1, x_2, \cdots, x_l)\}]$$

はつねに正しい. つまり, M からどのような要素 $c_1, c_2, \cdots, c_l$ をとってきても

$$\neg\langle A_1\rangle(c_1, c_2, \cdots, c_l), \cdots, \neg\langle A_m\rangle(c_1, c_2, \cdots, c_l)$$
$$\langle B_1\rangle(c_1, c_2, \cdots, c_l), \cdots, \langle B_n\rangle(c_1, c_2, \cdots, c_l)$$

のうちに少なくとも1つは正しいものがあるはずである. よって, $\langle A\rangle(c_1, c_2, \cdots, c_l)$ が真であっても偽であっても

$$\{\neg\langle A\rangle(c_1, c_2, \cdots, c_l)\}$$
$$\vee \{\neg\langle A_1\rangle(c_1, c_2, \cdots, c_l)\} \vee \cdots$$
$$\vee \{\neg\langle A_m\rangle(c_1, c_2, \cdots, c_l)\}$$
$$\vee \{\langle B_1\rangle(c_1, c_2, \cdots, c_l)\} \vee \cdots \vee \{\langle B_n\rangle(c_1, c_2, \cdots, c_l)\}$$

は正しい. しかるに, $c_1, c_2, \cdots, c_l$ は任意であったから, これは, 命題

$$\forall x_1 \forall x_2 \cdots \forall x_l [\{\neg\langle A\rangle(x_1, x_2, \cdots, x_l)\}$$
$$\vee \{\neg\langle A_1\rangle(x_1, x_2, \cdots, x_l)\} \vee \cdots$$
$$\vee \{\neg\langle A_m\rangle(x_1, x_2, \cdots, x_l)\}$$
$$\vee \{\langle B_1\rangle(x_1, x_2, \cdots, x_l)\} \vee \cdots$$
$$\vee \{\langle B_n\rangle(x_1, x_2, \cdots, x_l)\}] \quad (9.6)$$

が正しいということに他ならない. ところが, (9.6) は

$$(\neg A) \vee (\neg A_1) \vee \cdots \vee (\neg A_m) \vee B_1 \vee \cdots \vee B_n \quad (9.7)$$

の閉包を解釈してえられる命題であったから，(9.7)は恒真である．ゆえに，定義9.2によって，$A, \Gamma' \to \Delta$，すなわち $\Gamma \to \Delta$ は恒真であることがわかった．

(a-2) $m>0, n=0$ の場合．上と同様である．

(a-3) $m=0, n>0$ の場合．上と同様である．

(a-4) $m=0, n=0$ の場合．このときの証明図は

となっていて，一番下の推件式 $A \to$ が問題のトートロジー $\Gamma \to \Delta$ である．ここで，上の証明図のうち P の部分を考えれば，これは次数が $k-1$ の証明図であるから，帰納法の仮定によって，推件式

$$\to$$

は恒真でなくてはならない．しかし，定義によって，これは恒真ではないから，このような場合はおこらない．

(b) カットの場合．証明図は次のようになっている：

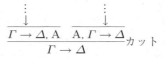

いま，Γ, Δ をそれぞれ $A_1, A_2, \cdots, A_m$；$B_1, B_2, \cdots, B_n$ としよう．そして，上と同様，m, n が0である

かないかによって場合を分けて考える．

(b-1) $m>0, n>0$ の場合．$A, A_1, A_2, \cdots, A_m, B_1, B_2, \cdots, B_n$ に含まれる自由変数を全部あつめて $a_1, a_2, \cdots, a_l$ とする．

いま，上の証明図の $\Gamma \to \Delta, A$ 以上の部分，および $A, \Gamma \to \Delta$ 以上の部分を考えれば，それらの次数はいずれも k よりも小さいから，帰納法の仮定によって，$A, \Gamma \to \Delta$ および $\Gamma \to \Delta, A$ はいずれも恒真である．よって，素構造 (9.1) をもつ体系 (9.2) を任意にとって，$(\neg A_1) \vee \cdots \vee (\neg A_m) \vee B_1 \vee \cdots \vee B_n \vee A$ および $(\neg A) \vee (\neg A_1) \vee \cdots \vee (\neg A_m) \vee B_1 \vee \cdots \vee B_n$ の閉包を解釈した命題

$$\forall x_1 \forall x_2 \cdots \forall x_l [\{\neg \langle A_1 \rangle (x_1, x_2, \cdots, x_l)\} \vee \cdots \\ \vee \{\neg \langle A_m \rangle (x_1, x_2, \cdots, x_l)\} \\ \vee \{\langle B_1 \rangle (x_1, x_2, \cdots, x_l)\} \vee \cdots \\ \vee \{\langle B_n \rangle (x_1, x_2, \cdots, x_l)\} \\ \vee \{\langle A \rangle (x_1, x_2, \cdots, x_l)\}]$$

および

$$\forall x_1 \forall x_2 \cdots \forall x_l [\{\neg \langle A \rangle (x_1, x_2, \cdots, x_l)\} \\ \vee \{\neg \langle A_1 \rangle (x_1, x_2, \cdots, x_l)\} \vee \cdots \\ \vee \{\neg \langle A_m \rangle (x_1, x_2, \cdots, x_l)\} \\ \vee \{\langle B_1 \rangle (x_1, x_2, \cdots, x_l)\} \vee \cdots \\ \vee \{\langle B_n \rangle (x_1, x_2, \cdots, x_l)\}]$$

をつくれば，これらはいずれも正しいはずである．したがって，M から任意に要素 $c_1, c_2, \cdots, c_l$ をとって

§ 4. トートロジーの恒真性

くれば
$$\begin{cases} \neg\langle A_i\rangle(c_1, c_2, \cdots, c_l) & (i=1, 2, \cdots, m) \\ \langle B_j\rangle(c_1, c_2, \cdots, c_l) & (j=1, 2, \cdots, n) \\ \langle A\rangle(c_1, c_2, \cdots, c_l) \end{cases} \quad (9.8)$$

のうちにも
$$\begin{cases} \neg\langle A\rangle(c_1, c_2, \cdots, c_l) \\ \neg\langle A_i\rangle(c_1, c_2, \cdots, c_l) & (i=1, 2, \cdots, m) \\ \langle B_j\rangle(c_1, c_2, \cdots, c_l) & (j=1, 2, \cdots, n) \end{cases} \quad (9.9)$$

のうちにも,少なくとも1つは正しいものがあるはずである.いま,それが
$$\begin{cases} \neg\langle A_i\rangle(c_1, c_2, \cdots, c_l) & (i=1, 2, \cdots, m) \\ \langle B_j\rangle(c_1, c_2, \cdots, c_l) & (j=1, 2, \cdots, n) \end{cases} \quad (9.10)$$

のうちにあれば,もちろん
$$\{\neg\langle A_1\rangle(c_1, \cdots, c_l)\} \vee \cdots \vee \{\neg\langle A_m\rangle(c_1, \cdots, c_l)\}$$
$$\vee \{\langle B_1\rangle(c_1, \cdots, c_l)\} \vee \cdots \vee \{\langle B_n\rangle(c_1, \cdots, c_l)\} \quad (9.11)$$

は正しい.しかし,(9.10) のうちに正しいものがなければ,(9.8), (9.9) のどちらにも少なくとも1つは正しいものがなければならないということから,$\langle A\rangle(c_1, \cdots, c_l), \neg\langle A\rangle(c_1, \cdots, c_l)$ がいずれも正しくなくてはならないということになる.しかし,これは矛盾である.よって,このようなことはおこらない.つまり,(9.11) は,$c_1, c_2, \cdots, c_l$ のとり方のいかんにかかわらず正しいのである.しかるに,これは,

$$(\neg A_1) \vee \cdots \vee (\neg A_m) \vee B_1 \vee \cdots \vee B_n$$

の閉包を解釈してえられる命題が正しいということ

に他ならないから，トートロジー $\Gamma \to \Delta$ は恒真である．

(b-2) $m > 0, n = 0$ の場合．上と同様である．

(b-3) $m = 0, n > 0$ の場合．上と同様である．

(b-4) $m = 0, n = 0$ の場合．このときの証明図は

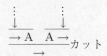

という形であって，帰納法の仮定により，$\to A$ および $A \to$ はいずれも恒真である．したがって，A および $\neg A$ はいずれも恒真でなくてはならない．そこでいま，A に含まれている自由変数を $a_1, a_2, \cdots, a_l$ とすれば，素構造 (9.1) をもつ初等的体系 (9.2) をいかにとっても，A, $\neg A$ の閉包を解釈した命題
$$\forall x_1 \forall x_2 \cdots \forall x_l \langle A \rangle (x_1, x_2, \cdots, x_l)$$
$$\forall x_1 \forall x_2 \cdots \forall x_l \neg \langle A \rangle (x_1, x_2, \cdots, x_l)$$
は正しいはずである．よって，M のいかなる要素 $c_1, c_2, \cdots, c_l$ をとってきても，
$$\langle A \rangle (c_1, c_2, \cdots, c_l), \quad \neg \langle A \rangle (c_1, c_2, \cdots, c_l)$$
は両方とも正しいということになる．しかし，これは矛盾である．よって，このような場合はおこらない．

(c) $\forall$（左）の場合．証明図は次のようになっている：

もちろん，$\forall x A(x), \Gamma'$ が Γ である．ここで，やはり，Γ', Δ をそれぞれ $A_1, A_2, \cdots, A_m$; $B_1, B_2, \cdots, B_n$ とし，m, n が正であるか 0 であるかによって場合を分けて考える．

(c-1) $m > 0, n > 0$ の場合．$A(t), A_1, \cdots, A_m, B_1, \cdots, B_n$ に含まれる自由変数を全部あつめて $a_1, a_2, \cdots, a_l$ とする．

いま，上の証明図の $A(t), \Gamma' \to \Delta$ 以上の部分に注目すれば，その次数は $k-1$ であるから，帰納法の仮定により，$A(t), \Gamma' \to \Delta$ は恒真である．よって，論理式
$$\{\neg A(t)\} \vee (\neg A_1) \vee \cdots \vee (\neg A_m) \vee B_1 \vee \cdots \vee B_n \quad (9.12)$$
は恒真でなくてはならない．したがって，素構造 (9.1) をもつ初等的体系 (9.2) を任意にとってきて，(9.12) の閉包を解釈した命題

$\forall x_1 \forall x_2 \cdots \forall x_l [\{\neg \langle A \rangle (s(x_1, \cdots, x_l), x_1, \cdots, x_l)\}$
$\qquad \vee \{\neg \langle A_1 \rangle (x_1, \cdots, x_l)\} \vee \cdots \vee \{\neg \langle A_m \rangle (x_1, \cdots, x_l)\}$
$\qquad \vee \{\langle B_1 \rangle (x_1, \cdots, x_l)\} \vee \cdots \vee \{\langle B_n \rangle (x_1, \cdots, x_l)\}]$
(ただし，$s(x_1, \cdots, x_l)$ は，$\langle t \rangle$ 中の $a_1, a_2, \cdots, a_l$ を $x_1, x_2, \cdots, x_l$ にかえたもの)

をつくれば，これは正しいはずである．よって，M

のいかなる要素 $c_1, c_2, \cdots, c_l$ をもってきても
$$\begin{cases} \neg\langle A\rangle(s(c_1, \cdots, c_l), c_1, \cdots, c_l) \\ \neg\langle A_i\rangle(c_1, \cdots, c_l) \quad (i=1, 2, \cdots, m) \\ \langle B_j\rangle(c_1, \cdots, c_l) \quad (j=1, 2, \cdots, n) \end{cases}$$
のなかに，少なくとも1つは正しいものがなくてはならない．もしそれが
$$\begin{cases} \neg\langle A_i\rangle(c_1, \cdots, c_l) \quad (i=1, 2, \cdots, m) \\ \langle B_j\rangle(c_1, \cdots, c_l) \quad (j=1, 2, \cdots, n) \end{cases} \quad (9.13)$$
のなかにあれば，
$\{\neg\forall x\langle A\rangle(x, c_1, c_2, \cdots, c_l)\}$
　$\vee \{\neg\langle A_1\rangle(c_1, c_2, \cdots, c_l)\} \vee \cdots$
　$\vee \{\neg\langle A_m\rangle(c_1, c_2, \cdots, c_l)\}$
　$\vee \{\langle B_1\rangle(c_1, c_2, \cdots, c_l)\} \vee \cdots \vee \{\langle B_n\rangle(c_1, c_2, \cdots, c_l)\}$
$$(9.14)$$
は正しい．

他方，もし正しいものが (9.13) のなかになければ，
$$\neg\langle A\rangle(s(c_1, \cdots, c_l), c_1, \cdots, c_l)$$
が正しいということになるが，これは $\langle A\rangle(x, c_1, \cdots, c_l)$ が正しくないような x があるということに他ならない．よって，$\forall x\langle A\rangle(x, c_1, \cdots, c_l)$ は正しくなく，したがって，$\neg\forall x\langle A\rangle(x, c_1, \cdots, c_l)$ は正しい．これより，この場合にも，(9.14) は正しいことがわかる．すなわち，(9.14) は $c_1, c_2, \cdots, c_l$ のえらび方にかかわらず正しいのである．こうして，(9.2) のとり方

のいかんにかかわらず

$$\{\neg \forall x A(x)\} \vee \neg(A_1) \vee \cdots \vee (\neg A_m) \vee B_1 \vee \cdots \vee B_n$$

の閉包を解釈した命題は，正しくなることがわかった．よって，$\Gamma \to \Delta$ は恒真である．

(c-2) $m>0, n=0$ の場合．上と同様である．

(c-3) $m=0, n>0$ の場合．上と同様である．

(c-4) $m=0, n=0$ の場合．上と同様である．

(d) ∃（左）の場合．証明図は次のようになっている：

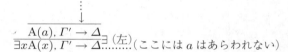

$$\frac{A(a), \Gamma' \to \Delta}{\exists x A(x), \Gamma' \to \Delta} \exists\,(左) (ここには a はあらわれない)$$

もちろん，$\exists x A(x), \Gamma'$ が Γ である．この場合にも，やはり，Γ', Δ をそれぞれ $A_1, \cdots, A_m ; B_1, \cdots, B_n$ とし，m, n が 0 であるかないかによって場合を分けて考える．

(d-1) $m>0, n>0$ の場合．$A(a), A_1, \cdots, A_m, B_1, \cdots, B_n$ に含まれている自由変数を全部あつめて $a, a_1, \cdots, a_l$ とする．このとき，上の証明図の $A(a), \Gamma' \to \Delta$ 以上の部分に注目すれば，これは，次数が $k-1$ の証明図であるから，帰納法の仮定によって，$A(a), \Gamma' \to \Delta$, したがって

$$\{\neg A(a)\} \vee (\neg A_1) \vee \cdots \vee (\neg A_m) \\ \vee B_1 \vee \cdots \vee B_n \qquad (9.15)$$

は恒真である．よって，素構造 (9.1) をもつ初等的体系 (9.2) を任意にとってきて (9.15) の閉包を解釈した命題

$$\forall x \forall x_1 \forall x_2 \cdots \forall x_l [\{\neg \langle A \rangle (x, x_1, x_2, \cdots, x_l)\}$$
$$\vee \{\neg \langle A_1 \rangle (x_1, x_2, \cdots, x_l)\} \vee \cdots$$
$$\vee \{\neg \langle A_m \rangle (x_1, x_2, \cdots, x_l)\}$$
$$\vee \{\langle B_1 \rangle (x_1, x_2, \cdots, x_l)\} \vee \cdots$$
$$\vee \{\langle B_n \rangle (x_1, x_2, \cdots, x_l)\}]$$

をつくれば，これは正しいはずである．したがって，M の要素 $c, c_1, c_2, \cdots, c_l$ をどのようにとっても，

$$\begin{cases} \neg \langle A \rangle (c, c_1, c_2, \cdots, c_l) \\ \neg \langle A_i \rangle (c_1, c_2, \cdots, c_l) \quad (i=1, 2, \cdots, m) \\ \langle B_j \rangle (c_1, c_2, \cdots, c_l) \quad (j=1, 2, \cdots, n) \end{cases}$$

のなかに少なくとも1つは正しいものがなくてはならない．このとき，

$$\begin{cases} \neg \langle A_i \rangle (c_1, c_2, \cdots, c_l) \quad (i=1, 2, \cdots, m) \\ \langle B_j \rangle (c_1, c_2, \cdots, c_l) \quad (j=1, 2, \cdots, n) \end{cases} \quad (9.16)$$

のなかに正しいものがあれば，もちろん

$$\{\neg \exists x \langle A \rangle (x, c_1, \cdots, c_l)\}$$
$$\vee \{\neg \langle A_1 \rangle (c_1, \cdots, c_l)\} \vee \cdots \vee \{\neg \langle A_m \rangle (c_1, \cdots, c_l)\}$$
$$\vee \{\langle B_1 \rangle (c_1, \cdots, c_l)\} \vee \cdots \vee \{\langle B_n \rangle (c_1, \cdots, c_l)\}$$

$$(9.17)$$

は正しい．しかし，(9.16) のなかに正しいものがないときは，$\neg \langle A \rangle (c, c_1, \cdots, c_l)$ が正しいということに

なるが，これは $\langle A \rangle (c, c_1, \cdots, c_l)$ が正しくないということに他ならない．しかも，これらの $c_1, c_2, \cdots, c_l$ を固定している限り，c をどのようにとっても，(9.16) に正しいものがない以上，事情はまったく同じである．つまり，$\langle A \rangle (c, c_1, \cdots, c_l)$ が正しくなるような c は存在しない．これは，$\neg \exists x \langle A \rangle (x, c_1, \cdots, c_l)$ が正しいことを示している．よって，この場合にも (9.17) は正しい．ところが，これは

$$\{\neg \exists x A(x)\} \vee (\neg A_1) \vee \cdots \vee (\neg A_m) \vee B_1 \vee \cdots \vee B_n$$

の閉包を解釈した命題がつねに正しいということであるから，$\exists x A(x), \Gamma' \to \Delta$，すなわち $\Gamma \to \Delta$ は恒真である．

(d-2) $m > 0, n = 0$ の場合．上と同様である．

(d-3) $m = 0, n > 0$ の場合．上と同様である．

(d-4) $m = 0, n = 0$ の場合．上と同様である． □

§5. 完全性定理

上の超定理は，ごく簡単にいえば，トートロジーは，いかに解釈してもつねに正しいということである．

ところが，実は，この逆も成立する：

超定理 9.2 恒真な推件式 $\Gamma \to \Delta$ はつねにトートロジーである．

これを，ゲーデル (K. Gödel) の**完全性（超）定理**という．

この超定理は，いかに解釈しても正しい推件式は，必ず

トートロジーであること，すなわち，ある証明図によって得られる定理であることを示すものである．したがって，これは，われわれの論理が，正しいものはすべてこれを証明する能力をもつものであること，つまり，その意味では，完全無欠なものであることを示すものに他ならないといってよいであろう．

超定理 9.2 の証明は，さほど困難ではないが，紙数の関係上，これを省略することにする．

さて，いま，初等的な構造
$$(\alpha_1, \cdots, \alpha_r ; \beta_1^{(m_1)}, \cdots, \beta_s^{(m_s)} ; \gamma_1^{(n_1)}, \cdots, \gamma_t^{(n_t)}, \mathfrak{A}) \tag{9.18}$$
の公理系 $\mathfrak{A}$ が有限個の公理からなるとし，それらの公理を並べたものを $\varGamma_0$ とする．このとき，すぐわかるように，$\mathfrak{A}$ が矛盾していることと，推件式
$$\varGamma_0 \to \tag{9.19}$$
がトートロジーであることとは同値である．よって，もし $\mathfrak{A}$ が**無矛盾**，すなわち矛盾していないならば，(9.19) はトートロジーではない．したがって，ここへ超定理 9.2 を用いれば，(9.19) は恒真ではない．

いま，$\varGamma_0$ を $A_1, A_2, \cdots, A_m$ としよう．ただし，ここで公理というものの性格から，$A_i\ (i=1,2,\cdots,m)$ はすべて閉じていると解釈するのが自然である．ところで，(9.19) が恒真でないということは，
$$(\neg A_1) \lor (\neg A_2) \lor \cdots \lor (\neg A_m) \tag{9.20}$$
が恒真ではないということ，つまり (9.18) と同じ型を

もつ初等的な数学的体系
$$(M\,;\,c_1,\cdots,c_r\,;\,f_1{}^{(m_1)},\cdots,f_s{}^{(m_s)}\,;\,P_1{}^{(n_1)},\cdots,P_t{}^{(n_t)}) \tag{9.21}$$
を適当にとってきて (9.20) を解釈すると, 正しくなくなるということに他ならない. ところが, よく考えてみれば, これは, そのような (9.21) では, $A_1, A_2, \cdots, A_m$ がすべて成立するということと同じである. つまり, このとき, (9.21) は初等的な構造 (9.18) をもつわけである.

逆に, 初等的な構造 (9.18) をもつ初等的体系 (9.21) があれば, 上の議論からわかるように, (9.20) は恒真ではない. したがって, (9.19) はトートロジーではない. つまり, $\mathfrak{A}$ は無矛盾である. こうして, 次のようないちじるしい超定理がえられた：

超定理 9.3 初等的な構造の公理系が有限個の公理から成るとき, その公理系 $\mathfrak{A}$ が無矛盾であるための必要かつ十分な条件は, 実際にその構造をもつような初等的体系, すなわちその構造のモデルがあることである.

注意 4 超定理 9.3 は, 公理系が可算無限個の公理から成る場合にも成立することが知られている.

そのときの超定理の形は次の通り：

初等的な構造の公理系が可算無限個の公理から成るとき, その公理系のどのような有限部分集合も無矛盾であるための必要かつ十分な条件は, 実際にその構造をもつような初等的体系, すなわちその構造のモデルがあることである.

第10章　計算とは何か

本章では，いわゆる"計算"の概念について解説する．

数学のなかで，計算というものの占める役割はきわめて大きい．数学とは計算をする学問だ，という人さえあるくらいである．むろん，これはとんでもない間違いではあるが，ともかく，少なくとも計算なしで現代の数学が成立しえないことはたしかである．

それでは計算とは何か．——まずこの"計算"という言葉の意味するものを分析することからはじめることにしよう．

§1. 計算の例

"計算"という言葉を聞いて誰しもすぐ思いうかべるその特徴は，それが"機械的"なものだということである．

"ちょっとこの計算をやってみてくれないか."

"この計算はかなり大変だから，2,3人アルバイトをやとうことにしようじゃないか."

"別段頭をひねる必要はない．実際に計算してみれば，すぐ決着のつく問題だよ."

………

§ 1. 計算の例

　これらは，いずれも，日常よく聞かれる言葉である．読者は，これらを通覧して，そこに，計算というものが，別に推理や独創をまったく必要としない機械的なものだという考えが，一貫して流れていることに気がつくであろう．

　それでは，"機械的"とは一体どういうことであるか．

　——これを分析するために，次のような計算を例にとって考えてみることにしよう：

$$\begin{array}{r} 1357 \\ +)\ 2468 \\ \hline 3825 \end{array}$$

もちろん，これはきわめて簡単な計算である．しかし，いくら簡単だからといって，1357 と 2468 という 2 つの自然数があたえられた途端，ただちに 3825 という答がでてくるわけではない．途中の段階が多少省略されたり，変更されたりすることはあっても，原理的には，次のような手順をへて，はじめて最終的な答がだされるのである：

$$\begin{array}{r} 1357 \\ +)\ 2468 \\ \hline 15 \\ 11 \\ 7 \\ +)\ 3 \\ \hline 3825 \end{array}$$

　この例に限らず，2 つの自然数の加算は，原理的にはいつもこのように行なわれる．いまさら復習するまでもない

ことではあろうが,あとの議論のために,その手順をくわしく書いてみれば,次の通りである:

1° あたえられた2つの自然数を,適当な場所に,一番下の桁(1の位の桁)をそろえて上下に書く.

2° 一番右の桁の2つの数字に注目する(上の例では7と8).

3° それらを加え合わせて,その答を下に書く(上の例では15).

4° 目を,左どなりの2つの数字にうつす(上の例では5と6).

5° それらを加え合わせて,その答を下に書く(上の例では11).

6° そのような操作を,数字がなくなるまでつづける.ただし,あたえられた2つの自然数の桁数がちがっていれば,ある程度左へすすんでいくと,あとは数字が1つだけになるが,そのようなときは,その数字をそのまま下に書く.

7° 上の操作が終わったら,今度は,目を下の段にうつして,その一番右の桁をみる(上の例では5).

8° それをそのまま下に書く.

9° 目を左どなりの桁にうつし,そこの数字をみる(上の例では1,1).

10° そこに数字が2つあれば,それらを加え合わせた結果を下に書き,また数字が1つしかなければ,それ自身を下に書く(上の例では2).

11°　そのような操作を数字がなくなるまでつづける．

§2. 手順の分析

以上の手順を，もっと抽象的にまとめれば，次のようになる．

まず，2つの1桁の自然数の和を引くための次のような表を計算用紙上の適当な位置に用意し，次に，あたえられた2つの自然数を，これまた紙上の適当な位置に，下の桁をそろえて書く．そして，次のような段階を次々と実行する．

	0	1	2	3	4	5	6	7	8	9
0	0	1	2	3	4	5	6	7	8	9
1	1	2	3	4	5	6	7	8	9	10
2	2	3	4	5	6	7	8	9	10	11
3	3	4	5	6	7	8	9	10	11	12
4	4	5	6	7	8	9	10	11	12	13
5	5	6	7	8	9	10	11	12	13	14
6	6	7	8	9	10	11	12	13	14	15
7	7	8	9	10	11	12	13	14	15	16
8	8	9	10	11	12	13	14	15	16	17
9	9	10	11	12	13	14	15	16	17	18

（ⅰ）　2つのあたえられた自然数の一番右の桁の2つの数字に注目し，それらをおぼえる．そして，目を表にうつす．

（ⅱ）　表によって，おぼえておいた2つの数の和を求め，それをおぼえる．そのかわり，2つの数は忘れ

る．そして，目をもとの桁の下にうつす．
(iii) そこにおぼえておいた数を書き，それを忘れる．そして，目を左どなりの桁の上の方にうつし，そこの数字をみる．
(iv) そこに2つの数字があれば，それらをおぼえて，目を表にうつし，段階(ii)にかえる．また，そこに1つしか数字がなければ，それをそのまま下に書き，目を左どなりにうつす．そして，ふたたびこの段階(iv)を実行する．さらに，そこに1つも数字がなければ，目を下の欄の一番右の桁にうつし，そこの数字をみる．そして，次の段階(v)を実行する．
(v) そこには1つしか数字がないから，それをそのまま下に書き，目を1つ左の桁の上にうつす．そして，次の段階(vi)を実行する．
(vi) そこに1つしか数字がなければ，それをそのまま下に書き，目を1つ左の桁の上にうつす．そして，ふたたびこの段階(vi)を実行する．また，そこに2つ数字があれば，それらをおぼえて目を表にうつし，次の段階(vii)を実行する．また，そこに1つも数字がなければ，段階(ix)にうつる．
(vii) おぼえておいた2つの数の和を表によって求め，それをおぼえる．そのかわり，2つの数は忘れる．そして，目をもとの桁の下にうつし，次の段階(viii)を実行する．
(viii) そこにおぼえておいた数を書き，それを忘れる．

そして目を左どなりの桁の上にうつし，段階（vi）を実行する．

（ix） 計算完了． 以上．

ところで，上にのべた自然数の加算は，"計算"といわれるもののなかでも，もっとも簡単なものである．しかし，実は，自然数の四則計算，開平・開立の計算，いろいろの近似計算，さらにすすんで，初等関数の微分法，有理関数の不定積分法など，すべて計算と名のつくものの特徴は，ほとんどすべて，ここにはっきりとあらわれている．

つまり，これら計算と名のつくものは，すべて，次のような特徴をもつ"手続き"にしたがって行なわれるのである：

1° そこでは有限個の一定の記号しか用いられない（上の加算の例では，$0, 1, 2, \cdots, 9$ の 10 個）．

2° その手続きは，有限個の段階から成り立っている．

3° 計算が，それらの段階のうちの，どれからはじめられるかが，はっきりと定まっている．

4° 各段階では，目が計算用紙上のどこに向けられているべきかが，はっきりと定まっている．

5° 各段階では，前段階からひきついだ一定個数の記号の記憶がのこっている（0 個の場合もある）．

6° 各段階では，その記憶，および眼前にあるものにもとづいて，次に何を記憶し，何を忘れるべきかがはっきりと定まっている．

7° 各段階では，その記憶や眼前にあるものにもとづ

いて，眼前にあるものをどう書きかえるべきかが，はっきりと定まっている（空白も1つの記号と考えられるから，書き加えることや，消すことも，書きなおすことの特別の場合とみられる）．

8° 各段階では，その記憶や眼前にあるものにもとづいて，次にどこに目を向け，どの段階にいくべきかが，はっきりと定まっている．

§3. 計算に必要な知性

ここで，さきに述べた2つの自然数の加算の手続きを，もう一度ふりかえって考えてみることにしよう．

これをよくながめれば，この計算を行なうためには，何らの予備知識も訓練も，まったく必要のないことがわかる．つまり，ここにかりに，まだ一度も数のたし算をやった経験のない人がいたと想像してみる．そして，その人に前掲の表をあたえ，かつ，§2で述べた9つの段階を十分よくのみこませたと仮定する．そうすれば，いかなる2つの自然数をあたえても，彼がその手順を忠実に守って操作をつづける限り，必ずいつかは，それらの自然数の正確な和を出すことに成功するであろう．

なるほど，そのような人が答を出すまでには，われわれ一般人のように，加算を何回も何回も行なった経験のある人達にくらべれば，何十倍，いやひょっとすると何百倍もの時間がかかるかもしれない．しかし，どのような2つの自然数をあたえても，彼がいつかは必ず正確な答を出し

てくることはたしかなのである.

そのために彼に要求されるのは,例の9個の段階を理解するだけの知性があること;記号を判別し,かつそれを書くだけの目と手と知性とをもっていること;および,同時に一定個数の記号を短時間記憶しているだけの知性があること,の3つだけである.

しかし,それらはおそらく,小学校へ入る前の子供にとっても,すでに可能な程度の事柄ではないであろうか.

ところで,彼にそれだけの能力がありさえすれば,まさに,"機械的"に(i)から(viii)までの8つの段階を指令通りに反復することにより,遂には計算完了の段階(ix)にまで到達することができる.その間の事情は,§2で述べたことからもわかるように,それ以外の計算でもまったく同様である.つまり,計算に要する時間という点を無視する限り,計算というものは,何らの熟練,何らの思考能力,何らの独創性をも要求しないものなのである.

§4. ゲーデル化

計算というのは,一定個数のデータから,1つの答を出してくる一種の操作である.つまり,ある1つの集合 M があって,それから一定個数,たとえば r 個の要素(データ)

$$d_1, d_2, \cdots, d_r$$

があたえられたとき,それに対応する答 a を出してくる操作である. a は,その計算の性質から定まるある集合

N の要素である.

したがって,計算とは,

(1) 集合 M, N

および

(2) $M^r (= \overbrace{M \times M \times \cdots \times M}^{r})$ を定義域とし,N を終域とする写像 φ

があたえられたとき,M^r の要素 $(d_1, d_2, \cdots, d_r)$ の φ による像

$$\varphi(d_1, d_2, \cdots, d_r)$$

を求める一種の操作のことであるとみてよいであろう.

一般に,このような写像 φ に対して,§2で述べたような手続きがあって,それにしたがえば,M^r のいかなる要素 $(d_1, d_2, \cdots, d_r)$ があたえられたとしても,有限回の操作で値 $\varphi(d_1, d_2, \cdots, d_r)$ を必ず求めることができるとき,φ は**計算可能**であるという.

ところで,いかなる計算においても,M, N の要素は,あたえられた有限個の記号を有限個並べてえられる列である.たとえば,自然数の加算の場合には,M も N も,$0, 1, 2, \cdots, 9$ という 10 個の記号を有限個並べたものの集合である.また,初等関数の微分法では,M, N は,いずれも

$$0, 1, 2, \cdots, 9 ; x, y, \cdots ; \sin, \tan, \log, e ; (,), \cdots$$

などの記号の有限個の列である.ただし,この場合には,

$$\sqrt{A}, \quad A^B, \quad \frac{B}{A}, \quad e^A$$

というような（1列には並ばない）表現もあらわれるが，それらは，それぞれたとえば

$$\sqrt{(A)}, \quad (A)\uparrow(B), \quad (B)/(A), \quad \exp(A)$$

のような列の別記法だと考えればよいであろう．

ところで，ある集合 X の要素が，すべて，有限個の記号

$$s_1, s_2, \cdots, s_l$$

を有限個並べたものであったとする．そのときは，各 s_i に i という自然数を対応させ，かつ X の要素，たとえば，

$$s_{i_1}s_{i_2}\cdots s_{i_r} \tag{10.1}$$

に

$$2^{i_1}3^{i_2}5^{i_3}\cdots P_r{}^{i_r} \quad (P_r \text{ は } r \text{ 番目の素数}) \tag{10.2}$$

という自然数を対応させることにすれば，これは X から自然数全体の集合 $\mathbf{N}$ への1つの単射である．そして，$\mathbf{N}$ のどのような要素があたえられても，それを素因数分解することによって，それが X の何らかの要素の像になっているかどうか；またそうであるとすれば，何の像であるかをただちに決定することができる．

したがって，(10.1) と (10.2) とを同一視したとしても，別段の支障はないであろう．そうすれば，当然 $X \subset \mathbf{N}$ である．

一般に，このような操作のことを，X の要素の**ゲーデル化**という．

さて，これだけの準備ののち，ふたたび計算の問題にかえり，さきに述べたような写像 φ があたえられたとし

てみる．このときは，$X = M \cup N$ と考えて，その要素のゲーデル化を行なえば，M も N も $\mathbf{N}$ の部分集合となり，したがって写像 φ は，$\mathbf{N}^r$ の部分集合 M^r から $\mathbf{N}$ への写像であるとみることができる．

いま，このようにみた φ の定義域を拡大して，次のような $\mathbf{N}^r$ から $\mathbf{N}$ への写像 $\bar\varphi$ を定義する：

$$\bar\varphi(d_1, d_2, \cdots, d_r)$$
$$= \begin{cases} \varphi(d_1, d_2, \cdots, d_r) & (d_1, d_2, \cdots, d_r \in M \text{ のとき}) \\ 0 & (\text{そうでないとき}) \end{cases}$$

そうすれば，たやすくわかるように，写像 φ が計算可能であるということと，$\bar\varphi$ が計算可能であるということとは同値である．

一般に，r が $r \geq 1$ なる自然数のとき，$\mathbf{N}^r$ から $\mathbf{N}$ への写像のことを，**数論的関数**という．つまり，今後，計算の問題を論ずるときは，考察の対象を，数論的関数だけにしぼっても，一般性を失うことはないのである．

したがって，今後われわれは，そのような立場をとることにしよう．

§5. 指令表

§2で述べた計算の手続きの特徴 1°〜8° は，これをより単純に，しかもより明確にすることができる．

それを説明するために，まず次の事柄を確認しておこう：

1° 計算に用いる紙は,目のあらい方眼紙であると仮定しても,一般性を失わない.そしてそれは,計算をするのに十分なだけの広さをもっていると仮定してもよい.

2° 数字や補助の記号は,すべて方眼紙のます目のなかに書くものとし,1つのます目には,2つ以上の記号は書かない,つまりせいぜい1つしか書かないものと規約しても,一般性を失わない.

3° 空白も1つの記号とみてよい.

4° いくつかのます目を同時にみるのも,それらを1つずつ順々にみるのも同じことであるから,各段階で目を向ける場所は,1つのます目だけであると仮定しても一般性を失わない.

5° 次の段階にうつるとき,目をうつすべき場所が遠くはなれていたとしても,結局1こまずつすすんでそこへ到達すればよいのであるから,目の移動は,現在みているます目の上下左右のとなりへの移動の4つのうちのどれかであると仮定しても,一般性を失わない.

6° 上と同じ理由から,書いたり消したりするます目は,現在みているます目だけであるとしてよい.

7° 計算は,データ(自然数の組)$d_1, d_2, \cdots, d_r$ が方眼紙上の適当な場所に,上から下へ桁をそろえて書かれ,かつ必要な表が,やはり同じ方眼紙上の適当な場所に書かれたときからはじまると仮定してよい.そしてそのとき,目は,データの最後の数 d_r の一番右の桁をみているとしても,一般性を失わない.

8°　さきにも述べたように，各段階では，一定個数の記号をおぼえる必要がある．しかし，そのおぼえるべき記号は，あたえられたデータによっても異なりうるし，その段階が計算の過程のどのような時点であらわれるかによってもかわりうる．とはいっても，その段階でおぼえるべき記号の個数は一定であり，記号の種類もまた有限個であるから，段階と，その段階でおぼえるべき記号との組み合わせは有限個しかない．

さて，以上の事柄を確認した上で，計算の手続きの特徴を単純化することをこころみよう．

まず，上の8°で述べた，段階とおぼえるべき記号との組み合わせを"状態"とよぶことにし，これらを

$$q_{-1}, q_0, q_1, \cdots, q_n$$

と書くことにする．そして，q_{-1}は計算開始の際の状態を，またq_0は計算完了のときの状態を表わすことにする．また，計算につかう記号を

$$S_{-1}, S_0, S_1, \cdots, S_m \quad (m \geqq 9)$$

とし，S_{-1}は空白を，$S_0, S_1, \cdots, S_9$は，それぞれ0, 1, 2, …, 9を表わすものとする．

ところで，単純化された計算の手続きの特徴は，次のごとくである．

（a）　計算開始の際，目は，あたえられたデータの最後の数の一番右の桁をみている．

（b）　計算開始の際の状態はq_{-1}である．

（c）　計算は，第1の操作，第2の操作，第3の操作，

…というように不連続に進行する．したがって，時間は，最初の瞬間，次の瞬間，その次の瞬間，…というように，不連続にすすむものと考えられる．

(d) 計算進行中のいかなる瞬間においても，計算する人は，あるます目に注目し，ある状態にある．そのます目に書いてある記号を S_i，その状態を q_j とすれば，次の瞬間，目を上下左右のます目のうちのどれへうごかすかは，S_i と q_j との関数 $f(S_i, q_j)$ である．また眼前にある S_i をどの S_k $(k=-1, 0, 1, 2, \cdots, m)$ に書きかえるべきかも，S_i と q_j との関数 $g(S_i, q_j)$ である．さらに，次にどの状態にうつるべきかも S_i と q_j との関数 $h(S_i, q_j)$ である．ただし，j が 0 のときは，q_0 が計算完了の状態であることから，f, g, h の値はいずれも存在しない． 以上．

したがって，1 つの計算の手続きは，各 $S_i, q_j (j \neq 0)$ の組に，$f(S_i, q_j), g(S_i, q_j), h(S_i, q_j)$ の値を並べた

$$\text{上} S_3 q_4, \text{下} S_5 q_0, \text{右} S_1 q_{18}, \cdots \qquad (10.3)$$

のようなものを 1 つずつ対応させれば，それで完全に決定すると考えられる．一般に，(10.3) のようなものを**指令**という．その個数は，ただちにわかるように，$4 \times (m+2) \times (n+2)$ である．それゆえ，1 つの計算の手続きは，また

	q_{-1}	q_2	$\cdots$	q_n
S_0	$x_{0\,-1}$	$x_{0\,2}$	$\cdots$	$x_{0\,n}$
S_1	$x_{1\,-1}$	$x_{1\,2}$	$\cdots$	$x_{1\,n}$
$\vdots$	$\vdots$	$\vdots$		$\vdots$
S_m	$x_{m\,-1}$	$x_{m\,2}$	$\cdots$	$x_{m\,n}$

($x_{i\,j}$ は指令)

のような表をあたえれば決定するといってもよいであろう.このような表を一般に**指令表**という.

§6. Turing 機械

われわれは,上の考察によって,結局,計算とは,上のようなある指令表にしたがって,機械的に行なわれるものであるという結論に到達した.

そうすれば,当然のことながら,任意の指令表に対して,次のような機械を想像することができるであろう:

1° その機械は,読み取り器をもっていて,方眼紙のます目にそれをあてれば,そこに書いてある記号 (S_{-1}, $S_0, S_1, \cdots, S_m$) を読み取ることができる.

2° その機械のなかには1つのメーターがあって,その目盛りには, $q_{-1}, q_0, \cdots, q_n$ というしるしがついている.

3° その機械は,かなり高級な印字器をもっていて,それは,読み取り器の前にあるます目の文字を消し去り,そこへ新しい記号を印字することができる.

4° その機械は,あたえられた方眼紙を上下左右に1こまずつうごかす,すなわちずらすことができるような,

§6. Turing 機械

1つの装置をもっている.

5°　現在の瞬間,読み取り器が文字 S_i を読み取り,上のメーターの針が目盛り q_j をさしているならば,その機械は,次の瞬間,あたえられた指令表が下す指令 x_{ij} にしたがい,見ている文字を書きかえ,方眼紙を適当にうごかし,メーターの針の向きを適当に変更させることができる.

たとえば,その x_{ij} が

$$上\ S_2 q_3$$

であれば,機械は,まず読み取り器の前の文字を S_2 すなわち 2 に書きかえ,そのます目の 1 つ上のます目が見えるように方眼紙をうごかし,かつメーターの針が q_3 をさすようにこれをうごかすであろう.

6°　こうして,次々と操作をつづけ,針が目盛り q_0 をさした途端,機械は停止する.　　　　　　　　　以上.

このような想像上の機械を,あたえられた指令表に対応する **Turing 機械**,その指令表を,その Turing 機械の指令表という.

ただ,想像上の機械とはいっても,m や n がさして大きくない場合には,そのような機械を工学的に実現することはもちろん可能である.

一般に,1 つの Turing 機械は,次の条件をみたすとき,数論的関数 $\varphi(d_1, d_2, \cdots, d_r)$ を**計算する**という:

方眼紙上の一定のところに,データ(自然数の組)$d_1, d_2, \cdots, d_r$ を桁をそろえて上下に並べ,他方,やはり

一定の場所に, $d_1, d_2, \cdots, d_r$ とは無関係な有限個のデータ（表）を並べる. そして, d_r の最後の桁を読み取り器にかけ, メーターの針を q_{-1} に合わせてうごかしはじめる. すると, その機械は, いくつかの瞬間ののち, 一定の場所に, 値

$$\varphi(d_1, d_2, \cdots, d_r)$$

を書いて停止する. ただし, それまでに, 何瞬間かかるかは, あたえられたデータ $d_1, d_2, \cdots, d_r$ によってかわりうることはいうまでもない.

さて, この概念を用いれば, われわれの分析の結果は次のように述べることができる:

数論的関数が計算可能であれば, それを計算するような Turing 機械が存在する.

実は, この逆も正しいとみてよい. 何となれば, その Turing 機械の指令表そのものが, その関数の値を計算する1つの一般的手続きにほかならないと見ることができるからである.

ただし, 以上の議論は論理的なものではない. われわれは, ただ, 計算, ないしは計算可能な関数といわれる漠然とした概念の特徴を帰納的にさがし, それを整理することによって, Turing 機械の概念に到達しただけのことなのである.

しかし, この概念が, われわれの考えている"計算の一般的手続き"というもののニュアンスを, きわめて忠実に反映していることは異論のないところであろう. そこでわ

れわれは,あらためて次のように定義する.

数論的関数 $\varphi(d_1, d_2, \cdots, d_r)$ は,これを計算するような **Turing 機械**が存在するとき,およびそのときに限って計算可能であるという.

ところで,"ある Turing 機械が計算する関数"という概念は,それ自身きわめてはっきりとした意味をもっている.しかし,そのままでは,そのような関数が,数論的関数のどのような部分を占めているかを知ることができない.さらにまた,そのような関数の数学的性質についても,きわめて貧弱な知識しか得られない.

そこで,以下に,それぞれまったく異なった観点からする,計算可能な関数の定義法を3つ追加することにする.結果としては4つになるわけであるが,それらは互いに完全に同等であることが示されるのである.

しかし,その同等であることの証明を述べるのには,きわめて多くの紙数を必要とする.そこで,以下では,これをいっさい省略することにしたい.とはいえ,これらが全部同等であることをあたまから承認し,その上でそれらを総合してみていただけば,計算可能な関数の性質や範囲を,かなりはっきりとつかむことができるであろう.

§7. 階乗の計算

計算可能というのは,これを一言にしていえば,変数の値があたえられたとき,それに対応する関数値を計算する"一般的な手続き"がある,ということであった.そして,

その手続きというのは, いくつかの"操作段階"のつながり具合を示すものであった.

ところで, 前節では, これを"紙上で行なわれる手順"として眺めたわけであるが, これはまた, "それ自身"として, いいかえれば, 段階のつながり具合を示す1つの"図式"として眺めることもできるわけである.

たとえば,

$$f(n) = n!$$

という数論的関数を考えてみよう. いうまでもないことながら, これにはもちろん計算の"一般的手続き"がある. つまり, 変数の値 n があたえられたならば, 1から n までの自然数を順々に掛け合わせていけばよい. ただし, $n=0$ のときだけは例外で, ただちに1を答とする.

ところで, その操作の進行状況をよりくわしくいえば, 次のようになるであろう. ただし, 以下では, i はそのときまでに行なわれた掛算の回数を, また x は, そのときまでにえられた中間的な積を表わすものとする.

1° $i=0$, $x=1$ とおく (この操作を便宜上,

$$0 \to i, \quad 1 \to x$$

と書くことにする).

2° あたえられたデータ n と i とを比較する. つまり, $n=i$ であるかどうかを調査する (この操作を, 便宜上

$$n=i?$$

と書くことにする). その結果, もしそうであることがわかれば計算完了で, そのときの x が答である. そうでな

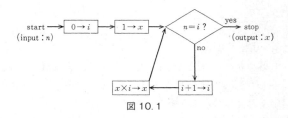

図 10.1

ければ，次の段階へいく．

3° $i+1$ をあらためて i とおく．たとえば，i が 0 であれば，その値は 1 にかわり，1 であれば 2 にかわる，というわけである（この操作を，便宜上，

$$i+1 \to i$$

と書くことにする）．

4° $x \times i$ をあらためて x とおく．たとえば，$x=1$, $i=2$ であれば，x は 1 から 1×2 すなわち 2 にかわり，$x=2$, $i=3$ であれば，x は 2 から 2×3 すなわち 6 にかわる，というわけである（この操作を，便宜上，

$$x \times i \to x$$

と書くことにする）．これが終わったら，段階 2° にかえる．

この手順は，図 10.1 のような図式に表わすとわかりやすいであろう．

読者は，n をたとえば 4 とでもおいて，この図式を丹念にたどってみられたい．そうすれば，stop のところで，x の値がまさしく 4! すなわち 24 となっていることがわかる

であろう.

§8. 乗法と加法

上の図式のなかには $x \times i$ という掛算が含まれている. しかし, この掛算の関数 $f(m, n) = m \times n$ にも, やはり明確な計算の手続きがある. つまり, データ m, n があたえられたならば, m を n 回順々に加えていけばよい. そのときまでに行なわれた加算の回数を i, 中間的な和を x とおけば, その操作の進行状況は, これを次のように述べることができるであろう.

1° $i = 0$, $x = 0$ とおく (これを, $0 \to i$, $0 \to x$ と書く).

2° $n = i$ かどうかを調査する (これを "$n = i$?" と書く). もし $n = i$ であれば計算完了で, そのときの x が答である. そうでなければ, 次の段階へいく.

3° $x + m$ をあらためて x とおく (これを, $x + m \to x$ と書く).

4° $i + 1$ をあらためて i とおく (これを, $i + 1 \to i$ と書く). そして, 段階 2° へいく.

この進行状況を, $n!$ の場合にならって図式化すれば, 図 10.2 のようになるであろう.

ところで, ここには $x + n$ という足し算がつかわれている. しかし, 足し算の関数 $f(m, n) = m + n$ にも, 次のような計算手続きがある. つまり, m, n があたえられたならば, m に 1 を n 回加えればよい. もうすでに, 読

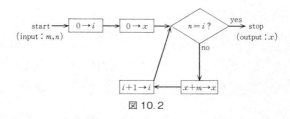

図 10.2

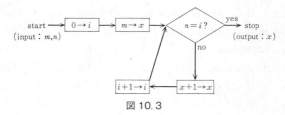

図 10.3

者は上のような図式の書き方や見方を会得されたと思うから,直接これを書いてみることにしよう(図 10.3). i は,そのときまでに行なわれた 1 を加える操作の回数を,また x は,中間的な和をあらわすものである.

§ 9. Flow chart

何度も述べるように,1 つの数論的関数が計算可能であるというのは,計算の一般的な手続きがあるということである.そして,その手続きは,いくつかの段階の"流れ"を支配する規則である.したがって,それらの段階を上のように

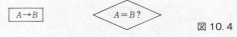

図 10.4

のような"箱"で表わし，それらを適当に矢印でつなぐことによって，その手続きを図式化することができるであろう．

一般に，このような図式のことを，問題になっている関数の **flow chart**（流れ図）という．そして，図10.4の左側のような箱を **function box**，右側のような箱を **decision box** とよぶ．上の3つの例からもわかるように，function box では，A は定数，変数，ないしはそれらのいくつかを，いくつかの関数記号で結合したものであり，B は1つの変数である．また，decision box では，A, B はともに変数である．

注意1 decision box の B を変数ないしは定数とする流儀もあるが，それを採用したとしても，別に flow chart の概念は広くはならない．なんとなれば，たとえば，"$n=2$?" ということは，"$2 \to i,\ n = i$?" ということだからである．

ところで，1つの関数 $f(m_1, m_2, \cdots, m_r)$ が計算手続きをもつというとき，その手続きのなかで用いられる関数は，すべて，当然 f よりももっと"簡単な"ものでなければならない．いいかえれば，手続きのなかにあらわれる関数は，すでに計算手続きがわかっているようなものでなければならない．

しかしながら，その手続きのなかに，また別の関数があ

らわれるかもしれない。そして、このようなことをくりかえしていけば、結局"ぐるぐるまわり"になってしまう、という可能性もでてくるであろう。

そこで、われわれは、次のような措置をとることにする。すなわち、

$$f(n) = n+1$$

という関数だけは、自然数に付随する基本概念として"自明"なものとみとめ、これはもはや分析しないことに約束する。つまり、この関数だけは、天降りに計算手続きのある関数だときめてしまおうというわけである。しかし、この措置は、多分誰にも異論のないところであろう。

さて、このような約束の下で、上の状況を再検討してみる。すると、1つの関数 $f(m_1, m_2, \cdots, m_r)$ が計算手続きをもつというとき、その手続きのなかにあらわれる関数は、すべて、"関数としては、$f(n) = n+1$ だけしか用いないような計算手続きをもっていることが、すでにわかっている"ものでなければならない、ということになるであろう。

しかしながら、これは結局、$f(m_1, m_2, \cdots, m_r)$ 自身、そのような関数でなければならぬということに他ならない。これを、例の flow chart についていえば、$f(m_1, m_2, \cdots, m_r)$ の flow chart を十分こまかく分析していけば、ついには、function box としては、

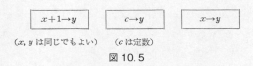

図 10.5

という形のものしか表われないようにすることができなくてはならない，ということである．

一般に，flow chart のうち，function box としては，上の 3 種のものしかあらわれないようなものを，**pure flow chart** という．そして，pure flow chart として書けるような計算手続きをもつ数論的関数を **F-計算可能**であるとよぶ．

前節の考察によって，足し算の関数 $f(m,n) = m+n$ は F-計算可能である．また掛算の関数 $f(m,n) = m \times n$ の flow chart をみると

$$\downarrow$$
$$\leftarrow \boxed{x+m \to x} \qquad (1)$$

という function box があらわれているが，これは次のような flow chart (2) と同等である．

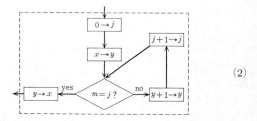

(2)

これは，足し算の関数の flow chart において（図 10.3 参照），m を x に，n を m に，i を j に，x を y に，それぞれおきかえ，その最後に

$$y \to x$$

という function box をつけ加えたものに他ならない．よって，$f(m, n) = m \times n$ の flow chart（図 10.2）において，(1) を (2) におきかえれば，1 つの pure flow chart がえられ，したがって，$f(m, n) = m \times n$ は，F-計算可能であることが知られる．また，$f(n) = n!$ の flow chart（図 10.1）には次の (3) のような function box があらわれるが，

(3)

これは，掛算の関数の pure flow chart において，m を x に，n を i に，i を k に，x を z に，それぞれおきかえ，その最後に

$$\boxed{z \to x}$$

という function box をつけ加えたものと同等である. よって, (3) をこれでおきかえれば, $f(n) = n!$ の pure flow chart がえられ, したがってこの関数も F-計算可能であることがわかる.

いろいろの経験から, 計算手続きをもつと考えられる関数の flow chart を上のような仕方で変形していくと, 形はどんどん複雑になるが, ついには pure flow chart に到達できることが知られている. したがって, F-計算可能な関数を "計算可能な関数" の定義とする, ということも考えられないわけではない. ところが, 実は, F-計算可能という概念は, (Turing 機械を用いて定義した) 計算可能の概念と, 完全に同等であることが示されるのである. したがって, 計算可能な関数は必ずその pure flow chart をもち, 逆もまた成立する.

§10. 電子計算機

電子計算機というものがある. これについては, 御存知の読者も多いことと思う. しかし, そうでない方々のことをも考えて, ここでこの概念のごく大ざっぱな解説をこころみることにしよう.

(1) 電子計算機の中心的な部分は "記憶装置" といわれるものである. これは, きわめて多くの cell とよばれるものと, 若干の register といわれるものとから成り立

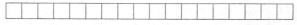

図 10.6

っている.そして,各 cell は,図 10.6 のように,一定のいくつかの桁に分けられ,そこへ,数字が 1 つずつ書き込めるようになっている.そして,各 cell には,0 番地,1 番地,2 番地,… というように,それぞれ固有の番地があたえられる.また,register には,accumulator とか index-register とかいう,その役割に応じた固有の名称があたえられる.その構造は,cell と同じで,やはりいくつかの桁に分けられ,そこへ数字が 1 つずつ書き込めるようになっている.しかし,その桁数は,register の役割によっても異なりうるし,機種によっても異なりえて,一般にまちまちである.また,どういう register があるかも,機種によっていろいろで,これらを一概にいうことはできない.しかし,もっとも代表的なのは **accumulator**(累算器)といわれるものであり,これだけはほとんどの機種についている.そして,その桁数は,cell の桁数と同じか,その 2 倍ないしは 4 倍であることが多い.

(2) 電子計算機には,2 進法で表わされた数をとり扱うものや,10 進法で表わされた数をとり扱うものや,いろいろの種類がある.それに応じて,その機械は **2 進**であるとか,**10 進**であるとかいわれることになっている.2 進の機械では,cell や register の桁に書きこめる数字が

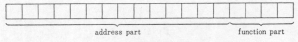

図 10.7

0と1だけであり，10進の機械では，それが0から9までの10個であることはいうまでもない．

(3) 機械は，cellに入れられた数字の列を，1つの数として読むこともできるが，それをまた，機械自身に対する"命令"として読むこともできるように設計されている．これにもいろいろの流儀があるが，たとえばある種の機械では，図10.7のようになっている：

cellの下4桁を **function part**，それより上の部分を **address part** という．そしてこの機械は，cellに入れられた数字の列を"命令"として読むときは，address partにある数字の列を1つの自然数として読み，かつfunction partにある数字の列を，それぞれ次のように1つのアルファベットとして読むようにつくられている（この機械は2進の機械である）：

$$0000 : C \quad 0001 : A$$
$$0010 : S \quad 0011 : M$$
$$0100 : O \quad 0101 : I$$
$$\cdots\cdots \quad \cdots\cdots$$

したがって，機械が1つのcellの中身を"命令"として読めば，それは一般に $n\mathrm{X}$ （n は自然数，X はアルファベット）という形をしていることになるであろう．とこ

ろで，機械は，これらをそれぞれ次のような意味のものとして受けとるのである．ただし，(n) は n 番地の cell の中身を数として読んだものを，acc は accumulator を，(acc) は acc の中身を数として読んだものを表わすものとする．なお，この機械の acc の桁数は各 cell のそれと同じである．

$n\,\mathrm{C}$：n 番地の内容 (n) を消して，そのかわりにそこへ acc の内容，すなわち (acc) を入れ，acc の内容を 0 にする．すなわち "C"lear する．（以下，これらのことを簡単に，$(acc) \to n, 0 \to acc$ と書く．）

$n\,\mathrm{A}$：acc に n 番地の内容を加算（"A"dd）する．すなわち，$(acc) + (n) \to acc$．（ただし，(n) は不変である．以下，それについて別段のことわりのない限り，その部分は不変であると思っていただくことにしよう．）

$n\,\mathrm{S}$：$(acc) - (n) \to acc$．つまり "S"ubtraction．ただし，$(acc) < (n)$ のときは，$(acc) - (n)$ は 0 とする．

$n\,\mathrm{M}$：$(acc) \times (n) \to acc$．つまり "M"ultiplication．

$n\,\mathrm{O}$：(n) をタイプする．つまり，"O"utput．

$n\,\mathrm{I}$：外に待機している先頭のデータ $\to n$．つまり，"I"nput．

（4）機械は，いくつかの番地に数が，また，いくつかの番地に上のような命令が，それぞれおさめられた状態からうごきはじめる．もちろん，どの番地の命令から実行しはじめるかは，あらかじめ指定される．そして，それがた

とえば a 番地の命令からであったとすると,原則として,次には $(a+1)$ 番地の命令を,その次には $(a+2)$ 番地の命令を,…というふうに,番地の順にそれを実行していく.

(5) しかし,次のような種類の命令もある:
$$0110:\text{U} \qquad 0111:\text{T}$$
そして,$n\text{U}, n\text{T}$ は,それぞれ次のような意味をもっている.

- $n\text{U}$:次の瞬間には,次の番地が n でなくても,無条件に("U"nconditionally),n 番地の命令を実行する.(ただし,そのあとは,ふたたび $(n+1)$ 番地,$(n+2)$ 番地,…というふうにすすんでいく.)
- $n\text{T}$:もし $(acc)=0$ ならば,普通のように次の番地へうつるが,$(acc)\neq 0$ ならば,n 番地へうつる.つまり,$(acc)=0$ か $(acc)\neq 0$ かを "T"est して,次の命令を選択する.ただし,n 番地へとんだ場合には,そのあとは,ふたたび $(n+1)$ 番地,$(n+2)$ 番地,…というふうにすすんでいく.

§11. "COMPUTER"

現実に存在する電子計算機には,その大きさに限りがある.つまり,cell の個数にも限りがあれば,cell や register の桁数にも限りがある.また,命令にも,実用上の便宜を考えて,理論的には不要なものもふくめられている.

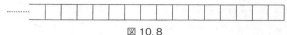

図 10.8

しかし,ここで,次のようなまったく理想的な電子計算機を1つ想像してみよう.

(a) cell は 0 番地からはじめて,1 番地,2 番地,… と限りなくつづいている.

(b) cell は図 10.8 のように,左の方へ無限にのびている.

(c) この機械は register として 1 個の acc のみをもち,その構造は各 cell のそれとまったく同じである.

(d) これは 2 進の機械である.

(e) この機械では,各 cell の右はじの 3 桁が function part になっており,それより上の部分が address part になっている.そして,function part にある数の列を,それぞれ次のようなアルファベットとして読む:

   000：C (Clear)
   001：O (Out)
   010：M (Minus)
   011：P (Plus)
   100：U (Unconditional jump)
   101：T (Test)
   110：E (End)
   111：R (Read)

そして,cell の内容を $n\mathrm{X}$ という形に読んだとき,これ

らは次のように解釈される.

n C : $(acc) \to n, 0 \to acc$

n O : $(n) \to$ タイプ

n M : $(acc) - (n) \to acc$（ただし $(acc) < (n)$ のときは，$(acc) - (n) = 0$ とする.）

n P : $(acc) + (n) \to acc$

n U : 次の瞬間，無条件に n 番地の命令を実行する.

n T : $(acc) = 0$ ならば，次の瞬間，次の番地の命令を，さもなければ，次の瞬間，n 番地の命令を実行する.

n E : 停止する.

n R : 外に待機している先頭のデータ $\to n$

このような計算機は，もちろん現実には存在しない．しかし，"数学的"にはたしかに存在するものと考えてとり扱うことができる．今後，簡単のために，この想像上の電子計算機を "COMPUTER" とよぶことにしよう．

さて，これを用いれば，たとえば $f(m, n) = m \times n$ は次のようにして計算される：

18番地の cell に数 1 を，また 0 番地から 17 番地までに次のような命令の列を入れておく．さらに，19番地，20番地，21番地，22番地の各 cell を，それぞれ $f(m, n) = m \times n$ の flow chart における i, x, m, n の入れ場所と考えておく.

0番地	21 R	m が 21 番地に入る.
1番地	22 R	n が 22 番地に入る.
2番地	23 C	acc が 0 になる（23 番地はデータの

§ 11. "COMPUTER"

捨て場所である).

3番地	19 C	19番地は, $m \times n$ の flow chart の i を入れる cell である. この命令により, そこに 0 が入る. つまり, $0 \to i$ が実行される.
4番地	20 C	20番地は x を入れる cell である. この命令により, そこへ 0 が入るから, $0 \to x$ が実行される.
5番地	22 P	acc に n が入る.
6番地	19 M	acc に $n - i$ が入る.
7番地	10 T	$(acc) = 0$ ならば, 計算完了で次へ. さもなければ, 次の瞬間 10 番地へとぶ. つまり, "$n = i$?" が実行される.
8番地	20 O	x がタイプされる.
9番地	0 E	機械は停止する.
10番地	23 C	$(acc) = 0$ となる.
11番地	20 P	acc に x が入る.
12番地	21 P	$(acc) + (21) \to (acc)$ が実行され, $(acc) = x + m$ となる.
13番地	20 C	$x + m$ が 20 番地に入る. つまり, $x + m \to x$ が実行される. と同時に, $(acc) = 0$ となる.
14番地	19 P	$(acc) = i$ となる.
15番地	18 P	$(acc) = i + 1$ となる.

16番地	19 C	$i+1$ が 19 番地に入る．つまり，$i+1 \to i$ が実行される．と同時に，$(acc)=0$ となる．
17番地	5 U	5 番地にかえる．
18番地	1	
19番地		ここへは i が入る．
20番地		ここへは x が入る．
21番地		ここへは m が入る．
22番地		ここへは n が入る．

　読者は，これにより，m と n の値を外に待機させておき，命令を 0 番地から実行させることにすれば，この計算機は，自動的に次々と命令を実行し，最後に $m \times n$ をタイプしてとまることを，たやすく見てとることができるであろう．

　このようなとき，0 番地から 18 番地までに入れられた命令と数値の列のことを，関数 $f(m,n)=m \times n$ の**プログラム**という（また，プログラムを作成する作業を**プログラミング**と称する．）．

　一般に，数論的関数 $f(m_1, m_2, \cdots, m_r)$ に対して，適当な命令と数値の列を適当な cell に入れ，かつ外にデータ $m_1, m_2, \cdots, m_r$ を待機させておいて，一定の番地の命令から実行させはじめたとき，COMPUTER が最後に $f(m_1, m_2, \cdots, m_r)$ の値をタイプしてとまるならば，$f(m_1, m_2, \cdots, m_r)$ は **C-計算可能**であるという．

　ところが，実は，この C-計算可能という概念も，やは

§12. 帰納的関数

S. C. Kleene は,変数の値があたえられたとき,それに対応する関数値を計算するための一般的な手続きがあるような数論的関数の"数学的特徴"をこまかく分析し,次のような結論に到達した.

(1) 次の3種の関数には,その値を計算するための一般的手続きがあるものと,天降りに仮定してもよいであろう.

1° $f(m) = m+1$

2° $f(m_1, m_2, \cdots, m_r) = m_i$ $(i = 1, 2, \cdots, r)$.

3° $f(m) = c$ (c は定自然数)

(2) 関数 $f_1(m_1, \cdots, m_r)$, $f_2(m_1, \cdots, m_r)$, $\cdots$, $f_s(m_1, \cdots, m_r)$, および $g(n_1, n_2, \cdots, n_s)$ が,いずれもその値を計算するための一般的手続きをもつならば,g に f_i ($i = 1, 2, \cdots, s$) を代入してえられる関数

$$f(n_1, n_2, \cdots, n_r)$$
$$= g(f_1(n_1, n_2, \cdots, n_r), \cdots, f_s(n_1, n_2, \cdots, n_r))$$

も,やはり同じ性質をもつとみてよい.

(3) 関数 $g(m_1, m_2)$ が,その値を計算するための一般的手続きをもつ場合,1つの自然数 c を任意にもってきて,

$$\begin{cases} f(0) = c \\ f(n+1) = g(n, f(n)) \end{cases}$$

によって関数 $f(n)$ を定義すれば,これもやはり同じ性質をもつものとみてよい.

(4) 関数 $f_1(m_1, \cdots, m_r), f_2(m_1, m_2, \cdots, m_{r+2})$ が,その値を計算するための一般的手続きをもつならば,

$$\begin{cases} f(0, m_1, \cdots, m_r) = f_1(m_1, \cdots, m_r) \\ f(n+1, m_1, \cdots, m_r) \\ \quad = f_2(n, f(n, m_1, \cdots, m_r), m_1, \cdots, m_r) \end{cases}$$

によって定義される関数 $f(n, m_1, m_2, \cdots, m_r)$ も,やはり同じ性質をもつとみてよい.

(5) 関数 $g(m_0, m_1, \cdots, m_r)$ がその値を計算するための一般的手続きをもっていて,しかも値 $m_1, m_2, \cdots, m_r$ のいかんにかかわらず

$$g(m_0, m_1, \cdots, m_r) = 0$$

となるような m_0 があるならば,

$$f(m_1, \cdots, m_r) = \min\{m_0 | g(m_0, m_1, \cdots, m_r) = 0\}$$

なる関数 $f(m_1, \cdots, m_r)$ も,やはりその値を計算するための一般的手続きをもつものとみてよい.

上述の (2), (3), (4), (5) は,いずれもすでに知られた関数から新しい関数をつくり出す操作である.ところで,Kleene は,いろいろの分析から,その値を計算するための一般的手続きをもつとみられる関数は,(1) の関数を出発点とし,これらに (2), (3), (4), (5) の操作を有限回適当に適用することによって,必ずえられることを知っ

た.

そこで，彼は，このようにしてえられる関数を**帰納的関数**と名づけ，それに関する数学的理論を大々的に展開しはじめた．これは，**recursion theory** とよばれている．

ところが，この帰納的関数の概念は，やはり計算可能な関数の概念とまったく同等なのである．

§ 13. 計算可能性

以上，計算可能，F-計算可能，C-計算可能，帰納的という4種の概念を導入し，これらがすべて互いに完全に同等であることを説明した．

ところで，このように，まったく違った観点から出発してえられた概念が，期せずして同等になるということは，"計算可能"という概念がきわめて安定した概念であることを示すものである．と同時に，われわれの頭のなかに漠然とあるかにみえる"有限回の操作で機械的に答を出すことができる"という観念が，あまり個人差のない，かなりはっきりしたものであることをも示している．

したがって，われわれは，その観念をこの計算可能という明確な概念でもっておきかえることにしても，別に不自然ではないであろう．

また，計算可能な関数，すなわち帰納的関数は，すべて有限個の関数を出発点とし，有限個の操作を有限回用いてえられるものである．ゆえに，帰納的関数，したがって計算可能な関数の全体から成る集合は可算である．しかし，

数論的関数全体の集合の濃度は実数全体の集合の濃度と同じであるから，可算不能な関数が無限にある．したがって，計算可能な関数の範囲を，数論的関数全体の集合の部分集合としてみれば，ごくごく狭いものであることがわかるわけである．

参考文献

本書にふくまれている数学的内容について，さらにくわしく知りたい人のために，いくつかの参考書をあげておく．

第1章・第2章に関するもの

［1］　赤攝也『集合論入門』培風館　ちくま学芸文庫版

第3章に関するもの

［2］　大林忠夫『現代代数学』日本放送出版協会

第4章・第5章に関するもの

［3］　ブルバキ『数学原論』集合論1，2，3　東京図書

第6章に関するもの

［3］　および

［4］　コーヘン（近藤基吉・坂井秀寿・沢口昭聿訳）『連続体仮説』東京図書

第7章・第8章・第9章に関するもの

［3］　および

［5］　前原昭二『数理論理学』培風館

第10章に関するもの

［6］　デーヴィス（渡辺茂・赤攝也訳）『計算の理論』岩波書店

［7］　広瀬健『計算論』朝倉書店

ただし，［3］，［4］はかなり高度の書物なので，読破するのにはかなりの時間と忍耐力とが必要であろうと思われる．

文庫版付記

 佐武一郎氏のロングセラー『線型代数学』が初めて出版されたときの書名は「行列と行列式」だった. 吉田洋一氏の『点集合論入門』は, 今ならさだめし「集合と位相入門」とでも名付けられるのではなかろうか. 私が『線型代数学』と同様の内容を大学で教わったときの講義名は「幾何学」だった.

閑話休題.

 19世紀末から現代までの数学の進化は——前半は「集合一元論」の達成までの歴史——つまり, 数学が扱うものはすべて集合であってほしい (あるはずだ), という考えが正しいことを示す努力の歴史である. デデキントはクンマーが考えた「理想数」という架空のものがイデアルという集合として存在することを示し, また「無理数」という不可思議なものを直線の切断という 2 つの集合の対^{つい}として実在することを示した.

 一番の難関は「順序対 (x, y)」というものがどういう集合であるかということであった. それは $\{x, y\}$ という集合ではない. これは, 要素が x と y である集合であって, x が先, y が後という性質を持たない. $\{x, y\}$ も $\{y, x\}$

も同じものなのである．いろいろな案が示されたが，クラトフスキの答案が百点満点だった．今日 (x, y) という順序対は

$$\{\{x\}, \{x, y\}\}$$

という集合と解されるが，これはクラトフスキの答案なのである．こうして「ツェルメロ，フレンケルの集合論の公理系（ZFC 公理系）」が作られる前提が整った．この公理系からは全数学を導き出すことができる．集合一元論は正しかったわけである．

　——さて，数学現代史の後半．

これは，構造主義への歩みということができる．はじめは，フレッシェ，ハウスドルフなどによる抽象空間論，ハウスドルフ空間論，距離空間論というものがポツポツと現れたがそれらがやがて位相空間論に結晶する．また，代数学者たちの集まりであるドイツのネーター学派が「代数系」と称する概念を作り出し，「群，環，体」ともいった．のち，バーコフが「束」というものをこしらえて「群，環，体，束」といわれるようにもなった．しかし，束は第二次大戦中日本で大流行しただけで，他国ではほとんど無視された．そのため戦後は世界中から消えてしまう運命となった．だが，こういう「流行」に乗るということには充分気を付けなければいけない．名古屋大の中山正，東京文理大の岩村聯両教授の書かれた「束論」（岩波と共立）は両方とも名著であって，おもしろい問題がたくさん

あることを教えてくれている．戦後の数学者の大多数は束は時代遅れだと思っているのだ．私はその頃まだ若く，その大勢に抵抗する力をもたなかった．ネーター学派のメンバーで，阪大総長を務められた正田建次郎氏が戦前の著『代数学提要』（共立）に束をとりあげておられる．のちに同氏とは親しくなったのだが，御意見を伺っておけばよかったと思っている．

　話がそれてしまったのだが，位相空間論と代数系，それに束論とも関係のある順序集合論，この三つの類似性に着目して得られた「構造」の概念．これこそが現代数学の研究対象なのである．この構造主義を提唱したのがブルバキで，ネーター学派も強くこれを支持している．

　話変わるが，数学は頭脳の中で作られていくものであるから，どこかで破綻するかもしれない．公理主義，形式主義の提案者であるヒルベルトは，数学の中に「証明論」という理論を作って，数学の無矛盾性を証明しようと提案した．しかし，ゲーデルは，数学の無矛盾性を数学で証明することはできないという「不完全性」を証明した．したがって，「証明論」はその目的を達し得ない，ということが証明されたわけである（不完全性定理）．

　けれども，数学者はイメージのはっきりした（曖昧さのない）用語しか使わない．こういう考え方を「有限論理」という．ところがこの有限論理だけを使うことにすると数学の無矛盾性を証明することができる．つまり，数学を使ってでは証明できないが，数学的考え方を使えば証明でき

るのである．これについては拙著『現代の初等幾何学』の「文庫版付記」を見ていただきたい．「証明論」はヒルベルトの「有限の立場」ではなく「有限論理」で考える，ということに方向転換しなければいけないのだと思う．

　2019 年 2 月 14 日

赤　攝　也

索 引

ア 行

accumulator 331
address part 332
相異なる 22
相交わる 33
値 24
アーベル群 75
　基礎—— 117
あるいは 27, 164, 167
アレフ 230
　——・ゼロ 230
位数 77
　——無限 78
　——有限 77
位相 129
　——空間 128
　——構造 145
1対1の写像 53
1対1の対応 56
岩村の補題 228
因子群 87
上への写像 55
ヴェン図 28
宇宙 202
F-計算可能 328
n 変数の関係 64
n 変数の写像 63
n 変数の条件 64
演算 63, 72
　基本—— 72
オイラー図 28

カ 行

cup 27
外延性の公理 183
外延的記法 18
開集合 129
階乗の計算 321
可換環 120
可換群 76
　非—— 76
可換体 122
核 94
拡大 96
　——の問題 97
可算 230
　——集合 230
仮設 232
型 137, 141, 156, 158, 275, 277
かつ 32, 164, 167
カット 239
合併 27
仮定 27
加法 113, 116, 117, 120, 123, 131
　——の計算 324
環 115, 116
　可換—— 120
　——構造 145
　——の公理 116
　——の公理系 116
　——の公理系のモデル 120
　——論の無定義術語 116
関係 63, 213
　n 変数の—— 64

逆—— 213
双対—— 213
相等—— 22
同値—— 213
関数 47
　帰納的—— 341
　数論的—— 314
　定義—— 58
　特徴—— 58
完全性定理 301
cap 32
記号化 168
　命題の—— 168
軌跡 65
基礎アーベル群 117
基礎集合 72, 112, 115, 116, 121, 132, 137, 155
基底 101
帰納的関数 341
基本演算 72
基本概念 112, 115, 116, 121, 131, 132, 137, 155
逆関係 213
逆元 72, 112, 120
逆写像 56, 68, 199, 200
逆像 49
逆置換 69
吸収法則 34
共通部分 32, 129, 130
極大正規部分群 106
空集合 17
区切り符号 164
グラフ 60, 198, 212
群 72, 112, 115
　アーベル—— 75
　因子—— 87
　可換—— 76

基礎アーベル—— 117
極大正規部分—— 106
——構造 145
——の公理 112
——の公理系 112
——の公理系のモデル 112
——論の無定義術語 112
実数の加法—— 75
実数の乗法—— 75
自明な部分—— 81
巡回—— 78
商—— 87
剰余—— 87
剰余類—— 87
正規部分—— 85
整数—— 75
全置換—— 74
対称—— 74
単位—— 81
単純—— 106
置換—— 109
等号に関する公理—— 262
非可換—— 76
部分—— 80
計算可能 312, 321
　F-—— 328
　——性 341
　C-—— 338
計算する 319
係数体 124
結合 72, 79
——法則 28, 33, 68, 73
結論 232
ゲーデル化 311
元 16
減少 238
元素 16

原像 49
厳密 184
COMPUTER 336
交換法則 28, 33, 76
公準 262, 277
恒真 288, 289
合成 52
　——写像 52, 68
構成された集合 136, 155
構成図式 136, 155
恒等写像 54, 68
恒等置換 69
公理 112, 156, 277
　外延性の—— 183
　環の—— 116
　群の—— 112
　選択—— 201
　体の—— 121
　タルスキの—— 204
　2要素集合存在の—— 187
　ブルバキの—— 190
　ペアノの—— 231
　巾集合存在の—— 186
　無限—— 231
公理系 141, 156, 277
　環の—— 117
　群の—— 112
　体の—— 121
互換 236
個体 172
　——記号 172
　——記号の導入 177

サ 行

差 34, 222
C-計算可能 338
join 27

次元 101
始推件式 251, 278
次数 102, 137, 155, 156, 158, 173, 257
自然数 218
10進の機械 332
実数 230
　——の加法群 75
　——の乗法群 75
自明な部分群 81
射影 62
写像 46, 197
　1対1の—— 56
　上への—— 55
　n変数の—— 63
　逆—— 56, 68, 199, 200
　合成—— 52, 68
　準同型 89
　全準同型—— 91
　単準同型—— 91
　同型—— 91, 148
重 77
終域 46, 198
終結 232
集合 15
　可算 230
　基礎—— 72, 112, 115, 116, 121, 131, 132, 137, 155
　空—— 17
　構成された—— 136, 155
　——族 128
　——に関する記号 163
　——の相等 21
　順序—— 126
　真部分—— 24
　全順序—— 127
　全体—— 36

配置—— 58
部分—— 23
補—— 36
有限—— 217
和—— 27, 129, 193
重複順列 49
自由変数 175
述語 175
　——記号 175
　——記号の導入 181
　——論理 280
巡回群 78
　無限—— 78
順序 126, 215
　——関係 215
　——構造 145
　——集合 126
　——体 131, 150
　整列—— 216
　線形—— 215
　双整列—— 216
順序づけられた組 189
準同型 91
　——写像 89
　——定理 94
乗 77
商空間 214
商群 87
条件 63
乗法 111, 115, 116, 117, 120, 131
　——の計算 324
証明図 257
　論理的な—— 260
剰余群 87
剰余類 85
　——群 87
　左—— 82

右—— 82
初等的素構造 280
初等的な構造 277
初等的な数学的構造 277
初等的な数学的体系 275
初等的理論 279
指令 317
　——表 318
推件式 233, 284
　始—— 251, 278
　数学的始—— 251, 278
　等号に関する始—— 251
推論規則 235, 240–245, 248
数学的帰納法 220
数学的構造 141, 156
　初等的な—— 277
　——のモデル 141, 157
数学的始推件式 251, 278
数学的体系 137, 154
　初等的な—— 275
　広い意味の—— 158
数に関する記号 164
数論的関数 314
スカラー 124
図式 136, 155
すべての 164, 167
cell 330
正規部分群 85
性質 19, 63
整商 71
整数群 75
生成系 101
生成元 78
成分 62
整列順序 216
積 52, 111, 112, 115–117, 120, 121, 123, 131

ゼロ元 113, 116, 120
全関数空間 119
線形順序 215
全射 55, 68, 199
全順序集合 127
全準同型写像 91
全体集合 36
選択公理 201
全単射 56, 68, 199
　　誘導された—— 146, 147
全置換群 74
像 46, 49, 198
　逆—— 49
　原—— 49
増加 238
操作 173
　——記号 173
　——記号の導入 178
双整列順序 216
双対関係 213
双対的な表現 38
双対の原理 42, 43
相等関係 22
ぞくする 17
束縛変数 175
存在する 164, 168

タ　行

体 120
　——の公理 121
　——の公理系 121
　——論の無定義術語 121
　無限—— 123
対偶法 252
対称群 74
対象式 48, 174, 282
対等 204

互いに素 33
タルスキの公理 204
単位群 81
単位元 72, 112, 120
単射 53, 68, 199
　全—— 56, 68, 199
単純群 106
単準同型写像 91
Turing 機械 319
値域 49
置換 69
　——の原理 192
置換群 109
　全—— 74
超定理 257
直積 59, 62, 89, 195
直線 127
　無限遠—— 128
つつまれる 23
つつむ 23
decision box 326
定義域 46, 198
定義関数 58
定理 232
ではない 164, 167
点 127
転換法 252
電子計算機 330
trivial 26
同型 91, 148
　——写像 91, 148
等号 177
　——に関する公理群 262
　——に関する始推件式 251, 262
同種 138
同値 31
　——関係 213

——である 164, 167
　　——類 214
特徴関数 58
独立 152
閉じた対象式 283
閉じた論理式 283
トートロジー 260, 278
ド・モルガンの法則 37, 262

ナ 行

内包的記法 19, 21
ならば 23, 25, 164, 167
2進の機械 331
2要素集合存在の公理 187
濃度 207
　　連続体の—— 230
　　連続の—— 230

ハ 行

配置集合 58
排中律 260
背理法 251
反元 113, 116, 120
範疇的 152
pure flow chart 328
非可換群 76
左剰余類 82
ひとしい 22, 47, 164, 168
表現 108
　　双対な—— 38
　　ブール—— 38
flow chart 326
function box 326
function part 332
複素数 230
ふくまれる 17, 24
ふくむ 17, 24

部分群 80
　　極大正規—— 106
　　自明な—— 81
　　正規—— 85
部分集合 80
普遍集合 36
ブール表現 38
ブルバキの公理 186
プログラム 338
分出の原理 191
分配法則 34
ペアノの公理 231
閉包 286
平面射影幾何 127
巾集合 57
　　——存在の公理 186
巾等法則 28, 33
ベクトル 124
　　——空間 124
　　——空間の構造 145
変域 64, 173
変数 164
法 75, 118
補集合 36

マ 行

交わる 33
meet 32
右剰余類 82
密着的 130
無限遠直線 128
無限公理 231
無限巡回群 78
無限体 123
矛盾 234
　　——律 260
　　無—— 152, 302

命題の記号化 168
命令 332
モデル 277, 303
　環の公理系の—— 120
　群の公理系の—— 112
　数学的構造の—— 141, 157

ヤ 行

有限アーベル群の基本定理 101
有限集合 217
有限生成系 101
有限体 123
有限的に生成されている 101
誘導された全単射 146, 147
有理数 230
有理整数 230
要素 16

ラ 行

ラッセルのパラドックス 185

離散的 130
累算器 331
recursion theory 341
register 330
列 48
連続体の濃度 230
連続の濃度 230
論理記号 167
論理式 174, 283
　閉じた—— 283
論理的始推件式 251, 278
論理的な言葉 164
論理的な証明図 260

ワ 行

和 113, 116, 117, 120, 121, 123, 130
和集合 27, 129, 193

本書は一九七六年十二月十日、筑摩書房から刊行された。

作用素環の数理	J・フォン・ノイマン 長田まりゑ編訳	終戦直後に行われた講演「数学者について」I〜IVの計五篇を収録。「作用素環」一分野としての作用素環論を確立した記念碑的業績を網羅する。
フンボルト 自然の諸相	アレクサンダー・フォン・フンボルト 木村直司編訳	中南米オリノコ川で見たものとは？ 植生と気候、緯度と地磁気などの関係を初めて認識した、ゲーテ自然学を継ぐ博物・地理学者の探検紀行。
新・自然科学としての言語学	福井直樹	気鋭の文法学者による チョムスキーの生成文法解説書。文庫化にあたり旧著を大幅に増補改訂し、付録として黒田成幸の論考「数学と生成文法」を収録。
電気にかけた生涯	藤宗寛治	実験・観察にすぐれたファラデー、電磁気学にまとめたマクスウェル、ほかにクーロンやオームなど科学者十二人の列伝を通して電気の歴史をひもとく。
科学の社会史	古川安	大学、学会、企業、国家などと関わりながら「制度化」の歩みを進めて来た西洋科学。現代に至るまでの約五百年の歴史を概観した定評ある入門書。
πの歴史	ペートル・ベックマン 田尾陽一／清水韶光訳	円周率だけでなく意外なところに顔をだすπ。ユークリッドやアルキメデスによる探究の歴史に始まり、オイラーの発見したπの不思議にも迫る。
やさしい微積分	L・S・ポントリャーギン 坂本實訳	微積分の基本概念・計算法を全盲の数学者がイメージ豊かに解説。版を重ねて読み継がれる定番の入門教科書。練習問題・解答付きで独習にも最適。
フラクタル幾何学（上）	B・マンデルブロ 広中平祐監訳	「フラクタルの父」マンデルブロの主著。膨大な資料を基に、地理・生物などあらゆる分野から事例を収集・報告したフラクタル研究の金字塔。
フラクタル幾何学（下）	B・マンデルブロ 広中平祐監訳	「自己相似」が織りなす複雑で美しい構造とは。その数理とフラクタル発見までの歴史を豊富な図版とともに紹介。

パスカル 数学論文集	ブレーズ・パスカル 原亨吉訳	「パスカルの三角形」で有名な「数三角形論」ほか、「円錐曲線論」「幾何学的精神について」など十数篇の論考を収録。世界的権威による厳密な翻訳。
幾何学基礎論	D・ヒルベルト 中村幸四郎訳	20世紀数学全般の公理化への出発点となった記念碑的著作。ユークリッド幾何学を根源まで遡り、斬新な観点から厳密に基礎づける。
和算の歴史	平山諦	関孝和や建部賢弘らのすごさと弱点とは。そして和算がたどった歴史とは。和算研究の第一人者が簡潔にして充実の入門書。
素粒子と物理法則	R・P・ファインマン／S・ワインバーグ 小林澈郎訳	量子論と相対論を結びつけるディラックのテーマを対照的に展開したノーベル賞学者による追悼記念講演。現代物理学の本質を堪能させる三重奏。
ゲームの理論と経済行動Ⅰ（全3巻）	ノイマン／モルゲンシュテルン 銀林／宮本監訳 阿部／橋本訳	いまやさまざまな分野への応用いちじるしい「ゲーム理論」の嚆矢とされる記念碑的著作。第Ⅰ巻はゲームの形式的記述とゼロ和2人ゲームについて。
ゲームの理論と経済行動Ⅱ	ノイマン／モルゲンシュテルン 銀林／橋本監訳 宮本／下島訳	第Ⅰ巻でのゼロ和2人ゲームの考察を踏まえ、第Ⅱ巻ではプレイヤーが3人以上の場合のゼロ和ゲーム、およびゼロ和2人ゲームの合成分解について論じる。
ゲームの理論と経済行動Ⅲ	ノイマン／モルゲンシュテルン 銀林／橋本監訳 宮本訳	第Ⅲ巻では非ゼロ和ゲームにまで理論を拡張。これまでの数学的結果をもとにいよいよ経済学的解釈を試みる。全3巻完結。（中山幹夫）
計算機と脳	J・フォン・ノイマン 柴田裕之訳	脳の振る舞いを数学で記述することは可能か？ 現代のコンピュータの生みの親でもあるフォン・ノイマン最晩年の考察。新訳。（野崎昭弘）
数理物理学の方法	J・フォン・ノイマン 伊東恵一編訳	多岐にわたるノイマンの業績を展望するための文庫オリジナル編集。本巻は量子力学・統計力学など物理学の重要論文四篇を収録。全篇新訳。

高等学校の微分・積分	黒田孝郎／森毅／小島順／野﨑昭弘ほか	高校数学のハイライト「微分・積分」！ その入門コース「基礎解析」に続く本格コース。公式暗記の学習からは遠い、特色ある教科書の文庫化第3弾。
トポロジーの世界	野口廣	ものごとを大づかみに捉える。その極意を、数式に不慣れな読者との対話形式で、図を多用し平易・直感的に解き明かす入門書。(松本幸夫)
エキゾチックな球面	野口廣	7次元球面には相異なる28通りの微分構造が可能！ フィールズ賞受賞者を輩出したトポロジー最前線を臨場感ゆたかに解説。(竹内薫)
数学の楽しみ	テオニ・パパス 安原和見訳	ここにも数学があった！ 石鹼の泡、くもの巣、雪片曲線、一筆書きパズル、魔方陣、DNAらせん……。イラストも楽しい数学入門150篇。(細谷暁夫)
相対性理論(下)	W・パウリ 内山龍雄訳	アインシュタインが絶賛し、物理学者内山龍雄をして、"研究を捨てても訳したかった"と言わしめた、相対論三大名著の一冊。
物理学に生きて	W・ハイゼンベルクほか 青木薫訳	「わたしの物理学は……」ハイゼンベルク、ディラック、ウィグナーら六人の巨人たちが集い、それぞれの歩んだ現代物理学の軌跡や展望を語る。
調査の科学	林知己夫	消費者の嗜好や政治意識を測定するとは？ 集団特性の数量的表現の解析手法を開発した統計学者による社会調査の論理と方法の入門書。(吉野諒三)
ポール・ディラック	アブラハム・パイスほか 藤井昭彦訳	「反物質」なるアイディアはいかに生まれたのか、そしてその存在はいかに発見されたのか。天才の生涯と業績を三人の物理学者が紹介した講演録。
近世の数学	原亨吉	ケプラーの無限小幾何学からニュートン、ライプニッツの微積分学誕生に至る過程を、原典資料を駆使して考証した世界水準の作品。(三浦伸夫)

物理の歴史	朝永振一郎編	湯川秀樹のノーベル賞受賞。その中間子論とは何なのだろう。日本の素粒子論を支えてきた第一線の学者たちによる平明な解説書。
代数的構造	遠山啓	群・環・体など代数の基本概念の構造主義の歴史をおりまぜつつ、卓抜な比喩とていねいな計算で確かめていく抽象代数学入門。（江沢洋）
現代数学入門	遠山啓	現代数学、恐るるに足らず！ 学校数学より日常の感覚の中に構造や、構造、関数や群、位相の考え方を探る大人のための入門書。（エッセイ 亀井哲治郎）
代数入門	遠山啓	文字から文字式へ、そして方程式へ。巧みな例示と丁寧な叙述で「方程式とは何か」を説いた最晩年の名著。遠山数学の到達点がここに！（小林道正）
不完全性定理	中村禎里	進化論や遺伝の法則は、どのような論争を経て決着したのか。生物学とその歴史を高い水準でまとめあげた壮大な通史。充実した資料を付す。
生物学の歴史	野﨑昭弘	事実・推論・証明……。理屈っぽいとケムたがられる話題を、なるほどと納得させながら、ユーモアたっぷりにひもといたゲーデルへの超入門書。
数学的センス	野﨑昭弘	美しい数学とは詩なのです。いまさら数学者にはなれないけれども楽しめたら。そんな期待に応えてくれる心やさしいエッセイ風数学再入門。
高等学校の確率・統計	黒田孝郎／森毅／小島順／野﨑昭弘ほか	成績の平均や偏差値はおなじみでも、実務の水準とは隔たりが！ 基礎からやり直したい人のために伝説の検定教科書を指導書付きで復活。
高等学校の基礎解析	黒田孝郎／森毅／小島順／野﨑昭弘ほか	わかってしまえば日常感覚に近いものながら、数学挫折のきっかけの微分・積分。その基礎を丁寧に、ひもといた再入門のための検定教科書第2弾！

量子論の発展史 高林武彦

世界の研究者と交流した著者による量子理論史。その理論的核心をみごとに射抜く。理論探求の醍醐味を生き生きと伝える。新組。(江沢洋)

高橋秀俊の物理学講義 高橋秀俊 藤村靖編

ロゲルギストを主宰した研究者の物理的センスとは。力について、示量変数と示強変数、ルジャンドル変換、変分原理などの汎論四〇講。(田崎晴明)

物理学入門 武谷三男

科学とはどんなものか。ギリシャの力学から惑星の運動解明まで、理論変革の跡をひもといた著者の三段階論で知られる科学革新の入門書。(上條隆志)

数は科学の言葉 トビアス・ダンツィク 水谷淳訳

数感覚の芽生えから実数論・無限論の誕生まで、数万年にわたる人類と数の歴史を活写。アインシュタインも絶賛した数学読みの古典的名著。

一般相対性理論 P・A・M・ディラック 江沢洋訳

一般相対性理論の核心に最短距離で到達すべく、卓抜した数学的記述で簡明直截に書かれた天才ディラックによる入門書。詳細な解説を付す。

幾何学 ルネ・デカルト 原亨吉訳

哲学のみならず数学においても不朽の功績を遺したデカルト。『方法序説』の本論として発表された『幾何学』、初の文庫化!(佐々木力)

不変量と対称性 今井淳/寺尾宏明/中村博昭

変えても変わらない不変量とは? そしてその意味や用途とは? ガロア理論と結び目の現代数学に現われる、上級の数学センスをさぐる7講義。

数学的に考える キース・デブリン 冨永星訳

数とは何かそして何であるべきか リヒャルト・デデキント 渕野昌訳・解説

「数とは何かそして何であるべきか?」「連続性と無理数」の二論文を収録。現代の視点から数学の基礎付けを試みた充実の訳者解説を付す。新訳。

ビジネスにも有用な数学的思考法とは? 言葉を厳密に使う量を用いて考える、分析的に考えるといったポイントからとことん丁寧に解説する。

若き数学者への手紙	イアン・スチュアート 冨永 星 訳	研究者になるってどういうこと？ 現役で活躍する数学者が豊富な実体験を紹介。数学との付き合い方から「してはいけないこと」まで。（砂田利一）
飛行機物語	鈴木真二	なぜ金属製の重い機体が自由に空を飛べるのか？ その工学と技術を、リリエンタール、ライト兄弟などのエピソードをまじえ歴史的にひもとく。
集合論入門	赤 攝也	「もの集まり」という素朴な概念が生んだ奇妙な世界、集合論。部分集合・空集合の基礎から、丁寧な叙述で連続性や順序数の深みへと誘う。
確率論入門	赤 攝也	ラプラス流の古典確率論とボレル–コルモゴロフ流の現代確率論。両者の関係性を意識しつつ、確率の基礎概念と数理を多数の例とともに丁寧に解説。
現代の初等幾何学	赤 攝也	ユークリッドの考え方を公理的に再構成するには…？ 現代数学の考え方に触れつつ、幾何学が持つ面白さも体感できるよう初学者への配慮溢れる一冊。
微積分入門	W・W・ソーヤー 小松勇作 訳	微積分の考え方は、日常生活のなかから自然に出てくるもの。∫や lim の記号を使わず、具体例に沿って説明した定評ある入門書。
新式算術講義	高木貞治	算術に現代でいう数論、数の自明を疑わない明治の読者にその基礎を当時の最新学説で説く。『解析概論』の著者若き日の意欲作。（高瀬正仁）
数学の自由性	高木貞治	大数学者が軽妙洒脱に学生たちに数学を語る！ 年ぶりに復活された人柄のにじむ幻の同名エッセイ60集を含む文庫オリジナル。
ガウスの数論	高瀬正仁	青年ガウスは目覚めとともに正十七角形の作図法を思いついた。初等幾何に露頭した数論の一端！ 創造の世界の不思議に迫る原典講読第2弾。

数学で何が重要か　　　　　　志村五郎

数学をいかに教えるか　　　　志村五郎

通信の数学的理論　　　　　　C・E・シャノン／
　　　　　　　　　　　　　　W・ウィーバー
　　　　　　　　　　　　　　植松友彦訳

数学という学問I　　　　　　志賀浩二

数学という学問II　　　　　　志賀浩二

数学という学問III　　　　　　志賀浩二

現代数学への招待　　　　　　志賀浩二

シュヴァレー　リー群論　　　クロード・シュヴァレー
　　　　　　　　　　　　　　齋藤正彦訳

現代数学の考え方　　　　　　イアン・スチュアート
　　　　　　　　　　　　　　芹沢正三訳

ピタゴラスの定理とヒルベルトの第三問題、数学オリンピック、ガロア理論のことなど。文庫オリジナル書き下ろし第三弾。

日米両国で長年教えてきた著者が日本の教育を斬る！　掛け算の順序問題、悪い証明と間違えやすい公式のことから外国語の教え方まで。

IT社会の根幹をなす情報理論はここから始まった。発展もたらしい最先端の分野に、今なお根源的な洞察をもたらす古典的論文が新訳で復刊。

ひとつの学問として、広がり、深まりゆく数学。数・微積分・無限など「概念」の誕生と発展を軸にその歩みを辿る。オリジナル書き下ろし。全3巻。

第2巻では19世紀の数学を展望。数概念の拡張によりもたらされた複素解析のほか、フーリエ解析、非ユークリッド幾何誕生の過程を追う。

19世紀後半、「無限」概念の登場とともに数学は大転換を迎える。カントルとハウスドルフの集合論、そしてユダヤ人数学者の寄与について。全3巻完結。

「多様体」は今や現代数学必須の概念。「位相」「微分」などの基礎概念を丁寧に解説・図説しながら、多様体のもつ深い意味を探ってゆく。

現代的な視点から、リー群を初めて大局的に論じた古典的著作。導いた諸定理はいまなお有用性を失わない。本邦初訳。

現代数学は怖くない！「集合」「関数」「確率」などの基本概念をイメージ豊かに解説。直観で現代数学の全体を見渡せる入門書。図版多数。

物語 数学史	小堀 憲	古代エジプトの数学から二十世紀のヒルベルトまでの数学の歩みを、日本の数学「和算」にも触れつつ一般向けに語った通史。
確率論の基礎概念	A・N・コルモゴロフ 坂本 實訳	確率論の現代化に決定的な影響を与えた『確率論の基礎概念』に加え、有名な論文「確率論における解析的方法について」を併録。全篇新訳。
雪の結晶はなぜ六角形なのか	小林禎作	雪が降るとき、空ではどんなことが起きているのだろう。自然が作りだす美しいミクロの世界を、科学の目でのぞいてみよう。(菊池誠)
物理現象のフーリエ解析	小出昭一郎	熱・光・音の伝播から量子論まで、振動・波動にもとづく物理現象とフーリエ変換の関わりを丁寧に解説。物理学の泰斗による名教科書。(千葉逸人)
ガロワ正伝	佐々木 力	最大の謎、決闘の理由がついに明かされる！ 難解なガロワの数学思想をひもとき、その後世の数学者たちにも迫った、文庫版オリジナル書き下ろし。
ブラックホール	R・ルフィーニ エルヴィン・シュレーディンガー 水谷 淳訳	相対性理論から浮かび上がる宇宙の「穴」。星と時空の謎に挑んだ物理学者たちの歴史と今日的課題に迫る。写真・図版多数。
自然とギリシャ人・科学と人間性	志村五郎	量子力学の発見は私たちの自然観・人間観にどのような変革をもたらしたのか。『生命とは何か』に続く晩年の思索。文庫版オリジナル訳し下ろし。
数学をいかに使うか	志村五郎	「何でも厳密に」などとは考えてはいけない――。世界的数学者が教える「使える」数学とは。文庫版オリジナル書き下ろし。
数学の好きな人のために	志村五郎	世界的数学者が教える「使える」数学第二弾。非ユークリッド幾何学、リー群、微分方程式論、ド・ラームの定理など多彩な話題。

書名	著者/訳者	内容
ゲーテ形態学論集・動物篇	ゲーテ　木村直司編訳	多様性の原型。それは動物の骨格に潜在的に備わる「生きて発展した刻印されたフォルム」。ゲーテ思想が革新的に甦る。文庫版新訳オリジナル。
ゲーテ地質学論集・鉱物篇	ゲーテ　木村直司編訳	地球の生成と形成を探って岩山をよじ登り洞窟を降りる詩人。鉱物学・地質学的な考察や紀行から、新たなゲーテ像が浮かび上がる。文庫オリジナル。
ゲーテ　スイス紀行	ゲーテ　木村直司編訳	ライン河の泡立つ瀑布、万年雪をいただく峰々。スイス体験の豊かなもたらしたものをひもとく本邦初の編訳書。ゲーテ自然科学の体験的背景をひもといた本邦初の編訳書。
幾何学入門（上）	H・S・M・コクセター　銀林浩訳	著者は「現代のユークリッド」とも称される20世紀最大の幾何学者。古典幾何のあらゆる話題が詰まった、辞典級の充実を誇る入門書。
ゲルファント　座標法	ゲルファント／グラゴレヴァ／キリロフ　坂本實訳	座標は幾何と代数の世界をつなぐ重要な概念。数直線のおさらいから四次元の座標幾何までを、世界的数学者が丁寧に解説する。訳し下ろしの入門書。
ゲルファント　関数とグラフ	ゲルファント／グラゴレヴァ／シール　坂本實訳	数学でも「大づかみに理解する」ことは大事。グラフ化＝可視化で、関数の振る舞いをマクロに捉える世界的数学者による入門書。
ゲルファント　やさしい数学入門		
和算書「算法少女」を読む	小寺裕	娘あきらが挑戦していた和算とは？ 歴史小説「算法少女」のもとになった和算書の全問をていねいに読み解く。（エッセイ）遠藤寛子、解説＝土倉保
解析序説	小林龍一／廣瀬健　佐藤總夫	自然や社会を解析するための、「活きた微積分」のセンスを磨く。差分・微分方程式までを丁寧にカバーした入門者向け学習書。
大数学者	小堀憲	決闘の凶弾に斃れたガロア、革命の動乱で失脚したコーシー……激動の十九世紀に活躍した数学者たちの、あまりに劇的な生涯。（加藤文元）

医学概論	川喜田愛郎	医学の歴史、ヒトの体と病気のしくみを概説。現代医療で見過ごされがちな「病人の存在」を見据えつつ、「医学とは何か」を考える。
ガウス 数論論文集	ガウス 高瀬正仁 訳	成熟した果実のみを提示したと評されるガウス。しかし原典からは考察の息づかいが読み取れる。4次剰余理論など公表した5篇すべてを収録。本邦初訳。
初等数学史（上）	フロリアン・カジョリ 小倉金之助補訳 中村滋校訂	厖大かつ精緻な文献調査にもとづく記念碑的著作。古代エジプト・バビロニアからギリシャ・インド・アラビアへいたる歴史を概観する。図版多数。
初等数学史（下）	フロリアン・カジョリ 小倉金之助補訳 中村滋校訂	商業や技術の一環としても発達した数学。下巻は対数・小数の発明、記号代数学の発展、非ユークリッド幾何学など。文庫化にあたり全面的に校訂。
複素解析	笠原乾吉	複素数が織りなす、調和に満ちた美しい数の世界とでがコンパクトに詰まった、定評ある入門書。微積分に関する基本事項から楕円関数の話題ま
初等整数論入門	銀林浩	「神が作った」とも言われる整数。そこには単純に見えて底知れぬ深い世界が広がっている。互除法、合同式からイデアルまで。
原典による生命科学入門	木村陽二郎	ヒポクラテスの医学からラマルク、ダーウィン、そしてワトソン・クリックまで、世界を変えた医学・生物学の原典10篇を抄録。
算数の先生	国元東九郎	7164は3で割り切れる。それを見分ける簡単な方法があるという。数の話にはじまる物語ふうの小学校高学年むけの世評名高い算数学習書。
新しい自然学	蔵本由紀	科学的知のいびつさが様々な状況で露呈する現代、非線形科学の泰斗が従来の科学観を相対化し、全く新しい自然の見方を提唱する。

（酒井忠昭）
（野﨑昭弘）
（伊東俊太郎）
（板倉聖宣）
（中村桂子）

コンピュータ・パースペクティブ
チャールズ&レイ・イームズ
和田英一監訳
山本敦子訳

バベッジの解析機関から戦後の巨大電子計算機へ——コンピュータの黎明を約五〇〇点の豊富な資料とともに辿る。イームズ工房制作の写真集。

地震予知と噴火予知
井田喜明

巨大地震のメカニズムはそれまでの想定とどう違っていたのか。地震理論のいまと予知の最前線を明快に整理し、その問題点を鋭く指摘した提言の書。

ゆかいな理科年表
スレンドラ・ヴァーマ
安原和見訳

えっ、そうだったの！ 数学や科学技術の大発見大発明の瞬間をリプレイ。ときに二ヤリ、ときになるほどうならせる、愉快な読みきりコラム。

位相群上の積分とその応用
アンドレ・ヴェイユ
齋藤正彦訳

ハールによる「群上の不変測度」の発見、およびその後の諸結果を受け、より統一的にハール測度を論じた画期的著作。本邦初訳。

シュタイナー学校の数学読本
ベングト・ウリーン
丹羽敏雄／森章吾訳

中学・高校の数学がこうだったなら！ フィボナッチ数列、球面幾何など興味深い教材で展開する授業十二例。新しい角度からの数学再入門でもある。

問題をどう解くか
ウェイン・A・ウィケルグレン
矢野健太郎訳

初等数学やパズルの具体的な問題を解きながら、解決に役立つ基礎概念を紹介。方法論を体系的に学ぶことのできる貴重な入門書。

算法少女
遠藤寛子

父から和算を学ぶ町娘あきは、算額に誤りを見つけ声を上げた。と、若侍が……。和算への誘いとして定評の少女向け歴史小説。箕田源二郎・絵
(芳沢光雄)

永久運動の夢
アーサー・オードヒューム
高田紀代志／中島秀人訳

科学者の思い込みの集大成として、あるいはイカサマの手段として作られた永久機関。「不可能」の虜になった先人たちの奮闘を紹介。図版多数。

原論文で学ぶアインシュタインの相対性理論
唐木田健一

ベクトルや微分積分など数学の予備知識も解説しつつ、一九〇五年発表のアインシュタインの原論文を丁寧に読み解く。初学者のための相対性理論入門。

√2の不思議	足立恒雄	√2とは？見えてはいるけれどないよう ではないか？ないようはあるもの。納得しがたいその深淵に、ギリシア人はおののいた。
輓近代数学の展望	秋月康夫	ガウスの整数論からイデアル論へ、そして複素多様体論へ。抽象化をひた走る現代数学の不思議を概観する。
化学の歴史	アイザック・アシモフ 玉虫文一/竹内敬人訳	あのSF作家のアシモフが化学史を？じつは化学が本職だった教授の、錬金術から原子核までをエピソード豊かにつづる上質の化学史入門。
ガロア理論入門	エミール・アルティン 寺田文行訳	線形代数を巧みに利用しつつ、直截簡明な叙述でガロア理論の本質に迫る。入門書ながら大数学者の卓抜なアイディアあふれる名著。(佐武一郎)
情報理論	甘利俊一	「大数の法則」を押さえれば、情報理論はよくわかる！シャノンの情報理論から情報幾何学の基礎まで。本質を明快に解説した入門書。
アインシュタイン論文選 入門 多変量解析の実際	アルベルト・アインシュタイン ジョン・スタチェル編 青木薫訳	「奇跡の年」こと一九〇五年に発表された、ブラウン運動・相対性理論・光量子仮説についての記念碑的論文五篇を収録。編者による詳細な解説付き。
入門 多変量解析の実際	朝野熙彦	多変量解析の様々な分析法。それらをどう使いこなせばいい？マーケティングの例を多く紹介し、ユーザー視点に貫かれた実務家必読の入門書。
数学のまなび方	彌永昌吉	「役に立つ」だけの数学から一歩前へ。教科書が教えない「数学する心」に触れるための、とっておきの勉強法を大数学者が紹介！
公理と証明	赤攝也 彌永昌吉	数学の正しさとは。「無矛盾性」はいかにして保証されるのか。あらゆる数学の基礎となる公理系のしくみと証明論の初歩を、具体例をもとに平易に解説。

ちくま学芸文庫

現代数学概論（げんだいすうがくがいろん）

二〇一九年六月十日　第一刷発行

著　者　赤　攝也（せき・せつや）
発行者　喜入冬子
発行所　株式会社　筑摩書房
　　　　東京都台東区蔵前二─五─三　〒一一一─八七五五
　　　　電話番号　〇三─五六八七─二六〇一（代表）
装幀者　安野光雅
印刷所　大日本法令印刷株式会社
製本所　加藤製本株式会社

乱丁・落丁本の場合は、送料小社負担でお取り替えいたします。
本書をコピー、スキャニング等の方法により無許諾で複製する
ことは、法令に規定された場合を除いて禁止されています。請
負業者等の第三者によるデジタル化は一切認められていません
ので、ご注意ください。

© SETSUYA SEKI 2019 Printed in Japan
ISBN978-4-480-09929-7 C0141